同济大学艺术设计丛书
- 十二五规划教材
- 上海市重点课程教材

设计创意发想法
CREATIVE THINKING IN DESIGN
（第2版）

朱钟炎　丁毅　著

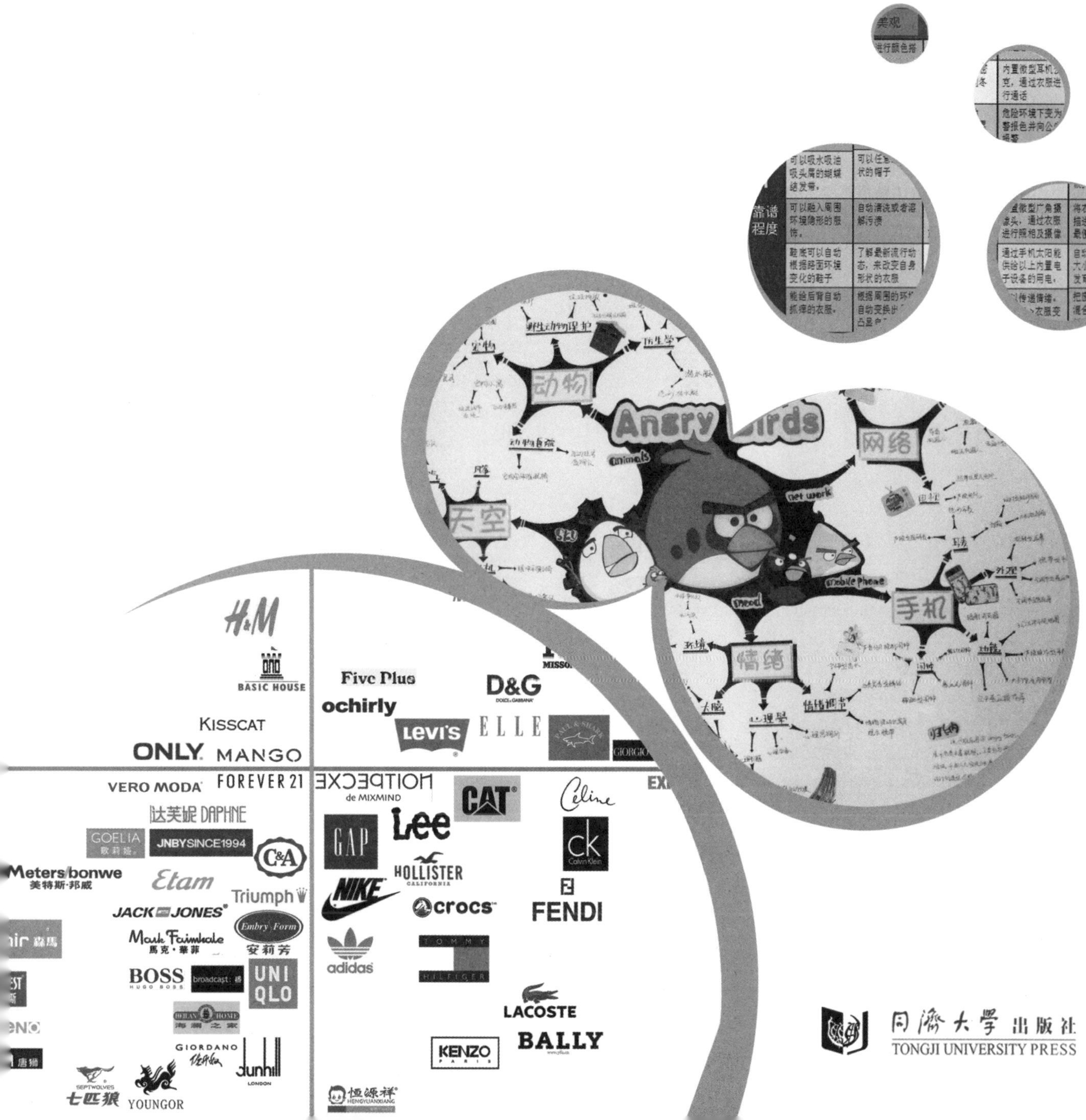

同济大学出版社
Tongji University Press

内容提要

设计创造是设计过程的灵魂，设计的过程就是创造的过程，而没有创意的设计是失败的设计。自从人类社会开始以来，从类人猿为了生存制造各种工具起，就有了创意与设计。

本书介绍了国外十多种创造思维的发想法，如集团发想法、联想刺激法、信息顿悟法、信息组合法、类比适合镶嵌法、发想转换法——逆设定法、收集创意发想法和TRIZ法的多种发明原理。这些方法将有助于设计师进行设计创造活动。此外，这些方法并不仅局限于设计创造，对于其他专业，可以说对各学科都有参考价值，既可作为大专院校的创意学科教材，也可作为素质教育的参考资料。

图书在版编目（CIP）数据

设计创意发想法 / 朱钟炎，丁毅著. -- 2版. -- 上海：
同济大学出版社，2014.12
 ISBN 978-7-5608-5616-2

Ⅰ.①设… Ⅱ.①朱…②丁… Ⅲ.①创造性思维－高等学校－教材 Ⅳ.①B804.4

中国版本图书馆CIP数据核字（2014）第205911号

设计创意发想法（第2版）

朱钟炎　丁　毅　著

责任编辑	江　岱
助理编辑	常科实
责任校对	徐春莲
版式设计	邓　晴　丁　毅
封面设计	陈益平
出版发行	同济大学出版社　　www.tongjipress.com.cn
	（地址：上海市四平路1239号　邮编：200092　电话：021-65985622）
经　　销	全国各地新华书店
印　　刷	上海盛隆印务有限公司
开　　本	889mm×1194mm　1/16
印　　张	12
印　　数	1—3 100
字　　数	384 000
版　　次	2014年12月第2版　2014年12月第1次印刷
书　　号	ISBN 978-7-5608-5616-2
定　　价	60.00元

本书若有印装质量问题，请向本社发行部调换　版权所有　侵权必究

序 言

设计创造是设计过程的灵魂,设计的过程就是创造的过程,而没有创意的设计是失败的设计。自从有人类社会以来,人类为了生存制造各种工具开始,就有了创意与设计。发展至今,设计成为现代社会发展的重要推动力。

设计是人类科学技术成果应用、协调、整合过程的导演。设计广义地渗透到我们社会的各个层面。

设计的本源是解决问题。设计是解决问题的手段、过程与结果。设计的最终结果可以是硬件(人造物、产品、设施),也可以是软件(程序、系统、方法、服务、制度)。而设计是离不开创意、创新的。

本书介绍了十多种创造思维的发想法,有助于设计师进行设计创意活动。其实,这些方法并不仅仅局限于设计创意专业,对所有的学科,所有的人都有参考价值。

本书作为专业课程中上海市精品课程与重点课程项目的教材,在第一次出版的基础上,进行修改补充。本书编写着眼全局,具有非常广泛的适应性。既可以作为大专院校的创造学科专业教材,也可作为高校素质教育的辅助教材和参考资料。本书分章节精心设置了新颖的案例和具有针对性的练习,以促进读者对所述内容的消化和巩固。

最后,对承担本书装帧设计的孙启超、邓晴等同学表示衷心感谢!

编 者
2014 年 8 月

目录 CONTENT

- 序言
- 001 绪论

- 007 第一章 设计思维的表现形式

- 021 第二章 集团发想法
- 022 　　　　635 法

- 035 第三章 联想刺激法
- 036 　　　一、信息资料法
- 046 　　　二、Mapping 法
- 055 　　　三、思维导图

- 065 第四章 信息顿悟法
- 066 　　　一、属性列举法
- 067 　　　二、目的发想法
- 073 　　　三、分类分析法
- 078 　　　四、创造思考的流程图（Flow Chart）法
- 096 　　　五、缺点列举法

- 097 第五章 信息组合法
- 098 　　　一、象限分析法
- 110 　　　二、意念衍生矩阵（方阵/方格表）
- 116 　　　三、KJ 法
- 135 　　　四、形态分析法

- 137 第六章 类比适合镶嵌法
- 138 　　　一、仿生学法
- 140 　　　二、NM 法
- 144 　　　三、构造法

- 147 第七章 发想转换法——逆设定法

- 153 第八章 收集创意发想法
- 154 　　　一、7×7 法
- 158 　　　二、CS 纸片发想法

- 165 第九章 TRIZ 法

- 188 参考文献

绪 论

一、关于创意发想法

在生活中处处有需要解决的问题。

例如，如何设计出1000个不同的杯子？如何使回形针具有1000种不同的用途？如何对一个版面进行1000种不同的分割……

这很挑战你的智力，很检验你的脑力，这也很试验你的耐心。你想出了一个，不错，再继续。2个、5个、10个、50个、100个……一瞬间，你会明白"绞尽脑汁"这个词的含义，你会感到自己的创意是那样贫乏。

普通人在生活中并不会遇到这样的情境。他们顺应这个世界，脑袋里有着几种、但也只有几种有限的传统的大家都差不多的解决问题的方法，他们的思维局限在狭窄的范围内，固化了发散不开，因为传统的思维定势束缚了头脑。

但是，作为一个创意工作者——设计师、规划师、广告文案师、工程师、发明家…… 常常需要在某个时刻提出大量的创意，而这些创意的量和质往往决定其设计的好坏。其中，量是非常重要的一个指标，没有一定的量，往往不可能产生出质。如何快速高效地提出尽可能多的方案也就非常重要了。

但如何提出呢？是绞尽脑汁冥思苦想么？孔子说："思而不学则殆。"荀子说："吾尝终日而思矣，不如须臾之所学也。"这说明个人的思维能力是有限的，一直在思，只能是迷惑而无所得。

下面试着玩一下田字棋游戏（图0-1）。

田字棋游戏：在田字格中，两人轮流占领圆圈所示的节点，能够首先占领连续相连3个成一直线的一方算赢。成一直线有三种情况：纵、横、对角线，无论哪一种，都算胜者。

接下来，我们再玩"五子棋"（图0-2）。这是一款简单的五子棋小游戏，界面十分干净，而且具有多人作战以及战果记录等功能。五子棋的玩法想必大家都很熟悉了，想办法把自己的棋子在横、竖、斜任意一个方向上连续排满5个就算赢。

你会发现，第一个游戏非常简单，当然也非常乏味，游戏者不必费太多的脑力也不必去一步步地策划和思考。游戏双方根据对称性，把开局的几种基本走法和相应的对策背下来，这样一来，游戏总会以平局告终，除非有人失误，错走一步棋。

而第二个游戏并不简单，需要一步步地策划和思考。

前面的游戏就是这样，"五子棋"游戏之所以复杂，就是因为它有意识运算时需要的信息单位数超过了一般人的短时记忆能力，而利用"秘诀"——《那氏五子兵法》，掌握走法要点，简化复杂性，不必费太多的脑力，简单地策划和思考一下，就可以轻易地进行。

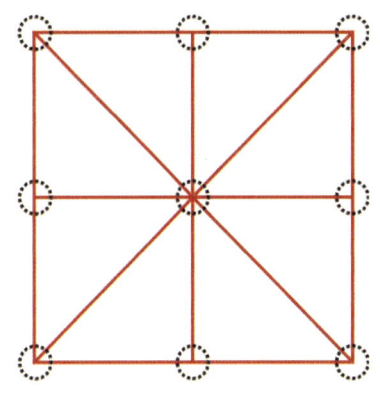

图0-1 田字棋

图0-2 五子棋

中国现代五子棋的开拓者那威荣誉九段,多年钻研五子棋,潜心发掘五子棋的中国民间阵法,他总结了五子棋行棋的要领和临阵对局的经验,得出一套"秘诀"——《那氏五子兵法》：

先手要攻,后手要守,
以攻为守,以守待攻。
攻守转换,慎思变化,
先行争夺,地破天惊。
守取外势,攻聚内力,
八卦易守,成角易攻。
阻断分隔,稳如泰山,
不思争先,胜如登天。
初盘争二,终局抢三,
留三不冲,变化万千。
多个先手,细算次先,
五子要点,次序在前。
斜线为阴,直线为阳,
阴阳结合,防不胜防。
连三连四,易见为明,
跳三跳四,暗剑深藏。
己落一子,敌增一兵,
攻其要点,守其必争。
势已形成,败即降临,
五子精华,一子输赢。

那为什么"田字棋"的游戏很简单,而"五子棋"游戏很难？这就涉及到心理学上的两个概念：下意识思维和有意识思维。

（1）下意识思维：人的很多思维都是在下意识状态下进行的,人自身意识不到,也觉察不出,这种思维我们称之为下意识思维,也可以把它叫做直觉。

下意识思维是一种模式匹配过程,它总是在过去的经验中寻找与目前情况最接近的模式(Donald A.Norman,2002)。下意识活动的速度很快而且是自动进行的,无须作出任何努力。这是人类的一大优点,因为它善于发现事物发展的总趋势,善于辨认新旧经验之间的关系,善于概括,并能根据少数几个事例推断出一般规律。然而下意识思维也有其不足之处,即有时会建立起不恰当的,甚至是错误的匹配关系,将一般事例与罕见事例相混淆。下意识思维侧重于发现事物的规律和结构,它的功能有限,不能进行符号性操作和有步骤的严密推理。

（2）有意识思维：人们有很多思维在自身意识到的状态下进行,这种思维我们称之为有意识思维。

有意识思维与下意识思维的区别相当大,它是一种缓慢而费力的过程。在作出决定之前,我们总是反复斟酌,认真考虑各种可能性,比较各种不同的选择。有意识思维首先是考虑某种方法,然后再进行比较和解释。形式逻辑、数学和决定理论是有意识思维常用的工具。

有意识思维进展缓慢,且按照一定的步骤有次序地展开。它主要靠短时记忆,因此只能处理有限的信息量,这个数目大概是7个左右。

然而下意识思维是有意识思维的工具之一,如果能够找到信息条目的合理组织结构,即可以克服记忆上的局限性。有意识记忆不能一次存储多个毫无关联的条目,但若把多个走法条目归纳出来,形成某种规律结构,就可以进入意识记忆中。人类就是利用这种对信息进行重组的能力,借助理解和解释,克服了记忆容量小的问题,使存储在有意识记忆中的信息量激增。

这种把多个走法条目归纳出来的"秘诀"结构可以称作思维工具，荀子说："登高而招，臂非加长也，而见者远。顺风而呼，声非加疾也，而闻者彰。假舆马者，非利足也，而致千里。假舟辑者，非能水也，而绝江河。君子生非异也，善假于物也。"物质的工具是我们四肢五感的延伸，思维的工具是我们大脑的延伸。

作为生物体，人类几千年来，并没有多少的进化，从生物学上看，几千年前孔子时代的人的，智力上并无多少差别，但是人外部的社会有机体，却在进行着加速度式的进化，从简单到复杂，从低级到高级。这跟工具的升级紧密相关，从原始社会粗糙的石刀石斧，到现在信息社会的亿次计算机，人类的能力也随着工具的升级而不断增强，人类的足迹也遍布地球各处，远至月球；人的视野也延伸到百亿光年外。

我们现在可以解释开头的困境，在设计创意发想的时候，由于短时记忆容量的制约，所得出的想法是非常有限的；同时我们也可以明白解决困境的方法，就是利用思维工具，借助于理解与解释，使得思维克服限制，提出的方案激增。

本书正是提出了许多这样的思维工具，我们称之为设计创意发想法，并且提供很多使用实例，大都出自设计的领域，但是这些方法并不局限于设计的领域，其他领域都可以进行参考（图0-3）。

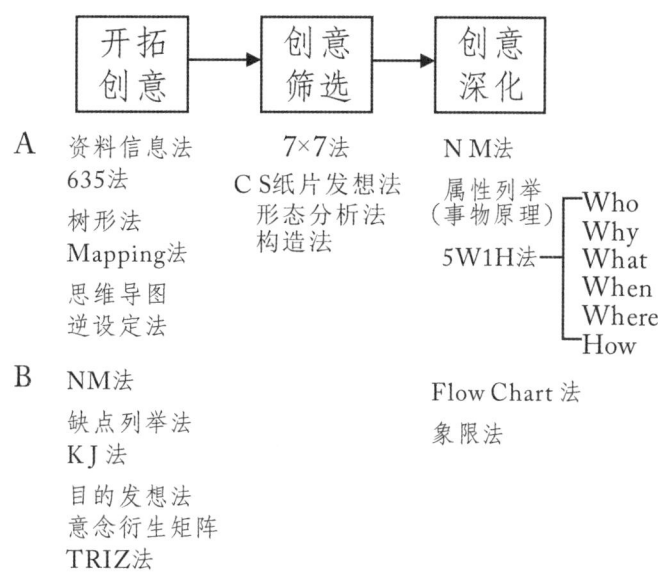

图0-3 创意类型与方法

二、设计创意发想法在设计过程中的位置

为了更好地理解和运用创意发想法,我们必须了解其在整个设计过程中的位置。

设计的过程是一个创造的过程,而创造过程可分为五个阶段(Jacob Getzele & Geoge Kneller)。但要注意,创造是一个连续不可分割的过程,并且是一种自组织的过程,一旦开始到达一定的临界点就会进入下一个阶段(表0-1)。

设计过程与创造过程是一致的,也可以分为五个阶段(表0-2)。

我们可以看到在设计阶段中,第2和第3阶段设计创意发想法参与较多,我们用灰色表示。

而在整个新产品开发过程中(图0-4),概念生成是第一开始的阶段,这个阶段为整个产品开发奠定了整个基调与格局,因而相当重要。利用创意发想法,在这一阶段产生尽可能多的想法,那么经过多次过滤,获得商业成功的可能性就越大。

表0-1　　　　　　　创造的5阶段

最初洞察	信息饱和	酝酿	启明	验证
1 →	2 →	3 →	4 →	5

表0-2　　　　　　　设计创造的5阶段

设计过程	问题调查认识	分析定位	设计展开	设计定案	结果探讨
表达方式	文字、速写、照片、表格	归纳、草图、方案、定位	创意表达、草图、草模	效果图、尺寸图、模型	样机、精细模型
设计创意发想法参与	多	多	很多	少	较少

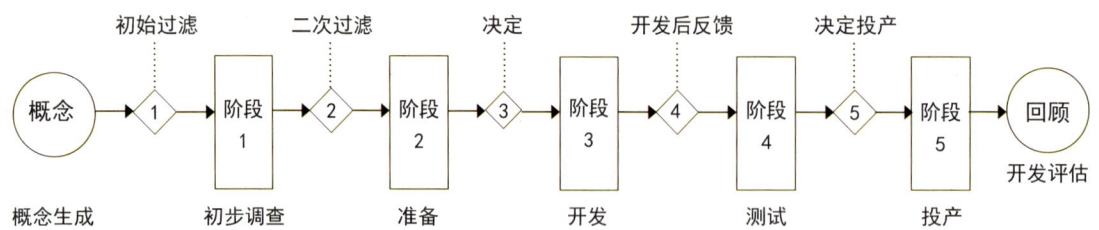

图0-4　阶段门(Stage Gate Process)

三、设计创意发想法的分类

设计创意发想法不同场合选用不同的方法,我们可以把它们按照图 0-5 的结构组织起来。

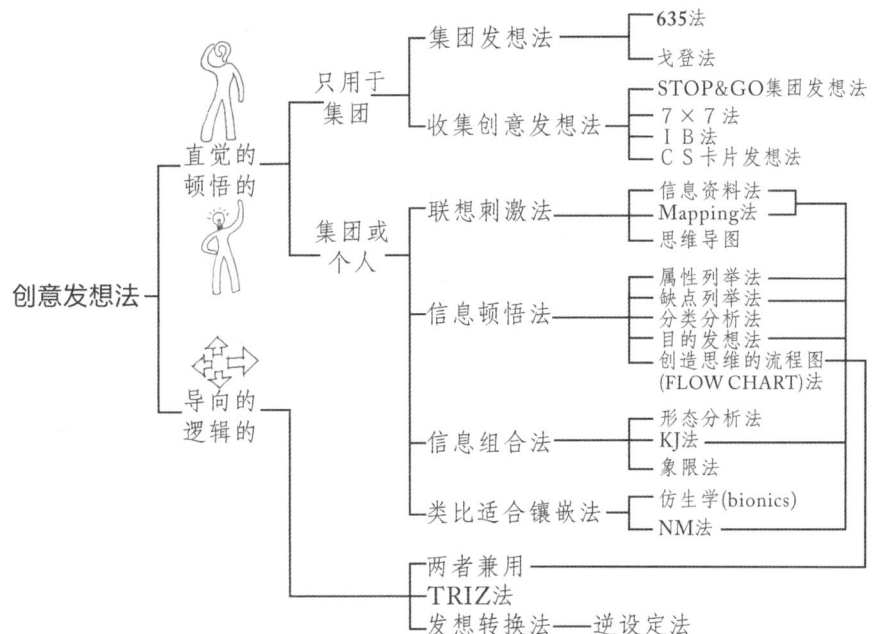

图 0-5　创意发想法分类表

第一章 设计思维的表现形式

　　设计是解决问题的策划、过程、手段的综合体。创意过程必须逻辑思维与发散思维相交替进行，在对事物的分析（逻辑思维）基础上进行发散思维，提出大量创意，然后再用逻辑思维加以归纳，筛选，提炼，深化。

　　在设计的程序中，设计师的思维和观念决定了设计构想和概念的确立，而概念的确立决定了功能，形态，材料和结构等设计要素的处理。概念是由生活中的问题提炼并归纳出来的。具体地说，就是先提出"要解决什么问题"，"怎么来解决"，"要满足什么样的功能"等问题，再对上述问题逐一分析并解答。概念的思维大多是逻辑思维大于形象思维，而且常常需要多领域、多学科的知识进行交叉渗透。设计的本源是解决问题。设计是解决问题的手段，过程与结果。设计的最终结果可以是一个硬件（人造物、产品、设施)，也可以是一个软件(程序、方法、服务、制度）。设计的过程，便是设计师运用创新思维为人类服务、为人类造福的行为过程。

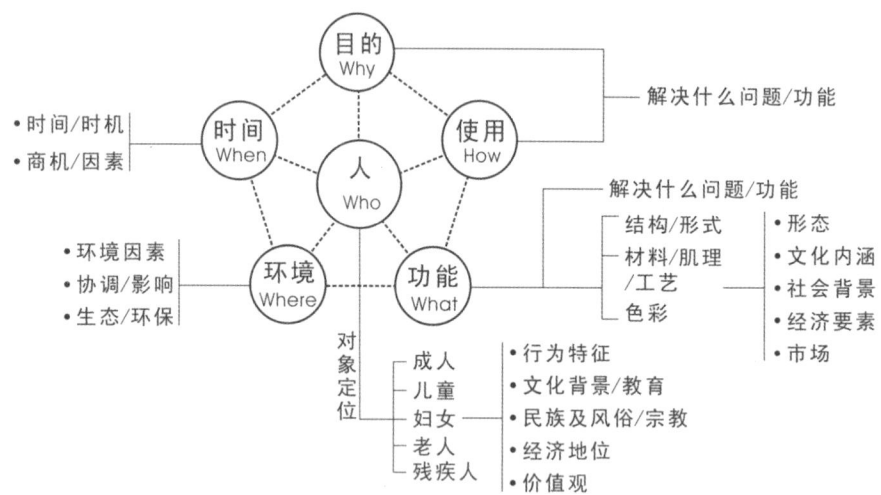

图1-1 "5W1H"的展开方法

设计是解决问题的策划、过程、手段的综合体。创意过程必须逻辑思维与发散思维相交替进行，在对事物的分析（逻辑思维）基础上进行发散思维，提出大量创意，然后再用逻辑思维加以归纳，筛选，提炼，深化。

在设计的程序中，设计师的思维和观念决定了设计构想和概念的确立，而概念的确立决定了功能，形态，材料和结构等设计要素的处理。概念是由生活中的问题提炼并归纳出来的。具体的说，就是先提出"要解决什么问题""怎么来解决"，"要满足什么样的功能"等问题，再对上述问题逐一分析并解答（图1-1）。概念的思维大多是逻辑思维大于形象思维，而且常常需要多领域、多学科的知识进行交叉渗透。设计的本源是解决问题。设计是解决问题的手段，过程与结果。设计的最终结果可以是一个硬件（人造物、产品、设施），也可以是一个软件（程序、方法、服务、制度）。设计的过程，便是设计师运用创新思维为人类服务、为人类造福的行为过程。

一、固定观念的破除

- 635 法
- 信息资料法
- 逆设定法

设计的创新关键在于观念的变化。挑战传统的观念，打破固定的观念，这正是设计思维的第一步；破除旧观念，树立新概念，这便是创造思维的首要条件。以椅子为例，在一般人的概念中椅子有四条腿，能供人坐下休息。如果从功能出发，先不考虑形式，凡是能达到坐下休息的目的，就可称作椅子或凳子。那么，在这样的前提下，就会出现三条腿的、二条腿的、一条腿的、多条腿甚至无腿的椅子（图1-2）。只要能解决作为椅子的功能——坐下休息的问题，那么各种各样的形式也随之自然产生了。这就是通过新概念的确定、旧观念的破除而设计的产物——不同于原有产品、功能相同或增加或改善功能的新设计。这表明，我们的思想内部存在需要破除的东西，首先要改造的是头脑内部——观念，而不是外部。设计创新必须首先学会同自己的传统观念与习惯作斗争，并改变自己的思维方式。例如爱因斯坦关于空间、时间和运行的相对论，只有在放弃物理学家们直到二十世纪初期还在依靠着的直觉后，才能被接受。

作为一个设计师，要像科学家一

图1-2
形态各异、材料种类丰富的各色椅子

样，必须懂得："科学的世界是一个开放的世界，在已知的领域之外，总是存在着另一个未知的领域，而且……自己是永远站立在已知与未知的边界上的。这种边界是不稳定的，永远在被新的发现、新的怀疑向这边或那边推移。站在这一边界之上的科学家，必须不断地重新振作起自己的首创精神。"（汤川秀树：《创造力和直觉》）

二、等同确认

- 仿生学
- 信息资料法
- 属性例举法
- 形态分析法
- 构造法

等同确认形式即所谓的式样识别（Pattern recognition），虽简单且是人类基本的、几乎人人都有的认识能力，然而却是理解世界（包括人类）本性的一个线索，应该成为设计师有关创造设计思维的系统理论。人类的式样识别能力是很强的，人在儿童时期就有识别方、圆、三角形等简单式样的能力，这种能力实际上是理解欧几里得几何的先决条件，然而要学会形式逻辑则必须经过系统的专门训练。视觉的视线移动所获得的信息量是双重的，视线所针对的视觉对象的一小部分的清晰知觉，叫定量信息（数字信息）；同时视觉所针对的这部分周围的大部分的模糊且大视角的知觉，叫做定性信息（模拟信息）。两种信息同时作用，极大地简化了识别式样的过程。我们如果看到两个相似多边形，我们的判断一般能通过想象将二者相叠重合来识别（这里不谈以二者的相等条件的对比之形式逻辑思维）。除此之外，人们可以在人群中一眼认出熟人，在一大群车子中辨认出自己的车子，这也是一种等同确认过程，就是说对熟人的外貌或车子的车形的现时知觉与记忆中关于此人的形象或车形等同起来了。这里就有个直觉与抽象的关系，在任何关于创造力的思考中，基本的东西都是叫做"等同确认"的这一智力功能。人们看到一辆汽车，就知道这是一辆什么车，这不仅是我们看到了，还由于我们能够识别它为什么是一辆汽车。从形的边缘、形的结尾的特征，我们获得认知；对于是什么识别性质，我们说这是"奔驰"汽车或"丰田"汽车，则使用了"汽车"这个词作为中介；如果再做进一步认知的话，说是"卡车"或"轿车"，则使用了"卡车"或"轿车"这两个词作为中介，并且知道了什么是"汽车"、什么是"卡车"或"轿车"，进一步把关于车子的记忆同对车子的实际知觉等同起来。对于设计师来说，则从现象（如飞禽，鱼类的动态）可推论到事物的本质（流体力学原理）、从物的外形（形的边缘）作推断、（如仿生学中形态仿生）得出结论并设计出新的车形（符合流体力学，减少风阻）（图1-3）。

未来型的汽车其设计原理也一样，根据信息、推理和想象（图1-4，图1-5），设计出充满想象力的未来型汽车。

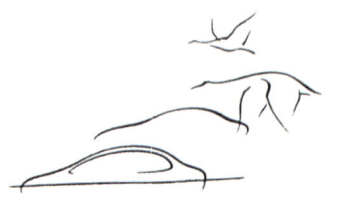

图1-3 从外形作推论，设计出新的车形

图1-4 由跳跃的袋鼠形象激发出未来型汽车设计构想

图1-5 抽象袋鼠外形而来的丰田未来型个人概念车设计

三、类比与仿生

● 信息资料法

图1-6 形态仿生——来自企鹅形态的仿生设计圆珠笔

带有锯齿边缘的植物叶片

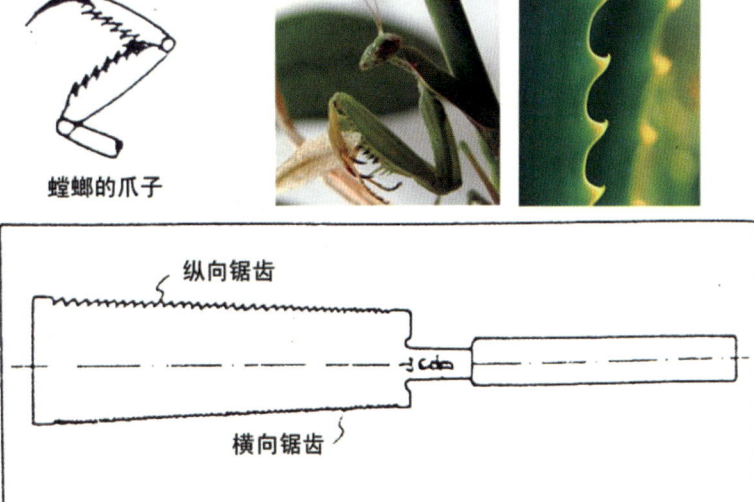

图1-7 原理仿生——锯子设计

类比,经常被作为一种创造性思维的形式来使用。的确,在中国古代哲学思想中就广泛使用比喻(类比)的手法,来阐明某些事理。即用这种比喻手法作为理解困难事物的一种辅助手段,简言之,就是和容易理解的事物进行比较,或者从某一事物身上得到启发来解决新的问题。我们可以用表格、语言或公式来表达,也可用模型来进行思维的方式,或绘出有一定组织的系统的图象并加以分析,这是一种基本的且相当重要的创造思维能力的表现。类比并非完全相似,与相似并列的还有其不相似性。正如汤川秀树在《创造力和直觉》中所言:"当两个事物之间的不同性和相似性都被认识得很清楚时,类比思维就会变得更加富有成果。"

仿生学的运用,也是一种类比思维。例如,自然界中的植物和动物的形态,结构上的启示,对于设计师的设计都有很大影响。无论从形的过渡、还是形的支承(结构)中等等,都能得到很大启迪。由于生物界在漫长的进化过程中不断适应自然,形成了许多人类意想不到的结构与功能。这就是自然的变异与选择的功劳,正如达尔文在《动物和植物在家养下的变

图1-8 结构仿生——桥梁设计

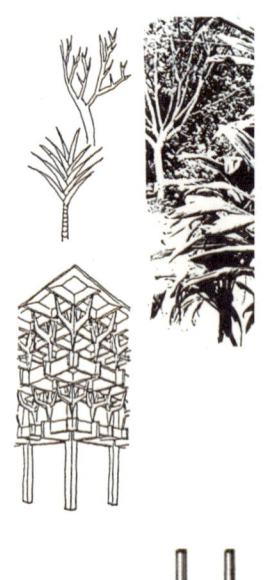

图1-9 结构仿生——建筑斗拱设计

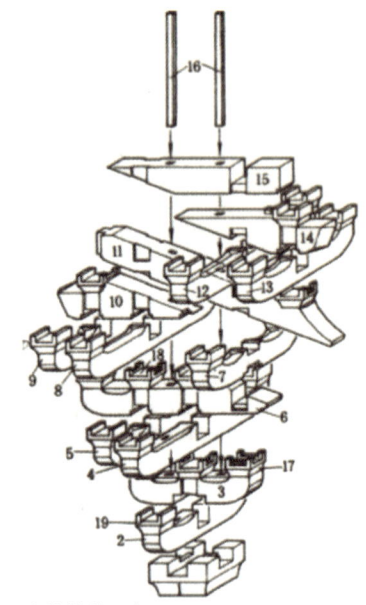

a 分件拼装示意

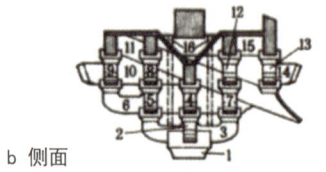

b 侧面

宋式补间铺作斗拱构造示意

1 栌斗	11 下昂
2 泥道拱	12 慢拱
3 单材华拱	13 令拱
4 慢拱	14 耍头
5 瓜子拱	15 衬方头
6 华头子里转	16 昂栓
第二跳华拱	17 交互斗
7 瓜子拱	18 齐心斗
8 慢拱	19 散斗
9 令拱	
10 耍头	

异》中所指出的："生物……在几乎无限长的时间内，它们的整个机体往往在某种程度上已经被弄成可塑的了，并且在非常复杂的生活条件下任何方面各种有利的微小的构造改变都已经被保存下来了，同时任何方面各种有害的改变都被严格地毁灭了。有利变异的长期不断的积累必然会导致我们在周围的动物和植物中所看到的那种多样化、那样极妙地适应种种不同的目的，那样极好地相互调和。"

自然界中有许多结构与形态都可用于设计中（图1-6—图1-9）。

四、直觉与抽象

- 信息资料法
- 社会实践、经验
- 形态分析法
- 仿生学

在科学创造思维中,人类主要通过直觉和抽象思维来发现自然界的规律,从而创造出了人类的文明。人类不可能无中生有地创造出什么来,在创造科学中所能做的,就是去发现隐藏在自然界中的某些东西,也就是必须去发现两种最根本、最重要的东西——最基本意义下的原料及自然界的普遍规律。

至于人类如何才能发现它们,著名科学家伽利略说过:"经验和推理是科学赖以建立的两根支柱。"这里"经验"就是直觉,"推理"就是逻辑抽象思维,但是仅仅接受来自环境并导致大脑中的记忆积累的刺激,是不能够达到创造目的的,通过特意设计的实验来提示隐藏于自然界的真理(规律)是至关重要的。向自然界提出问题,并通过推理思维从自然界得到回答,这就是设计师的创造思维。

在科学逻辑思维中,有两种方法是最为常用的:一种是由费兰西斯·培根(Fracis Bacon)首先提出,伽利略卓有成效地运用的归纳法,它是从比较或多或少相似的经验或实验结果开始的。另一种是勒奈·笛卡尔(Rene Descartes)指导自己思维活动时,常常使用的演绎法。它是从少数几个自明的事实或原理出发的。但如要使这两种思维方法成为真正创造性思维,还需与类比思维、长期经验积累产生的灵感飞跃结合起来。在等同确认中我们提到了直觉对抽象的关系问题。抽象能力在创造思维中具有决定作用,然而直觉能力的重要性则是抽象能力的基础,因为抽象由于它本身的性质而不可能单独起作用,人们必须从更加具体和内容更加丰富的别的事物中抽象出一定规律和本质的东西。所以作为设计师必须先从直觉或想象开始,然后才能借助于自己的抽象思维能力进行创造。

五、表象、想象与思维

- 635法
- 信息资料法

前面谈了直觉(或说感觉),是人在实践活动中产生的并反映客观事物的个别属性;知觉则比感觉更高一级,是对事物整体的反映。如对于一个吸尘器的认识感觉反映的是它的外形、色彩等,而知觉则是反映它的整体。表象,是感性反映的更高形式。它是人们过去曾经对某事物感知过,而现时并没直接感知的那些事物的感性映象。人们对过去事物的反映在头脑中留下记忆痕迹,如果这些记忆痕迹又在人的活动中恢复或重现,这就是表象。表象不是人们对事物的死板机械的反映,它受人们的兴趣、需要、知识经验影响的交互作用,使这些感性痕迹不断得到充实和完善。表象在某种程度上只是对事物概括性的反映,而概括性的表象在人的语言词汇的调节控制下,可以逐步从感性认识发展到以概念、思维为主的理性认识,也就是认识论中讲的是一个质的飞跃。因此,表象是从具体感知到抽象思维的过渡和桥梁。没有这个过渡桥梁,就不可能有抽象思维和理性认识。

表象实际上是一个事物对人的感觉造成的冲击力,特别是视觉表象,对人的视觉、心理、生理造成视觉传达冲击。表象实际上也是将一个事物概括为符号对人的感受,表象不管具有什么样的概括性,毕竟还是属于具体的范畴。只有在表象的基础上,在语言词汇的帮助下形成的抽象逻辑概念和思维,才出现真正的思维抽象。实际上,感知活动从表象到思维,就是把感知活动内化;感知活动的内化就是概念化,也就是把活动的格局转变为名副其实的概念。瑞士心理学家和哲学家让·皮亚杰(Jean Piager)指出:"如果认为以表象或思维的形式把活动内化,只是追溯这些活动的进程或利用符号或记号(意象或语言)恶霸想象这些活动就行,而不必改变或丰富活动本身,那就太简单化了。"(《发生认识论原理》)他又指出,概念的守恒,才是真正逻辑抽象的开始。

对设计师来说,必须重视设计对人产生的表象效应,以及所产生的视觉、心理、生理作用。形的寓意、实际上也就是人们对表象——概念、思维产生的想象。同时,反过来又为设计师所归纳总结,从中得到概念和规律并为新的设计所用。例如北京的紫禁城,共有九千九百九十九个宫室,象征皇帝万寿无疆,整个建筑群都安排在一个中轴线上,太和殿是最雄伟的木结构建筑，成为皇权的象征（图1-10，图1-11）。

建筑平面、立面的意象（形的寓义、语义），如上海金茂大厦是中国传统文化的体现。它的形态源于中国的宝塔和竹笋，俗话说"雨后春笋节节高"，象征经济发展的蓬勃向上（图1-12）。

图1-10　以一条中轴线贯穿整个建筑群的北京紫禁城

图1-11　最雄伟的木结构建筑——太和殿

图1-12　来自宝塔和竹笋意象的上海金茂大厦

对于设计师来说，想象表象是设计的灵魂。德国哲学家恩斯特·卡西尔指出："如果不扩大甚至超越现实世界的界限……思想就不能前进哪怕一步，除了具有伟大的智慧和道德力量以外，人类的论理导师们还极富于想象力。他们那富有想象力的见识渗透于他们的主张之中并使之生气勃勃。"设计师对于自己的设计，如果没有想象，那是完全不可思议的。

所谓想象表象，是人脑在原有表象的基础上加工改造而形成的新的形象。

对于科学家和设计师来说，创造新事物的行为不仅仅从已有的事物开始的，而是力图在这种或那种形式下给旧事物增添、完善、改造成某种新的东西。也就是说，用设计师已经想到的东西来补充既有的事物，得出一个完整的整体。如果这一尝试成功了，那么问题也解决了，所以想象力对于设计师是个重要因素。

想象的能力也就是补充、完善、解决的能力。老子说："天之道，其犹张弓与？高者抑之，下者举之；有余者损之，不足者补之。""天之道，损有余而补足。"（《老子·七十七章》）自然界的一切都是统一的，一切事物在其相互对立的矛盾中还具有统一性的，表现出一种均衡性。作为设计师，必须要考虑自然的规律。

（1）想象表象和记忆表象都具一定的概括性。想象表象主要对原有表象进行加工改造而形成新的形象。对设计师来说，设计思维中既有抽象思维，也有形象思维，其中想象表象起着重要作用。

（2）想象表象有有意表象和无意表象之分，在人们创造思维中，有意想象起重要作用。

（3）想象可以由于独立性、新颖性、创造性的不同，而有再造想象和创造想象之分。再造想象是根据对已存在的，或别人描述的、自己不曾感知过的事物想象出来的形象。创造想象是不依据现成描述而独立创造出来的新事物形象。创造想象对设计师创造新产品的思维活动，起关键作用。

想象与思维，是一种交叉的关系。两者是紧密结合的，特别是在有意想象中。有意想象是在言语的参与调节下进行的想象，所以在有意想象过程中，思维总是起着一定的作用。因此，有意想象具有预定目的性、自觉性和组织性。设计师为了最有效的发挥有意想象，必须具有丰富的表象。即多吸收各种信息，增加和改善知识结构；并有较强的语言概括和调节能力，即提高设计师的文学水平、逻辑推理能力、归纳和概括能力；还要有健康的思想意识和个性品质，即事业性、开拓性、不屈不挠的韧性等。

首先，要积极发挥思维活动，正确运用表象，这是有意想象的基础。设计师必须获得一定数量和质量的表象，并加以理解，才能有一定广度和深度的想象。

其次，根据思维的概括性和间接性特点，借助语言为工具，凭借知识经验为中介，设计师通过思维的概括，间接反映的因素参与设计。所以设计师想象的目的性、计划性和有意性能自觉地"预计未来"、"设计新物"。设计师在接受设计一个新的洗衣机的任务之前，从大量的各方面调查中获得许多信息，于是他由此判断得出现有的洗衣机存在的种种问题，同时想象着新设计的机器将是怎样一种产品。这个过程既是思维过程，也是想象过程，是有思维参与的想象。

最后，思维的抽象逻辑性是想象过程中不可或缺的条件。在思维的逻辑性的指导下，设计师才能形成符合客观事物的想象，才能通过想象提示事物的本质的内在的规律性联系，总结出一般性、普遍性的形象，同时，再反过来运用这普遍规律去指导新产品的设计。如形的切割、形的传递（力平衡）、形的过渡、形的相加、形的支承（结构）等。

刚才谈的是思维对想象的作用，现在再看想象在思维发展中的作用。

美国心理学家维纳克（Vinacke）指出想象有五种机能：①欣赏与游戏；②表演与应用；③活动的指导——预想和计划；④建设性或创造性思维——从幻想到解决问题的需要；⑤对回忆的刺激和问题解决，从中提出想象对思维、特别是对问题解决的作用。

人类的想象过程是一个创造力发展的过程，并以语言为工具，以知识经验为中介，在思维发展中的作用是很大的。

（1）想象的过程，一定程度上就是形象思维的过程，形象思维发展的过程。

（2）想象的发展，可以丰富和发展思维的内容和材料。

（3）想象渗透入思维，才能有完整的创造性思维，想象的发展，有利于创造思维发展。美国心理学家赫奇孙（Hutchinson）在《记忆、思维与行为》中指出："创造性思维应该包括问题解决和想象这两个过程。问题的情况沿着从外部的客观的障碍向一个较多的个体的情绪的需要或差异的方向运动，想象在创造性思维中的作用在逐步增加。"

六、逻辑思维

- NM 法
- Flow Chart 法
- KJ 法

逻辑思维也即抽象思维、理性思维能力，而逻辑思维中还包括：形式逻辑、归纳逻辑、演绎逻辑等等。而在这些理性思维中，都需要引用概念、定律和推理、还有假设、等等。事实总是事实，为了突破这一点，就必须把各种不同的事实收集在一起以产生出新的东西。为了说明许多不同的东西的总体结构，因此必须引用概念和定律，创造力就存在于汇总各种事实以产生新东西的这种工作中，这是很重要的一个情况。

在理性思维中和设计有关的思维方法是很多的，这里不一一叙述，仅将一些方法罗列于下，以供参考和进一步研究：

(1) 系统（论）概念
(2) 控制论
(3) 设计变量
(4) 思维模型
(5) 网络形计划
(6) 直线思维
(7) 树形思维
(8) 分析、综合、评价
(9) 信息系统
(10) 矩阵
(11) 模糊性
(12) 比较、分类、类比

七、习惯、模仿与创造

- 信息资料法
- 仿生学

人的意识，是一种无意识的前哨，是从无意识黑夜中突然发出的一种闪光。这和人的创造力有关，因为意识一般都和某种新鲜经验联系在一起的。如果你重复不断做一件事，时间久了全变成无意识的。于是你逐渐依靠反射作用去做（或者说是按习惯做）。而正是对这种习惯的摆脱，构成了创造力。因为人们往往有时意识到某种情况、某些东西无法纳入这习惯系统中，于是，意识就变得非常敏感。

模仿，是连孩子都会的事情，不管小孩、大人，都常常模仿别人，模仿各种事物。生活中，我们处处必须用各种方法方式去模仿，这种模仿正是创造力的对立面。人们常常沿着前人的思维路线，借助前人的经验，因为重叠思考是基本的学习方法之一；学习临摹，长期反复的重复，目的是掌握前人的方法，深入精髓。这样看起来模仿不是创造，似乎毫无用处，可是，有时创造力偏偏起源于这种重复过程中。因为模仿可记忆信息，在反复重复中就将经验储存在大脑。没有对信息表象记忆的储存，就不会有感知，就不会有把感知活动内化成概念的过程，也就不可能产生思维，创造也就不可能了。但是这种重复不会与原来相同，如果加入思维，就有一种改进。在对前人的、现有的东西的模仿中，最初进行形式重叠，随着次数增加和信息储存、认识、思维的发展，转向思维重叠。"熟能生巧"，这巧就是跳出了原来的思维路线就是灵感的火花。为了使这偶然性的思维突变转变为更自觉的激发，思维的方法和思路必须有多个交叉，应该与别的设计思维跳跃式地交替运用，以保持灵感的火花经常不断地闪耀。

八、科技信息与设计

- 信息资料法
- 分类分析法
- 意念衍生矩阵

随着社会的进步和科技的发展，新技术、新材料、新结构、新工艺不断涌现，"四新"的不断更新，必然推动设计的发展。要不断拿出创造性设计，必须把设计与四新结合起来：材料决定工艺，结构产生形体，观念决定形式。例如，著名建筑师诺曼·福斯特（Norman Foster）设计的香港上海汇丰银行新楼，称之为新时代的建筑必将当之无愧。它是继巴黎蓬皮杜文化中心之后举世瞩目的'高技派'作品，设计师突破通常的建筑概念，将全部结构清楚地暴露在外。这座建筑的形式语言很好地表达了银行的实力和财富。这种把建筑之美与土木工程融为一体的先锋做法，令人联想到海上钻井台架。从大楼的构件节点处理中，可以看到高度精密技术与现代力学材料的完美结合。随着时代的推移,建筑及其他产品、各种部件都将越来越精密、准确和美观(图1-13)。从外观结构上来看,大楼外形上显著暴露出钢柱和钢桁架,成为立面的主角。这座大楼处处显示现代技术的成就,属于"重技派"建筑风格,这种建筑虽然不另加装饰,但实际造价相当昂贵。这些著名的高技术派建筑的共同特点是充分坦露结构,显示多种机电设备的本来形状,但又不让人有突兀的感觉。同时,大楼的外观丰富多变,迥然不同于传统的摩天大楼。

(a)建筑外观

(b)建筑室内

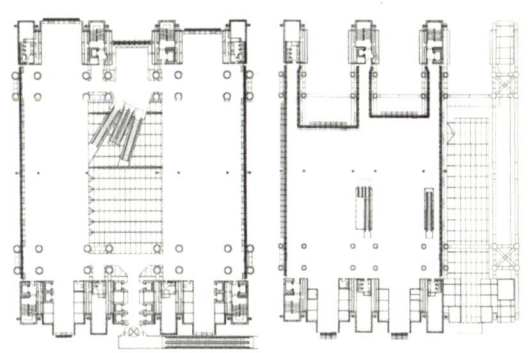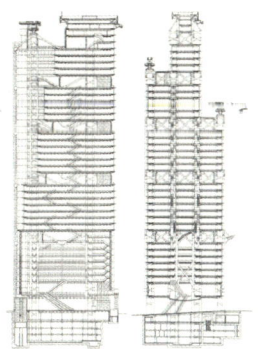

(c)建筑平面图　　　　(d)建筑立面图　　图1-13　香港上海汇丰银行新楼——建筑外观

从索尼的卡带随身听，CD 随身听到 MP3 随身听；从苹果的 imac，苹果 G4 到 iphone 智能手机，无不是随着科学技术的不断发展，由科技激发的创意，或者说是对科技的实用化运用（图 1-14）。科技的商业化运用，因此，设计的过程也就是科技转化的过程，就是将科技造福社会，造福人类的过程。

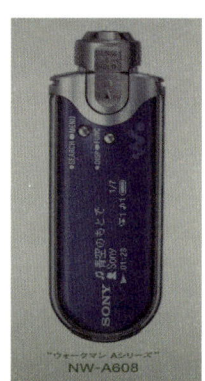

(a) 索尼卡带随身听　　(b) CD 随身听　　(c) MP3 随身听

(d) 半透明的苹果 imac，透明的苹果 G4

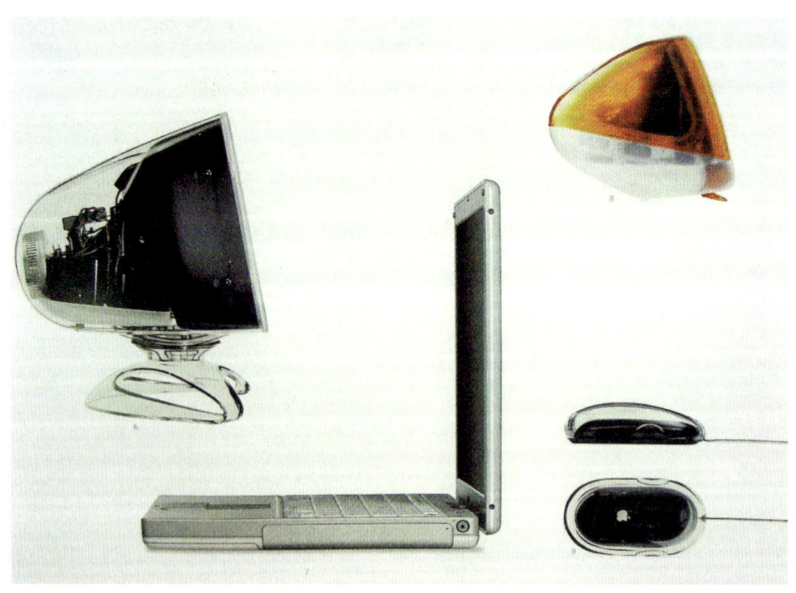

图 1-14　电子产品的实用化运用

(e) 透明的苹果笔记本电脑及附件

九、人的主观能动性

- 信息资料法
- Mapping 法
- 635 法
- 意念衍生矩阵
- 思维导图
- 信息资料法
- 逆设定法
- Flow Chart 法
- NM 法
- KJ 法
- 仿生学法
- CS 纸片发想法

人与动物的区别在于：动物只能被动地适应自然给它造成的环境事实，而人能够运用主观能动性去创造自己需要的理想世界。因此，人的主观能动性是极其可贵的。对于设计师来说，人的精神状态是个极其重要的因素，必须破除整个社会关于创造力的僵化思维方式，树立现代的观念。

1. 对设计师潜在能力的挖掘

有时候人们对创造力的评价只依据它的结果，也就是以成败论英雄，这对于阐明创造力的本质没有帮助。

创造力并非天外飞来之物，除去环境、遗传等因素，对于人类来说，显示创造力的可能性是始终存在的，那些潜伏着的东西最终会显露出来。所以关键在于确定创造力隐藏在何处？如何激发设计师的创造力的创造的火花？

2. 心理作用的激发

人类学者在很长一段时间内的互助发展产生巨大影响，从而不断涌现出天才来。如同一个班里或年级中，一部分成绩优秀勤奋好学的同学可以刺激并带动其他同学进行竞争，从而带动了一大片学生的努力上进。这种影响力是相当大的，可以从心理上的激发创造力频闪。

3. 失败、韧性、生命力

"失败乃成功之母"这是广为鲜知的谚语。成功并非唾手可得，因而创造力的表现就极其可贵了。老子说："祸兮福之所倚。"正是失败充当了创造成功的基础，关键在于败不馁，要有一股百折不挠的韧性，需要的是那种不达目绝不罢休的韧性。但一个人如果在一个固定框架内思考问题，就不会有创造力，必须尽力打破或改变这种框架，专心从事可能难以成功的事业往往更有意义。虽然可能会受一辈子罪，然而这一过程仍然是值得的。

有韧性地干一件事，意味着此人心中有某种矛盾和困惑，因为如果没问题就不可能会去研究——这就是研究的本质。就是说此人心里某处是黑暗和朦胧的、模糊且迷惑的，所以他努力在寻找光明，一旦找到一丝亮光，就努力将其一点一点扩大直到彻底驱逐黑暗。韧性——不达目的决不罢休，这实际上是一种生命力的表现，并且是创造力表现中一种极其重要的基本因素，这种在人类水平上所作出的自觉努力是生命力的一种极其高级的表现。因为人们有意识地在创造——在生产不同的东西。这是一种以生物的方式发展一种极其巨大的复制潜力，如同雌雄体的DNA分子组合的繁殖之变异。而繁殖，是生物生命力的特征之一，就是不断复制和自己相同的或相像或虽不同但本质上相同的东西；而创造，则是生产变异的、不同的新东西——那便是"新设计"。

第二章 集团发想法

635 法

对于美国人那种热热闹闹的头脑风暴法，德国人出于文化原因并不适应，于是创造出了"635 法"。与会者不发出声音，在纸上静悄悄地写上自己的想法。

第二章 集团发想法

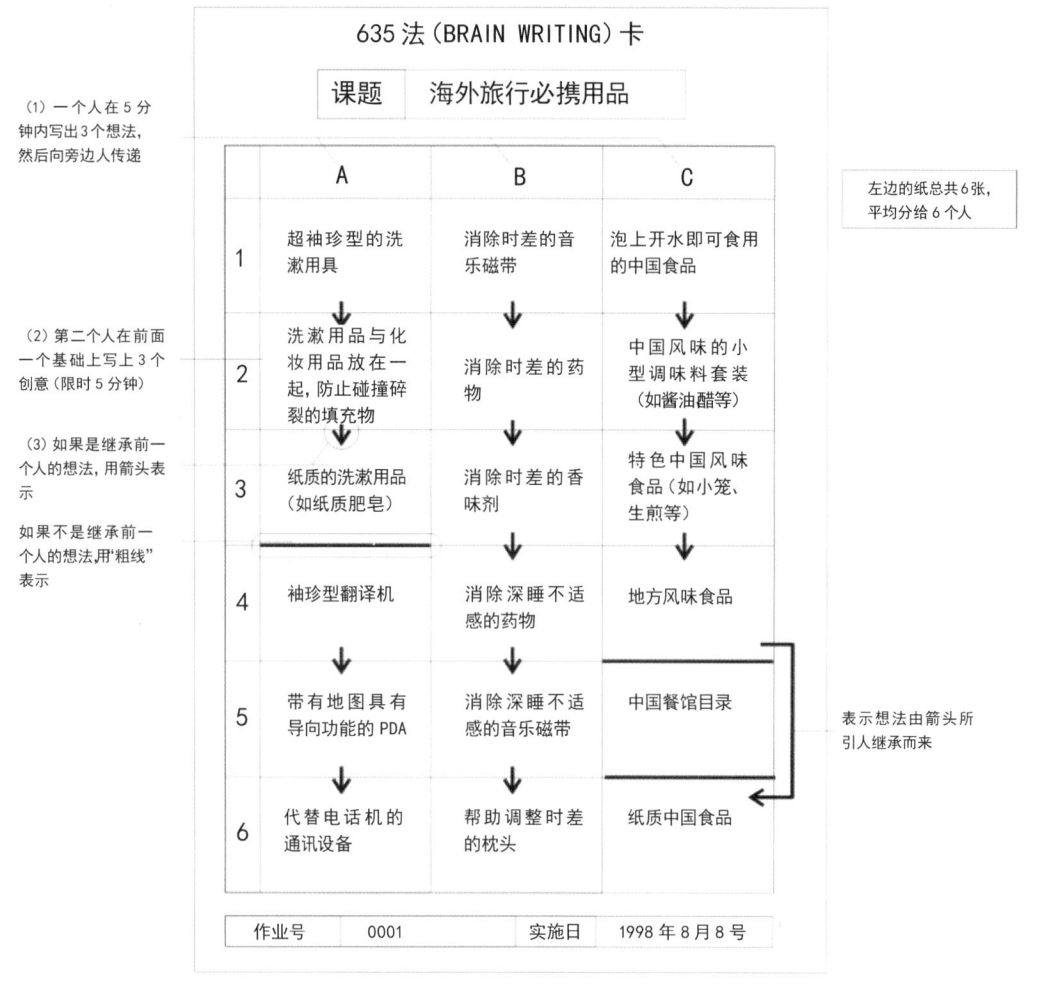

图 2-1 Brain Writing 法实例

635 法

- 发散思维（思维导图、Mapping 法）
- 参考启发他人意见（信息资料法）

对于美国人那种热热闹闹的头脑风暴法，德国人出于文化原因并不适应，于是创造出了"635 法"。与会者不发出声音，在纸上静悄悄地写上自己的想法。

"635 法"由德国一家商业咨询公司的名为霍利肯的人发明。其名称源于其方法："6 个出席人围绕圆桌而坐"，"每个人出 3 个创意"，"5 分钟内写在专用纸上"。

下面按照顺序说明：

（1）准备 6 张专用纸，出席人一人一张；

（2）一人写完后传给旁边的人，顺、逆时针均可；

（3）出席人接到前面人的想法之后，受启发得到一个新的想法，写上去，然后再传到下一人手上，如此反复进行 6 次。

于是在 30 分钟内，3 个创意 ×6 个人 ×6 张纸 = 108 个创意。

德国巴特尔研究所，根据"635 法"进行改良，推出了"Brain Writing"（BW 法）。

改良点在于：对于别人的想法是肯定还是否定，必须明确地表示出来。具体而言，在前一个人想法基础上，你是继承他，那么就画上"箭头"；如果不是，就画上"粗线"（图 2-1）。

[案例一] 未来的电子产品

主题：未来的电子产品		
可以随身携带的开水加热器。但它是不需要电的，靠一些自然能源来实现，随处接的自来水即可加热饮用	可以在空中建立交通通道，交通工具都换成了可以飞起来的。在很匆忙或交通很拥挤时，汽车按下某个按钮也可以发动起来飞到空中去	变形鞋：在一些高跟鞋的跟部设计一个小按钮，当上街脚酸时，一按，跟会收缩，还会释放舒服的透气因子。
开水加热器：把自来水烧开后，可以通过不同按钮转化为不同味道，比如可以做成汽水，橙汁味的，草莓味的等。	循环使用粉笔，现在很多地方的粉笔使用量还很大，用循环粉笔，可以把粉笔的粉尘吸存起来，然后压缩成新的粉笔，这样既可以保持洁净与卫生，还可以节约资源	可以随意调节高跟鞋的高度。当累了时调矮点，场合需要可以调高点
在开水加热器的顶部安置几个小格子，在每个格子里放不同口味的颗粒，根据喜好进行选择，每次按键，它就会自动往下倒。	像多色圆珠笔一样，粉笔能有个笔壳，里面有不同颜色，这样手不易脏，设置按键，将粉尘吸收	能预报天气的手表。手表上不仅显示时间，还能预报当前和未来几天的天气状况
电水壶产生出冰水，夏天就很好喝了	像多色圆珠笔一样的口红	手表测试人体是否健康（主要靠脉搏）
在杯子的下方安置有可加热、可放果汁粉末、可放药物的三层（后两层可像抽屉一样拉出）	在黑板的下方装置可吸收粉尘的机器，擦黑板的时候就不用吸入粉尘了	能自动散发冷、热的帽子，夏天能散热制冷，冬天能发热
烧出的水，可马上做出不同的你想要的味道的冰棒或冰淇淋	黑板被电子投影仪所取代。电子的感应笔可在投影仪投射下的影像上书写、涂画，不浪费资源，无污染，可永久的无限循环利用	一双鞋子可以根据需求不同自动变换成拖鞋或者布鞋，方便实用
主题：未来的电子产品		
很多产品都成为太阳能用品不用充电，可持续持久使用	和绿色植物连在一起的自动产水机（如：家里的盆栽连在一起，通过转换能量以自动产生饮用水）	吸尘器插电后，把生活垃圾收纳，通过电把垃圾熔化，转成其他生活用品容器，如垃圾袋、一次性杯子，这样可以循环使用
未来的相机在没有电的情况下，能吸收太阳能或风能，避免在外出时不能拍照	电脑在设定一种语言的前提下，根据人们的发音自动进行操作，运转系统	吸尘器不仅可以吸地板的灰尘，还可以吸沙发、键盘的灰尘，甚至可以吸走厨房用品上的油渍
未来的相机可以在夜晚把人照出来也很清晰	可以跟着人走的电脑，飘在空中，可随意调整其漂浮高度	自我清洁的地板、键盘、厨房用品的表面新兴材料
未来的电池，无论是手机电池还是相机的，都可以在没电的情况下自动吸收光能，重新恢复使用，以及循环利用	能检测人们压力多少的电脑系统，每次上网时就能在屏幕上弹出压力程度，并告诉你应采取的调节措施	能自动对小缝隙中的油脂进行清洗、吸收的小球，直到油脂吸食干净后又从入口滑出
空气无所不在，无时不有，所有的电子产品的能量都来自于空气，所以可以永不断电	能感应使用者心理、生理状态还的小产品，以使人们及时、尽早的就医治疗，防止病情的恶化	能自动吸收人体内多余油脂与有害物质的人体净化器
当空气的能量不够需求使，在密闭的空气中，也可以靠人自身来发电来产生这种仪器	不仅能感应使用者生理状态还能测出病情严重程度，并给出相关药物、治疗信息的方法的小产品，一切人性化的服务（医疗百科全书）	不仅能自动吸收多余油脂，还能处理吸收的有害物质的仪器，还能将其转化为健康气体在人体内释放

主题：未来的电子产品		
有一种能够识别天气的晾衣架，天晴的时候自动伸展到有阳光的地方，雨天就自动收回	自动洗完的机器，每次洗完后，能够擦干并且消毒	智能的垃圾回收处理器，把垃圾分类，然后输送到不同的地方
识别大气的花盆，天气干燥时自动喷水，就不用每天浇花了	自动洗衣机，洗完后自己弄干，消毒，并熨平	吃剩下来不要的食物被分类后可做成猪粮
识别大气污染程度的、反映当天气温（带温度计）并能显示需要的最佳服装的花盆，当污染严重时，花会凋谢，不严重时，挺直	能自动检测室内灰尘与污染程度，当超标时，能自动对室内进行清扫	能检测物品、食品新鲜程度的锅，放进去就能知道是否新鲜，防止中毒
能智能的养花、养鸟、养鱼的花盆与鸟笼还有鱼缸。保持它们的健康，茁壮成长。（因为现代人生活太繁忙，没有时间照应它们，以后会更严重）	在室外的场所与室内的场所都有一体的空气，环境自动净化设备，让生活更美好	智能的垃圾处理系统，对垃圾进行分类并且可以自动分类并且可以自动的加工回收垃圾，再造，对不可回收垃圾进行无污染地销毁
设计一循环使用的智能养花、鸟、鱼的装置，例如浇花的水可以从洗菜或洗手的水管边引来，一切在全智能的基础上更环保，更绿化，更节能	设计一个皮肤检测处理仪，当脸部有螨虫时，可检测出来并立即清除，脸上有灰尘也有自动深入清洁器，清油、消痘，等等。根据不同情况有不同显示，并能对症清洁处理	再安装一个净化系统，处理垃圾时难免会有异味气体和有毒其他释放到空气中，会影响人们的健康，空气净化系统可解决这个问题
这些污水使用后，清洁、沉淀、消毒、再循环	不仅是脸部，一个与人体高度相当的清洁器，人可以站在里面，对身体皮肤检测，如有伤口，可以放到微型的检测仪里，帮助消毒、包扎	对垃圾分类、消毒，然后粉碎成颗粒，作为原料，制作以后想要制作得成品

主题：未来的电子产品		
帮助他人治疗和预防老年痴呆的电子项链	帮助人们把椰子肉剥出来的小电器	可以和动物说话的电话
可以为老人提供热量，在冬天时，不至于那么难熬的电子手镯	可以给任何一种水果削皮的机器，有不同锋利程度的刀，一整套的削刀让人们方便吃到水果	能探测小动物内心状态的小项圈，能让主人更深的了解新宠物的心态，促进感情
可以为老人随时随地体检，感知老人心率等身体状况。然后可以把这些数据快速发送到医院，形成报告的一些小装饰品	可自动快速处理果蔬的机器，方便快捷人性化，节约时间，提高果蔬的健康指数（如去除农药等）	电子产品可以自动清除强大的辐射，并散发出有利于人体健康的光谱
开发一系列的为老人服务的装饰品，戒指有可以灵活老人手指的功能，手镯有数字钟的显示，还有测脉搏跳动的小仪器，当跳动很快时会发出急救的"嘟嘟"声	设计一套不仅可以快速去除果蔬皮的，还可以立刻以最健康的果蔬搭配烹饪出来的机器，给消费者最人性化、最健康、最方便的需求	分析动物情态与心情，发明一装置，先把信息反应到有特殊功能的项圈上，然后再反应给一仪器，转化为人能懂的信息，转化后再反应给动物，这样人和动物就能交谈了
检测老人身体健康的项链，可以以电磁波的形式对身体按摩，活动血液，促进循环，通过项链的颜色的变化反映老人身体状况、心情	可以把不同的水果扔进去后自动剥皮，选择你喜欢的形式，如切皮、切成丁状，打汁或者去核	这种电话仪器不仅能反映出动物的心情，还能反映出植物的状态，这样提供大量数据，可以分析以后的自然状况，提早预防灾害
项链的颜色就能直接反映人的身体状况，颜色越暗说明人的健康存在问题，颜色越亮则说明人比较健康	果蔬机能够自动调配所需水果、蔬菜的最佳比例，使磨出的果蔬汁能够达到最营养的状态	把动物发出的声音进行转换，根据波长的大小频率等翻译成人能懂的语言

主题：未来的电子产品		
可以像书本一样打开，很便捷的电脑	可以上开、飞到高空的摄像头，内有高度尺寸，便于控制，这样就可以减少对摄影师身高的要求	装有定位系统的电子表，在发生危险时可以马上按住，防止了找手机的麻烦
电脑这个电子工具的模式不再有载体，只需小小的一个发射器就可以把屏幕与键盘、鼠标等投射在任何一个平面上，即时使用	电子产品可自动变形、变色，随使用者的心情、心愿、爱好，启动超级变换形态，达到使用者的审美要求	手机的功能被电子表取代，可自动变形，还可感应使用者的身体等状况，作出判断、发出求救信号，还可以感应使用者的疾病情况
可以是一个小小的像钥匙一样的小东西，有红外线什么的，对着墙或桌子一发射就有显示，不同按钮对应不同功能，红色按钮是键盘，黄色按钮是显示屏，绿色是下翻页等等，随处即可学习、网聊、工作等	可以自动变形、变色的电子产品，还可以像机器人一样的发声，使用者的心情很低落时会发出悦人舒心的音乐，安抚使用者，还会露出笑脸	电子表在接收了使用者的疾病状况后，会发出红色信号，还有语言提示，显示出使用者的疾病种类和对症给药的信息，还有温度适应器，热时释放清凉，冷时释放热量
普遍式造纸机，把平时我们用的纸、喝水用的软性纸杯，或家里一些废弃的纤维制品等扔进造纸机里，捣碎，掺漂白剂，可以生产出一张张新的纸片，这样我们可以更有效地分类生活垃圾	上述的机器人在生活中有大量研发和试验，所以机器人在以后会成为我们的助手，在家里帮我们解决生活难题，或高危险、难度的困难，这是很多人都会这样做的，机器人可以无处不在，或者把机器人送到外太空去探查其他星球	救生电子产品制成，可以很大的拉伸，在平常状态是项圈、手圈，当发生水灾时可以最大限度地膨胀成救生圈
电脑的外壳可以用耐磨、有弹性的材料制成，即使摔到地上也不会坏掉	可折叠的能调节高度的椅子，按口红的原理，椅子能被旋转出需要的高度，并且固定，这样就能解决因身高限制而够不着的问题了	能够在水中、烟雾中使用的电子氧气面罩，在平时充好电，以防万一
软的电脑，就像水包一样	将椅子改为悬空坐凳，声控命令控制	自制氧气头罩，很轻，方便高原旅行

主题：未来的电子产品		
或是所有的日常电子产品，都汇集在一个微型的或是不再有形的靠意念发动的载体上，方便携带的（如项链、戒指等）	动能来自于空气，随时随地不会罢工	不再有电子产品，所有的电子产品的功能都存在于人体内，成为人的一个自身本能能力
例如手表上可以有小音响、释放音乐，又有GPS定位系统，又可以看时间，又有温度感应器，反面又有镜面，内部安装了芯片，可以无线上网，不用这些功能时，完美的外观还可以当装饰物	电子产品可自动变形、变色，随使用者的心情、心愿、爱好，启动超级变换形态，达到使用者的审美要求	手机的功能被电子表取代，可自动变形，还可感应使用者的身体等状况，作出判断、发出求救信号，还可以感应使用者的疾病情况
多功能、可收缩、展开的产品，如上述的手表，可以展开形成超薄的电脑，触碰屏，可以随时工作、娱乐、听歌、导航、打电话、发信息或邮件，不用时收缩，戴在手上作为手表	不用充电，把太阳能、风能、空气中的水蒸汽转化为小型电子产品的能量，或者用使用者的音量来充电，吸收噪声，把噪声转化成产品需要的能量	防辐射的小饰品，百毒不侵，可防止紫外线的伤害，不会被晒黑，还可以防止手机、电脑、核辐射之类
手表的表面可以立起来，并且能旋转，反面有镜子，可以在需要的时候调节角度	手机在没有信号的情况下能自动连接到其他有信号的地方，照样能收发信息，拨打电话	在自行车的上方安装一把伞，伞里面还有一个小电风扇，伞在晴天雨天的时候都可用，骑车很热时可使用风扇
将手表置于透明手链里	手机将简化为一颗纽扣大小的感应器吸附在太阳穴处，人们直接用脑电波交流	自行车用发光材料制作，晚上骑车不容易出事故
按着每个叶片的右边，就能自动报出相对应的东西	在手机中安置一个可以自己发射信号与产生电量的功能，可以随时随地有信号，有电产生	自行车能自动导航并报出前方几米有车，避免交通事故

[案例二] 大阪国际设计竞赛——主题"IN\OUT\WITH"

此案例使用"635"法用语言的形式显示了很多创意想法。在设计展开的最初阶段，使用"635法"发散思维，以文字的形式提出大量的设计创意和想法。之后，再采用后面将要介绍的各种思维方法有效地提炼概念，最终找出最适合的设计思路，进行设计。

INTERNATIONAL DESIGN COMPETITION OSAKA 2004 635法
PART 1: OUT

可以方便携带的日用品，如流动厕所、帐篷	带宠物一起出游，玩耍的器具	可以降解的内衣裤
在野外转化为自然的肥料，成为有用的东西	在外的聚众，游戏用的棋牌	免洗的内衣裤（自动消毒）
户外进行环保行动后，立下标志以示后人	不会被风吹散的纸牌	不耐用的户外装，某种蔽体材料，不剪裁，一次性

自动元素，物质收集装置，平时自动巡游于城市街道中	保育箱，类似可以让动物冬眠的系统，在旅途中的时候用	直接可以穿在身上就可以清洁的类似小型吸尘器的东西
会转换的路面，未来街道地下是一套循环系统，每天转换一次，朝下一面被清洗	宠物益智玩具	会变形的穿着装备
自己会走的路	宠物的宠物	人、机器人合而为一，解决出行问题
公共厕所中，向外显示自己要待多久的装置	远程无线遛狗装置（大型狗该放养）可远程召唤回家的工具	方便随时、随身清洁公共休息座椅的东西

公车座位显示到哪里下车的装置，方便站着等座位的人	白天主人不在家时宠物的玩具，同时可以定时喂食	轻便时尚的防电脑辐射的面罩
盲道与盲人感应，提供互动的帮助	宠物保姆，喂食，出门	洗过就会变颜色、款式的衣服
迷路	工具的摆放	适合自己的游玩路线
电子地图，信息输入机构（新型的）	大型吸纳系统	迪斯尼，导航眼镜（类似）在主干道以外附加风景虚拟系统
大型的城市交通定位系统，有一个主系统，个人可以系统查询	可收放变形的交通工具，便于停放	边走边玩，边移动边玩

边走边查询，看地图就知道前行的方向	不使用交通工具时，交通工具像马一样自行补充能量，使用时召唤回来	意念，在脑中假想的玩
电子导游，介绍有特色的地点	电动鞋子	虚拟宠物
可吃下的地图，吃下后，脑中就有地图的图像	不使用时，感觉会自动寻找空的停放地点	在这里玩的时候，能知道距离最近的地方的游玩内容
手机导游输入地点，根据GPS告诉你到了什么地方，坐什么车等	车辆到达前自动侦测停车位	出门玩随身游戏机时自动寻找合适的玩家连线
地面发布指示系统	全自动车库	路边电脑亭

多国语言，方便国外游客	高达	
运动，磁力，携带物品（相当于运动负重，但在体外）	路标，路牌，结合指南针第一时间捕捉	小型充气筒，利用压力及内外压强的变化。
压力舱中作运动，提高运动效果，舱内一分钟相当于舱外几分钟运动效率，符合快节奏的现代生活	电子路牌，能与行人随身设备产生互动，帮助户外移动	太阳能充气筒，风能……利用自然力
由内向外的压力，不拘泥于运动的时间、位置，可以是一个随身携带的仪器	与走路节奏快慢相结合，如绿灯结束要快走，散步时慢走	爆炸
督促自己锻炼的小精灵	公共设施，提供路线查寻	与旅行背包结合
会飘的旅行袋，人只要牵着类似气球的线就行了	原理同磁悬浮，通过吸引与排斥的变换，使人的行动及物的搬动更高效	直接装在自行车气门上
遛狗的浮力飞碟	侦测行人的紧张度，播放音乐等	背包等，充气后可放松变成椅子、桌子……
行动不便的老人也可以使用	音乐路面，踩上去会有旋律	在野外可充气的代步工具
有指示系统，自动认路、识家	搬运时起作用的装置（浮力、磁力之类，方便女性、个人搬家用）	方便的充气机，不用力吹或打气
可吸引用品围绕其周围的磁核	电力的相斥、相吸，走路时自动避开讨厌的人，保持心情愉快	充气使用后方便放气的工具
狗的粪便	龙卷风	出门防小偷
与宠物同游的时候走失，召唤	遮阳、防晒、挡风	外出无后顾之忧，安全提醒装置
一种气味跟踪器，针对宠物	反物质释放器，在周围一定范围内形成保护圈	"我的物品"系列贴膜印记
置于宠物身上的小型电子设备，具备多种功能	如何让戴眼镜的人戴墨镜（现在夹带的方法不方便）	指纹识别，一件物品专属于一个拥有者
与狗排便相关的功能，有利于公共卫生	会变色的镜片，就像猫眼，光强，镜片色深，光弱，色浅	极度私密，自我，只有主人能够使用，防盗，盗不掉
记录狗的行动和声音，帮助主人与狗对话	介入式镜片，形式类似验光时的过程	在人群中维持自己的私密空间
发现买来的宠物不是小香猪时，可以控制它长得不太大的饲料	龙卷风来了会自动抓地的装置	根据走路轻重，自己分辨主人的门
宠物摄像头，不在家时它"看"家	双层眼皮，自己的加上人造的	声音锁
监控宠物的心跳	可换镜片的框架	钱包有核对指纹，不对就放出高压
装载自行车上的类似"雷达"的装置，可在人听音乐时提醒周围的车辆经过等	帮助小学生过马路的路上装置	使长时间开车的司机脊背肌肉不会僵硬的座椅
车辆之间的交流，堵车地点的车辆向其他地方的车辆发出警告	人身上的装置，在过马路时能提醒车辆减速	行驶中车辆对驾驶员的测试，在他有不良反应是提醒警报
路面监控系统，超负荷即发出警告	可转化为通用设计，老人、残疾人也能用	提醒司机不要睡着，头下垂到一定程度就发出警报
紧急事件处理	马路上的公用医疗急救装置	给普通车子配备一系列医疗设备

适应个人的常用路线指示系统	防止有人遇难时路人围观的隔离装置	让乘客了解司机状态，保证乘客心理安全
车体变形装置，可作一定程度的改变	导航地铺，任何人可用，主要针对儿童、残疾人	材料可变换的座椅
两轮车和四轮车之间的变形	过路机，帮助穿过马路的机器人	变温座椅，给脊椎刺激，舒展肌肉神经
四个轮子成一直排，溜冰鞋与带排轮溜冰鞋的关系	电子导盲犬	水椅，水的温度随使用者体温变化而变化
会记忆路线的私家车	有特殊人群过马路时的专用警示灯	车内的按摩椅，舒缓司机的疲劳

解决戴眼镜的人运动不便的问题，如隐形眼镜	帮助游泳的器材	便携式雨具
奥运会中美田径队所佩戴的运动型眼镜功能+风格	与人体形状相吻合的有浮力的材料	解放双手，雨天手持雨具就不会不方便
与电视或手机结合	使个人与吵闹的环境分离	穿戴雨衣方便，排水快

自助介绍系统	面具，内部有化学反应，将水分解为H_2和O_2	速成雨伞，一种膜状物质，遇到空气可定型
收纳也要方便	使人溺水时，可紧急坚持0.5~1小时，等待救援（口中的东西或者随身携带的东西）	建筑拆卸上用的爆破装置（声音小，产生灰尘小之类）
介绍时可加背景音乐及灯光的眼镜	从船舷挂下的，紧贴海面的座位，亲身接触海洋	大家来观赏爆破时自动售票机
眼镜紧固装置，在固定场合使用	游泳初学者眼镜，可以虚拟本人学会游泳的过程	新型旅游景点交通工具，一种全透明、按固定路线行驶的容器（可利用磁物质的东西）

出门要穿鞋	从人造环境转向自然环境	与他人进行沟通交流
随环境需要变化高度或厚薄	帮助盲人更好地区别周围的声音	对讲
随环境、场合变化鞋子的类型	帮助哑巴询问路人	出门前个人卫生扫描
可更换鞋底的鞋	电子手语，将手语转化为声音	胶水似的手套，人造皮肤，出门时保持卫生
潜水鞋，雨鞋，高跟鞋	或者将各种声音转化为可视图像	个人的电子形象顾问

各种功能集于一鞋，转换也要方便	周围环境的切换装置（温度、湿度、色彩、声音）	能适应不同场合改变（可变色，变形的服饰之类）
雨天，鞋底撑高装置，晴天可收入	排除语言或听力的一套寻路手语物	外出时带的偶像，以满足追星族的热情
鞋子，导航，方向	针对不同的环境放置不同物质，以中和这一环境中的主要有害物质	虚拟笑脸镜，看到别人总是很可亲的样子，或者变换成熟人

可以代步的鞋子	能呼吸的"建筑"材料	脑电波交流
帮助路盲定位	便携电视	马路上,小孩找妈妈

手机定位程序	旅游中使用的便携或宝石鉴定仪	小孩,妈妈各带一个发射器、接收器
充电,公共场所的使用	戒指式的随身验钞机	亲人朋友的手机或其他随身物在接近时相互感应
是否能不充电,一次性使用的手机	各种形态的可携带的验钞机	测距的仪器,显示两人的距离
空中停车场	钞票、珠宝、古董之类可通用的袖珍鉴定机	任意两个物体或人之间的测距仪
可以牵着走的红绿灯(充气),儿童使用	鉴定并记录资料,便于爱好者收集资料的相机	向空中发射不同颜色的光束,以便识别不同团体及个人

红灯警示器,提醒盲人、色盲或色弱的人	专家咨询器,在一定范围内找到最可能有帮助的人	一定距离内的寻航射线,可寻找通行的道路
警示气球,小朋友过马路后放在另一边的红绿灯处	旅行万能助理	登山导航器
室外可移动的雨伞,有人来自动随人移动,直到从室外回室内停止	旅行纪念品实价鉴定仪	登山辅助器,爬得累了可助爬
移动办公,旅行中的一套设备	旅行中的睡眠,在上下班乘车时打盹	虚拟外出,网络旅行,虚拟空间的转换

电子报纸,可即时更新	比如隔音套	在睡眠中享受外出旅游的乐趣
随身可以控制家中用电器,监视家中状况,在外时携带	同时会提醒你的日常事情(小闹钟之类)	利用科技水平在地球上模拟外太空旅行,或者在教学上使用
更多形式地利用报纸,以折叠的方式扔弃,形成路标	让别人注意到你身上的提醒物来提醒你	观察星象,获取个人的星座运势
利用某种物质含量的多少来探测推判人心情,避免自讨没趣	推理小机器,随时给你提供建议(可行性方式)	造梦机。随即获取相关信息

解除烦恼心情的气味	旅行"伴侣",一次旅行的开始时启动,结束时记录了旅行的心路历程	记梦器,醒后能作为一个观众"欣赏"自己的梦境
通过排汗,解除烦恼的心情,有香气的	人脑芯片,可升级	催眠式的睡眠
香气与音乐结合	测试对方的情绪,以提醒自己的对话态度	像妈妈抚摸婴儿一样的方式
可折叠成小座椅的报纸	小东西,通过测试对方的热情辐射判断对方的态度	记录梦境,便于分析

INTERNATIONAL DESIGN COMPETITION OSAKA 2004 635 法
PART 2: IN

与花草交流	收集室内昆虫	不会产生细菌的室内泥土
一种花草的诊断装置，类似听心跳的感觉	利用共振原理使室内的昆虫不能飞行使之聚集□	一种空气养分收集器，植物可直接在空气中成长
根据花草的不同运动显示不同的表情的显示器（例如：努力中，疲倦……）	用隔离带建立昆虫不愿意进入的区域	水生植物通过输液避免放在容器里水的污浊
假植物，模拟生长满足人的心理	可视天花板	可根据温度变化的窗帘

植物型空调，改变工作方式	智慧型药箱，对药物等监控，并提醒吃药时间	与宠物结合的室内消毒设备
机器植物，可以长大或者散发香气，模仿真的植物	药物过期及时报告，可以是小冰箱或者一般的箱子	有机营养块，包裹在植物根部提供营养
利用植物光合作用和自净功能调节室内空气温度……	健康宝典，字典型箱子，存储相应的药品知识和服用指南	让植物根部也可以作为被观的对象
纳米胃镜，不痛苦，家庭用医疗仪器	提醒吃药的装置，方便一次服药，混在食物里	—

咖啡"伴侣"，现在咖啡已经成为人们生活中很重要的一部分，享受咖啡的同时，可以……（例如和香气有关）	很多东西放久了以后经常找不到	在家锻炼，新的简单的方式（可以一个简单的辅助设备）
自己煮咖啡，完整地享受动手的乐趣	在主人和物品间建立有形的联系（绳索）	可折放的，不占空间
用语言记录自己的放置习惯（随时录音）	归类图纸作为墙面	让人早晨醒来就振奋的气味（容器）

室内的天花板模拟自然天空	重要物品，如手机钥匙上装有某种装置，会发出声音或亮光，主人需要时启动该装置，便于找到	模拟火灾的气味和烟雾
夜光的游戏用具，无声	不会落枕的枕头	每天设立不同的场景（火灾、洪水、地震等）
声控饮水机、煮饭机、咖啡机	防止不良睡姿的枕头，在人睡着后会通过自身弹性变形帮助改变睡姿	装旅行用洗发液

电池收纳（各种状态的）	调节空气质量的非植物	老人昏倒或不适的警报器
由一定通道直接通往专门的电池垃圾回收处	由电风扇的转动净化空气	"千里眼"，"顺风耳"，远距离听见、看见老人的健康状态
家庭生活与公共事业更好地挂钩，室内的废弃物直接流到固定回收处	调节湿度之类、能快速生长繁殖的有益细菌	家用的医疗设备
电池漏液提醒	没风的天气靠太阳能会转、有风的天气自转的净化空气的风扇	红外线等靠温度或同类，自动报警

很多电池都没用完，有没有一种可以收集剩余电量的东西，然后可存储或再释放	植物型墙纸，冬暖夏凉，还可以自动调节房间的生态环境	针对老人的关节保护装置，适合常用
统一放有甚于电池的容器，用于手机充电	植被屏风，可自由地隔断	老人多看电视会痴呆，自动报时换台装置
花苞一样的床，开合自己控制	仿生儿童玩具，增强与自然的接近	—
躺在床上，懒得拿东西（遥控）	忘记随手关门	在不同材质的地板上走动
可移动的床（躺在床上时）	门槛控制关门	根据季节可变换材质

家具都可以装上轮子到处移动	消音门框，防止产生噪音惊吓人	可拆卸的地板，放入洗衣机
躺在飞毯上随意行动	用脚关门，"踢"的动作用来给门上锁和防盗	在空间允许的条件下赋予地板以下的空间新的功能，调节室内温度、湿度和储物
变形床，组合床，拆开成椅子、沙发茶几等	踢不坏的半软性材料墙壁开关	—
吊在房间半空的床，可靠控制掉床的索，在房间内自由移动、取物	能透气又能隔热（保暖）的塑料门帘	可吸收雨天潮湿和泥污的瓷砖，用于公共场合

例如充气或水床可以用几个隔层，每层可放不同物质，有些可替换，因此也可以调节高度	门和钥匙之间的感应装置，出门时没带钥匙就提醒，带了钥匙就自动关门 △	铺地与植物种子相结合，一方面紧固，一方面生态
人造光线	休闲，睡眠	厕所
不需要点火化学能利用自然的生物能	短时间内达到长时间的效果，只用2个小时达到一天的睡眠量	节水
与健身器结合，比如在跑步机上一边跑步一边发电，每天跑1小时就够用	睡眠中按摩	同时适合大人和小孩的马桶

萤火虫是怎么发光的，可否利用这个原理做出会发光的字，用于广告招牌	一种睡眠用的眼罩或帽子，可以阻隔周围波等辐射对睡眠的影响	厕所除菌装置，可以是一种光，一种气体，或物理原理
灯的开关在地板上	晚上突然看到镜子时的惊恐（不反光的涂层）	如厕时的个人爱好（看书、听歌），其他人不接受（个人如厕套餐）
夜光扑克牌，方便在黑暗中玩	多个部件自由组合的沙发	
如何利用气体产生化学反应来发光	空调被，冬暖夏凉，轻薄舒适	关爱老年人，如厕的时候播放音乐，使老年人更容易如厕

占地方的床，收纳又太大	室内玩游戏	忘关煤气等
参与室内用水循环的睡床	可掀掉的床桌成为泳池的床	定时关
床和其他家具的结合，例如屏风……	利用游泳原理产生的锻炼方式，可结合水，在室内小空间可完成	小型计划本（电子），自动记录每天必须做的事，额外的可手动输入
贴身的衣服，要睡时某些部分充形成合力支撑，随身带随时睡	一个小型的可钻入的空间，内部装满流动感的颗粒，产生在水中运动的感觉	利用重力，当结构变成对折状态时，自动切断电或煤气

家具，机关，隐藏门	整个室内的排水系统，可在家中戏水	
与人生理状态相结合的灯具控制——呼吸灯	在人离开或睡眠时的家庭安全顾问管理煤气、电……	可以随时测体重健康的地板
人在工作状态，灯光活跃、鲜明，较强烈，快节奏；人在睡眠、休息状态，灯光有缓慢变化，如呼吸的节奏	人在室内时由人体活动产生某种动能启动煤气、电灯的总开关，离开时无人状态就关闭	在浴室的设计中，加入健康秤的功能
采光的需求与私密性的平衡（拉上窗帘但采光差）	忙碌家务时，又要接电话、应门等双手以外的助手	城市公寓式的生活空间利用电扇空调等类似的设备改变环境体验

用可以单面透光的材料做窗帘	声控设备，控制各种开关	全息投影改变人对生活环境的感受
单面透光的玻璃，根据室外光线强弱作变化，颜色变浅或变深	类似FBI特工的产品，耳机、便携的设备，可接受门铃、开门、接电话、控家电等	在室内可欣赏到室外的景色，利用海市蜃楼的原理进行投影
可以取下来方便清洗的玻璃	家用机器人	找到一种可以替代玻璃的材料，薄膜、有强度、省钱，可替换颜色和花纹等
给发呆者使用的玻璃，对着它发呆，上面有影像等，同时可以不自觉地学习知识	可以过滤广告信件的邮箱，免不得不慎遗失账单等	伸出房顶可以看天空的设备

多变的窗户	整理杂物	多功能影壁
可以改变形状加大小的窗户	垃圾分类整理箱	随季节改变墙壁颜色，或者播放音乐
窗户与窗帘结合	地下垃圾处理通道	可移动的墙壁，空间可变换
其他的通风、采光方式，能控制进光量的智能玻璃	物体上放上一个感应的小精灵（不同种类，不同颜色），相同种类的杂物就会自动聚集在一起，放错了会发声	也可以放下来放沙发

室内家具有智能反光或吸收的作用	像橡皮泥一样塑性的墙，捏在一起就可以坐下来，或……又能隔音	埋在墙里的马桶，用完可放回墙里
伴随电话机的一个小附件，可以在打电话的时候隔绝或过滤掉外界的声音	可在一定范围内巡游的垃圾桶，适合人流不是很多的地方（家庭用）	外墙的颜色可随气温变化自动调节热量的吸收
电话线长，又不能卷在一起，用弹性超强的电话线，放手会缩回原位	垃圾袋包扎工具免得脏手	埋在地上的椅子

INTERNATIONAL DESIGN COMPETITION OSAKA 2004

PART 3: WITH

1. 魔法瓶（罐、袋、片……）

    可以方便——喝水、吃药、携带物品、指示方向、危险提醒、功能合成、紧急情况事故处理、方便交流、方便交换

2. 针对特殊人群

    辅助型——省力、支撑、导航、呼救

■ 3. 更舒适地移动

    新的交通工具

    新的移动方式

    新的移动氛围

    让移动像做运动一样

    ⇩

    交通工具 + 运动器械

INTERNATIONAL DESIGN COMPETITION OSAKA 2004

二次归纳

- 共振昆虫

可行性原理：当飞行速度接近音速时，飞行的性能急剧变化，操纵困难，飞行速度再也上不去了，这就是所谓的"音障"。

杀虫的方法：只要让虫子不能飞

现　　状：（1）多功能物理杀虫机——可以真正杀死虫子，利用高强的波或光破坏虫子内部的某种东西；

（2）杀虫灯——双光雷达自控高压杀虫原理；

（3）频振式杀虫灯——利用害虫趋光、趋波的特性。

△ • 安全出门

门和钥匙之间的感应装置，出门时没带钥匙就会自动提醒，带了钥匙就自动关门。

可行性原理：超市收银台、检验物品和条形码之间的互动。

○ • 小型充气筒

可以针对任何充气的物品

充气方法——加压

　　　　　气垫船（高速旋转的风扇）

现　　状——自动充气轮胎（有人想过了），利用汽车自身的重量，

　　　　　保持轮胎内部压力

　　　　　聚氨酯微孔弹性材料——免充气轮胎

▱ • 移动办公（包括声音和图像）

针对声音：一种可以隔绝周围吵闹声的东西（可以附近在耳塞等物品上或者独立使用）

其　　他：鼠标、携带、笔记本

现　　状：折叠式充气鼠标（已有）

■ 公园休闲车

解决问题：公园的垃圾、雨天游园的代步工具，吃饭的饭桌，锻炼休闲、游乐设施……

第二章 集团发想法

INTERNATIONAL DESIGN COMPETITION OSAKA 2004
三次总结

■ • 公园游览休闲车
　　组　合：

透明/不透明	位置/方式	切换	是否需要防风
⇩	⇩	⇩	⇩
雨篷/遮阳篷	折叠板/桌子	人力/制动	通透看风景

关键字：方向、速度、小型社会、碰碰车（游乐和安全）、速度控制

第三章 联想刺激法

逻辑思维	→ 发散思维	→ 逻辑思维
分析原理	运用发散	整理创意
方式	创意手段	分析可行性
NM法	联想刺激法	
属性列举法	信息资料法	
KJ法	Mapping法	
Flow Chart法	思维导图	
反向思维法	635法	

一、信息资料法

作为第一种概念生成的方法，样本资料法必须搜集很多关于技术、物理原理或者工业设计的资料，通常来说，它搜寻一个对产品功能具有形态解决方案的书面的主意；它也搜寻生产、分析或者测试产品构思的概念。

二、Mapping法

在一张纸上展开，把关键词写在中央，由此发散式的联想（欧美把它称为 game），称为 Mapping 创意发想法。

三、思维导图

思维导图是终极的组织性思维工具。要把信息"放进"你的大脑，或是把信息从你的大脑中"取出"，思维导图是最简单的方法——它是一种创造性的和有效的记笔记的方法，能够用文字将你的想法"画出来"。

一、信息资料法

作为第一种概念生成的方法，也是传统的辅助方法，样本资料法必须搜集很多关于技术、物理原理或者工业设计的资料，通常来说，它搜寻一个对产品功能具有形态解决方案意义的书面的主意；它也搜寻生产、分析或者测试产品构思的概念。

信息资料法，根据其在过程中的所处的高度而开始其研究，正如一句名言所说："我之所以能够站得这么高，因为我站在巨人的肩膀上。"这句话启示我们不应该从真空中产生概念。当然，首先应该避免受到他人的偏见的影响，直觉地生成概念。不应该迷恋于对产品功能和子系统的单一解决方法，这很难产生进一步的概念。但是我们应该充分利用前人的无数好主意。只有基于这样的考虑，才能够期待有所进步，事实上，"概念生成"的同义词就是"综合"——搜集众多个人的想法和贡献融合成新颖独特的概念。让我们首先成为一个"综合者"；非常少的情况下（如果有的话），概念是完全自发形成的。

在今天巨大的信息海洋中，信息搜集的工作常会被淹没。因而，一个信息源的分类是需要的。图3-1显示了一种这样的分类，在这个分类之中一个最主要的类别就是文献资料。公开发表的媒体代表了一个巨大的源泉。这种媒介的例子包括专利、学报、政府报告、型录、教科书、消费品期刊、或产品信息。在产品的领域，为了理解当前的技术水平，进行专利的搜索是十分必要的。这也会有助于搜到解决类似问题的产品，虽然它们可能在完全不同的领域。

除了出版物，信息也可以从类似的地方搜集到：因特网、试验测试和其他人。类似物包括在不同领域操作的相似的产品或人造物。因为它们在结构或者功能上与将要设计的产品相同。例如，一台咖啡豆研磨机的一项功能是要在研磨过程中"减少噪声"。类似的产品包括电力工具、音响空间、汽车、飞机和食品处理设备。通过研究他们的解决方法，我们可以为咖啡研磨机找到类似的解决方法。

其他信息源包括：评测、人和因特网。这些信息源也会提供一个论坛来获取有价值的概念，这些概念可以用来生成进一步的概念。

最后，在概念设计阶段所生成的概念的广度和新颖程度是产品开发团队信息的一项功能。"知识就是力量"，并且这力量导致了创新性的观念。我们必须在所撑握的资源中投入可观的百分比到信息搜集中去。只有这样做，我们才能把这个在我们指尖的力量控制住。把我们自己看作从已知信息产生新概念的综合者。

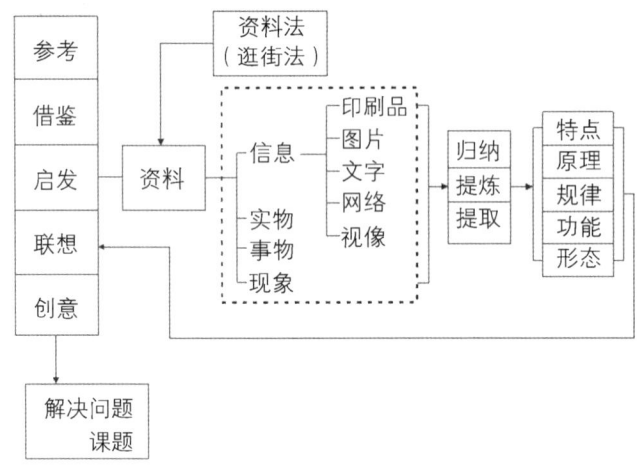

图3-1 信息资料法

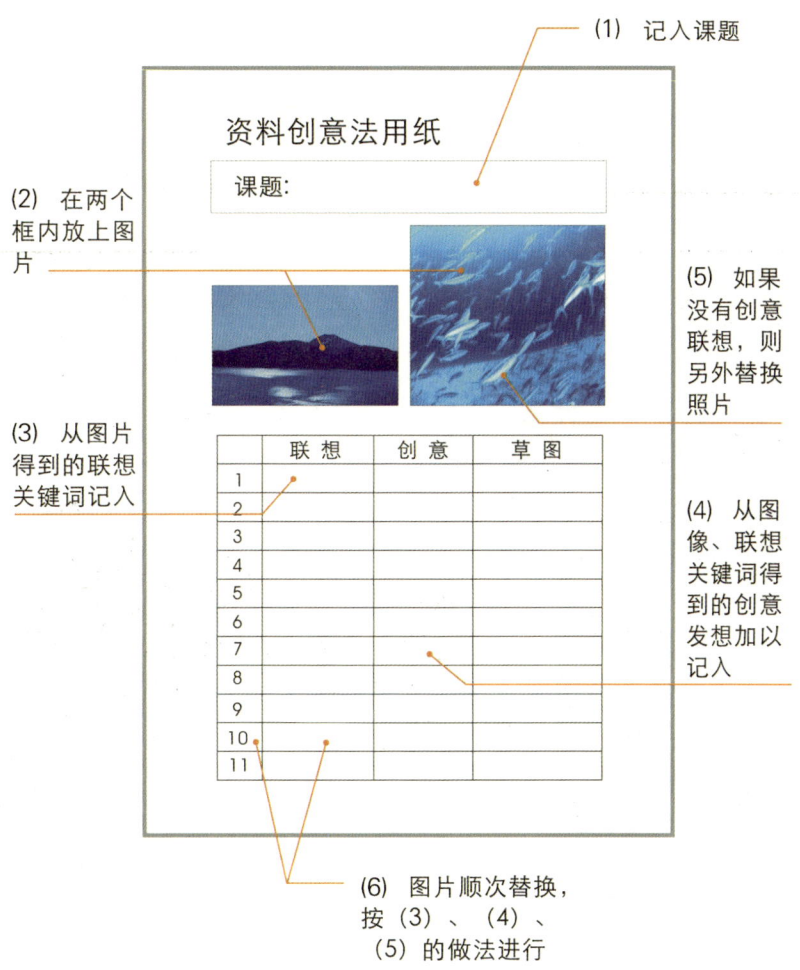

图 3-2 形象样本／资料创意法用纸

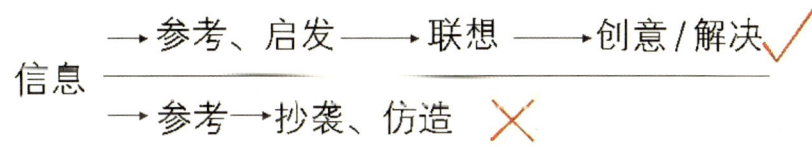

图 3-3 信息资料法的正确运用过程

第三章 联想刺激法

[案例一] 未来个人通讯工具（张瑾）

运用资料收集法，从意想—联想—创意—草图，很自然引发了由抽象到具象的创意发想过程。

| 课题 | 资料收集法 |

00艺术设计 004862 张瑾 04.5.20

课题选择：个人未来通讯工具

	联想	创意	草图
1	昆虫爬行时极强的抓地和吸附能力，以及良好的定位能力	可安置于任何位置的微型手机，声控、可携带于身体的任意位置，小发髻、耳后或夹在书上，置于电脑上等……，另有一枚终端与它连接，方便主人寻找这个小型物体	接长及充电外壳
2	昆虫对大自然极强的适应能力，使其部分能够根据气候、环境的不同变换它的颜色与体积	可根据使用者不同的喜好和使用需要而变换体积、形状、颜色的通用工具	

	联想	创意	草图
3	软体生物身体的收缩度和弹性	晶体胶体的填充材料使通讯工具的形态具有极大的弹性，便于收纳储藏	
4	昆虫关节连接的灵活性，它们肢体的蜷缩和舒展形成两种截然不同的形状	当声控技术发展得极为成熟后，通讯设备高度微型化，隐藏在一个极小的元件中，模仿昆虫关节的收缩使通讯工具展开后能结合耳壁，收拢后则是一枚体积极小的零件	
5	生物灵敏的触角反应，可在通讯工具中用于按键的控制	具有健身按摩功能的通讯工具，尤其适合老年人使用，把触须般的外突键下按即进行了不同的操作	
6	由植物的支撑联想其母体部分为花苞提供养料。植物可提供人精神上的愉悦	把通讯录工具分为两部分，母机与附机。附机可随身携带，母机则可为其进行信息储存和充电。它们合在一起则可成为一个发光的装饰物	

	联想	创意	草图
7	可以适合各种环境和气候的通讯工具	以完美的形式出现的通讯工具，另配有摄像头，防水、耐高温，使用者在不同的环境条件下都能使用	
8	像织物一样可任意变形，低成本	如手帕一般的通讯工具，可弯曲、折叠的一次性通讯工具，使用一段时间后可丢弃	
9	镜面材料带来未来高科技语言的特征	轻薄如化妆镜一般的手机，未启动时完全呈镜子的作用，启动时则清晰显示屏幕及文字信息	
10	从视觉上直接接收信息并从声音上作出回应	把通讯器的功能加之于眼镜之上，启动时直接看到信息，并有耳麦提供声音传播	

[案例二] 未来交通工具（唐砚勋）

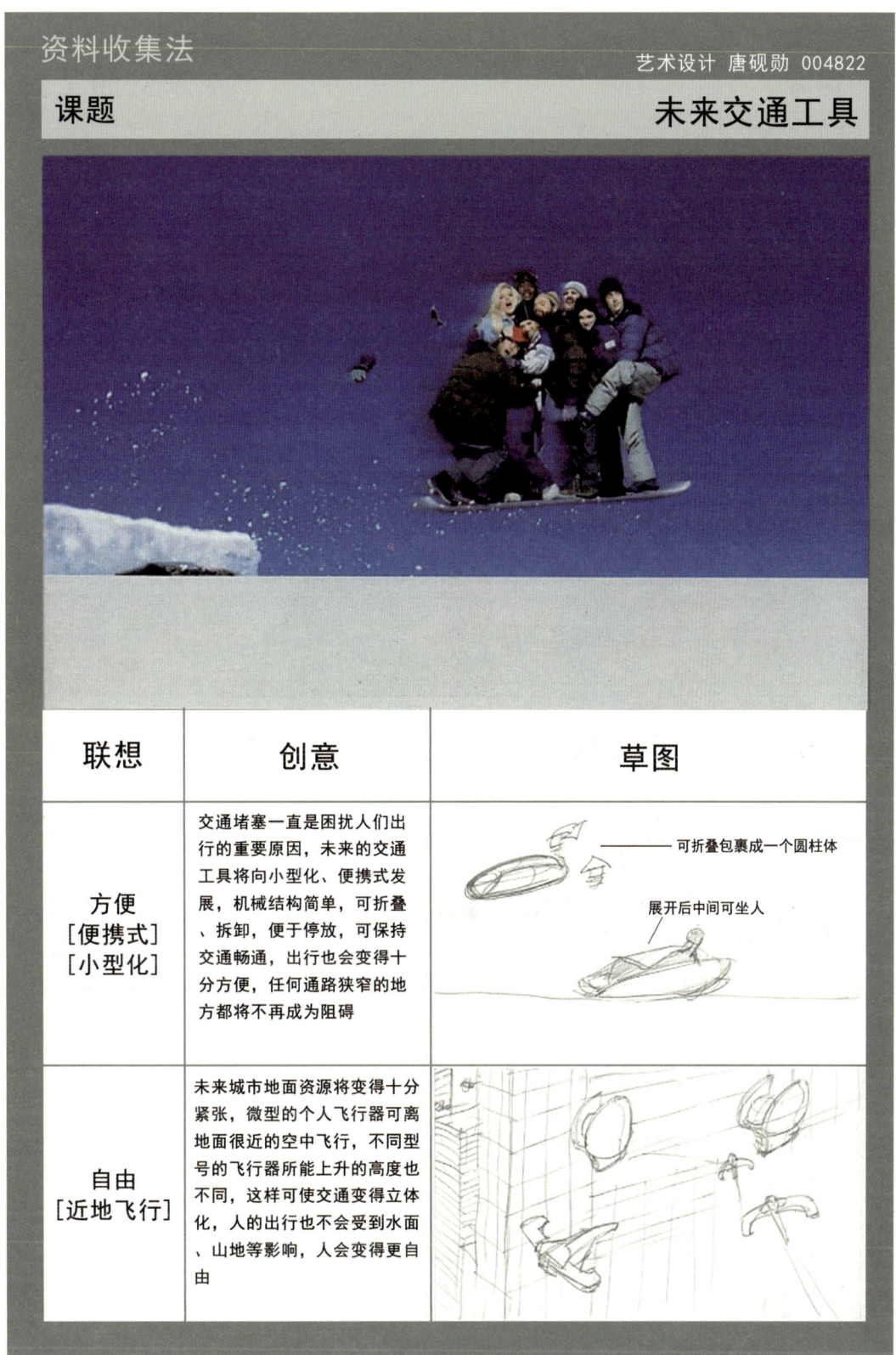

第三章 联想刺激法

资料收集法

艺术设计　唐砚勋　004822

课题：未来交通工具

联想	创意	草图
远程 [太空传送]	未来科技的发展，使得人们可以进行星际旅行或太空移民，超大型的像空中城市或空中堡垒的建造可以运输大量物品和人员	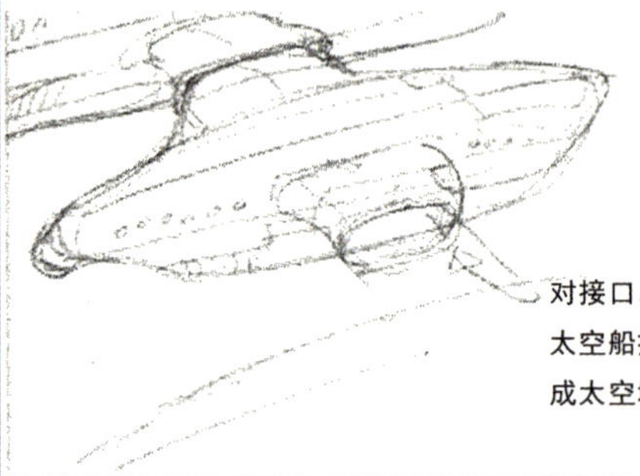 对接口，可将数个太空船接在一起组成太空城市
无阻碍 [爬行]	像蜘蛛、螃蟹等可爬行的交通工具，可自由翻越坡地斜面，在许多公路不发达地区及野外有很大用途	

资料收集法		艺术设计 唐砚勋 004822
课题		未来交通工具

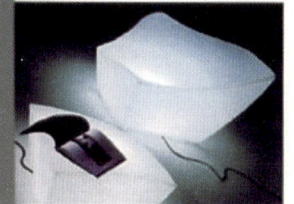
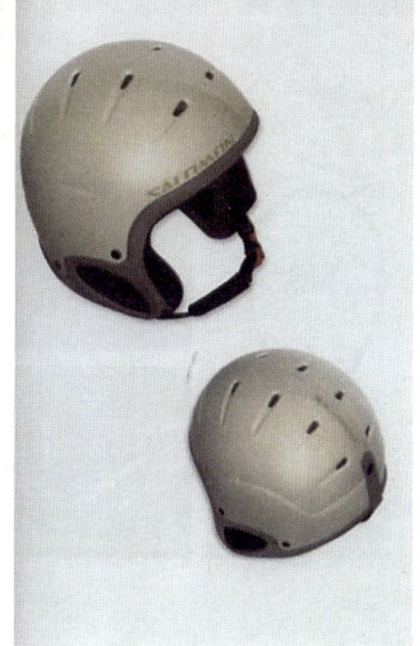

联想	创意	草图
安全 [地下轨道]	用轨道来控制地下行动，人们只要待在轨道上，设定好方向，轨道便会自动运行 它比现在的地铁更方便，私人化没有整节的车厢，整个地下铺满轨道 速度较慢，人们可以在不同的轨道间转换	电脑控制　固定装置 输送轨道 轨道外壳
温馨 [家居] [人机工程]	交通工具做得更像是会移动的房子，用了大量的橡胶来保证安全、舒适，人们在房子中走动，换乘不同的路线，可以和地下轨道结合	内胆 外壳　传送轨道

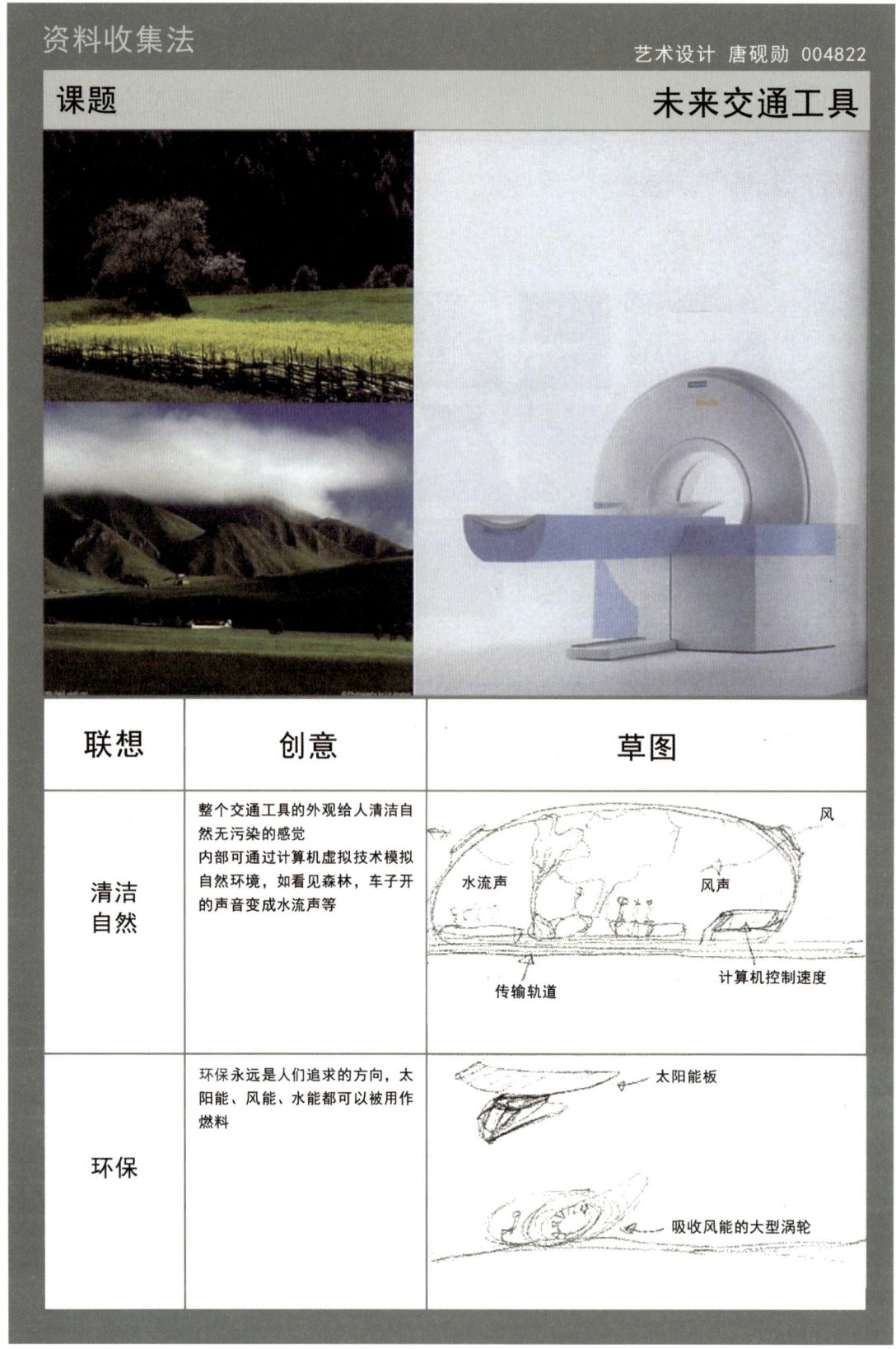

设计说明 　　　　　　　　　　（童瑾男）

有的插座总是很霸道地拴占两个插位，我们可以自由地对这款"魔方插座"插孔进行调节，节省不少空间。

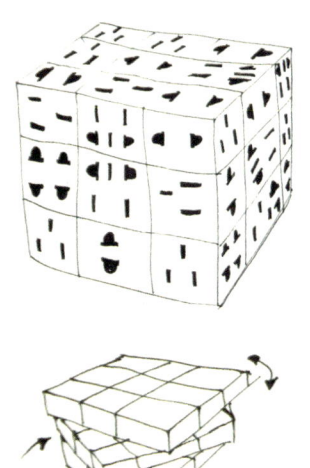

设计说明

通过抽取式餐巾纸的设计，运用于眼镜上，在换镜片的时候直接将原有镜片抽走，插入要换的新镜片，也可以与太阳镜互换。　　　　　　　　（王赟）

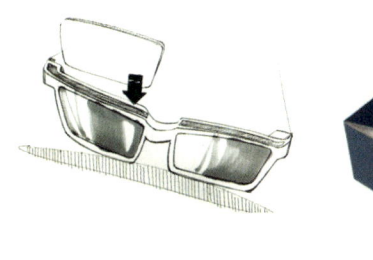 

设计说明

这是由鸟喂食的动作瞬间设计的一套茶具，一家人在家中用到这套茶具让孩子更懂得感恩父母，这是潜移默化的教育。　　　　　　　　（战俊）

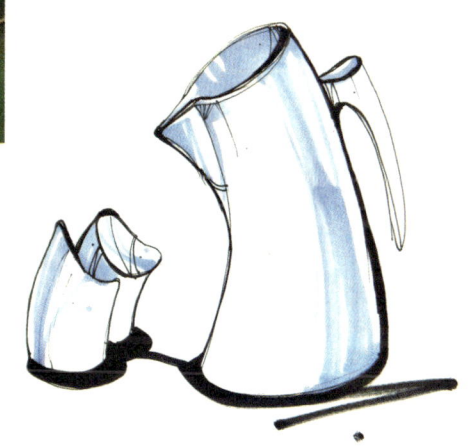

二、Mapping 法

对发散思维的轨迹加以记录，然后再整理筛选。

在一张纸上展开，把关键词写在中央，由此发散式的联想（欧美把它称为 game），成为 Mapping 创意发想法。

用一张纸，一支笔在纸中央定一个主题，进行发散思维，产生各种联想，像树枝一样发散出去，欧美把它作为脑生理研究，是能力开发的一种方法，在学校教育也广泛运用。

人类大脑分左、右脑，左脑支持逻辑、分析、语言；右脑支持直观的形象分析。大脑使用并不完全，一般情况下，使用左脑较多。Mapping 法，就是开发右脑潜在能力一种好方法。能够使左、右脑发育平衡。右脑较直观，能自由发散创意。右脑自由联想结合左脑逻辑分析，运用 Mapping 法根据关键词产生联想，使左、右脑共同思考。

例如做一个策划，按照一般的方式思维，即写上一个主题，根据顺序把所想的问题写下来，这样写下来，直到想不出创意为止。但是如果把它置于纸中央，以 360°发散形式，就不会约束思维，形成大量创意思维后再进行分类整理，这样就形成了 Mapping 的树形图像，在这过程中，会有一些意想不到的创意产生。

步骤如下：

(1) 准备——纸和笔（彩色）；
(2) 课题——主要课题；
(3) 产生——根据课题产生副课题；
(4) 关键词联想；
(5) 对想法进行分组整理；
(6) 筛选创意。

[案例一]

课题：大阪国际设计竞赛——主题"IN/OUT/WITH"。

利用 Mapping 法进行设计创意。

Mapping 法能直观地自由发散创意，在它的带领下，把抽象的"OUT"命题设计成"CELL BOTTLE"的设计方案。

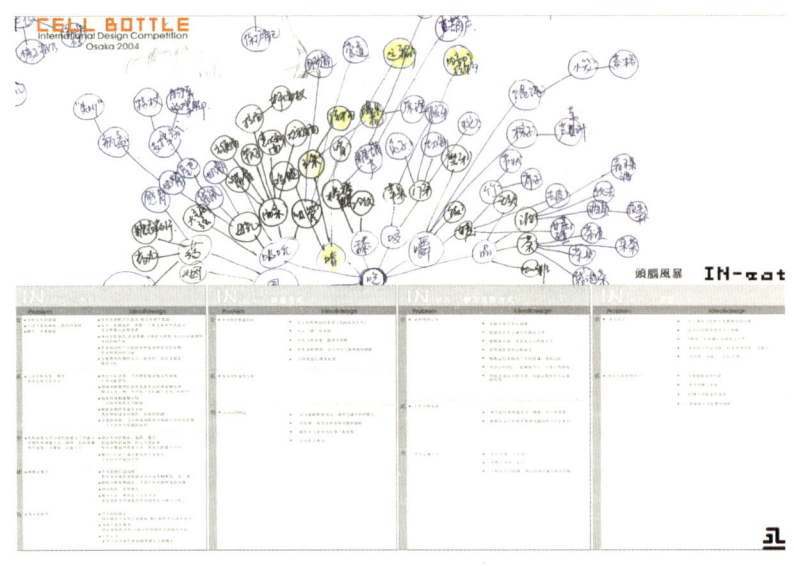

创意整理：（照明、光、主题）

(1) 物体／载体，例：伞、风筝、创可贴
(2) 形态
(3) 材料
(4) 结构
(5) 功能
(6) 方式（使用、操作）：推、拉、贴……
(7) 系统／概念
(8) 组合方式
(9) 原理借鉴：伞、收纳／压力发电、温差……
(10) 文化／人文要素，知识信息
(11) 现象：水肿、体积变大（充气）

[案例二] Mapping结合635法运用及其产生的创意（朱丹丹）
此案例"UNIT"是由"Mapping法"和"635"法两种设计创意思考方法相结合共同运用，然后得出的一个设计构想。

Mapping法分析报告

Mapping 法分析
目的　在 IN OUT WITH 课题中找出大致方向
　　　我们按人的行为作为思路，
方式　以小组形式从 IN OUT WITH 三个方向
　　　按列举的行为进行 mapping 法展开创意
　　　如：吃、坐、站、走、跑、躺、跪、蹲、跳、爬、
　　　滚、倒立、摇、挂等动作

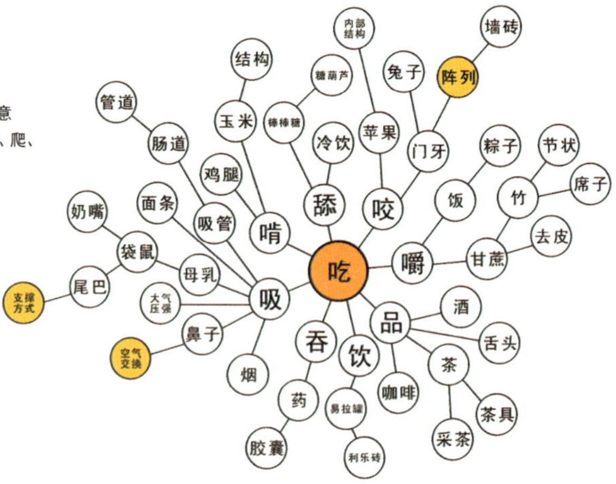

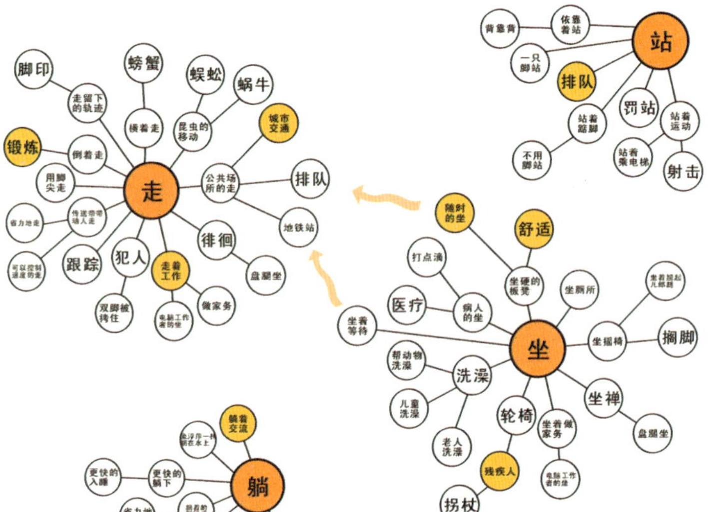

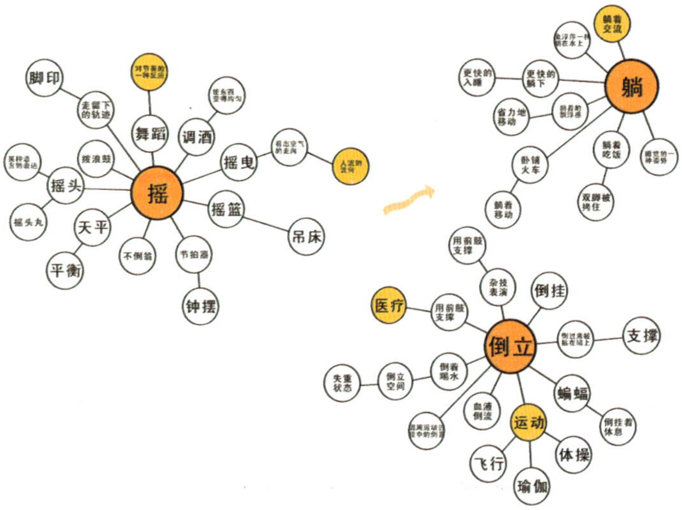

结论　列举了几个 mappimg 法展开
　　　并完成了大量的发散后
　　　标注为 ● 有发展可能的问题项目

635法分析报告

　　　　635法分析
目的　　在 IN OUT WITH 课题中找出大致方向
　　　　按室内、室外环境中的要素
方式　　运用635法展开创意
　　　　按室内外活动的各种要素加以展开
　　　　如：休息方式、工作方式、交通、起居、通风、等等。

IN　室内休息方式

如何随时随地地睡　　用于短暂休息的装置（比如在车上等）
　　　　　　　　　　可以"睡"的衣服
　　　　　　　　　　可充气的衣服，能漂浮地睡
　　　　　　　　　　填充各种物质，适合不同气候环境的睡眠
　　　　　　　　　　小型的旅行携带装置
如何更快速地入睡　　可迅速催眠的房间（或者可调节各种模式）
　　　　　　　　　　有按摩，散发各种香味功能的躺椅
运动后的休息　　　　提供氧气水分的人体"充电器"
　　　　　　　　　　运动集合沐浴

IN　室内学习工作方式

如何帮助记忆　　头箍式电子英文词典
　　　　　　　　能漂浮在水上或空中的电子书
　　　　　　　　能吸附在墙上或者家具上的电子书
　　　　　　　　能帮助你背单词的家具
　　　　　　　　根据记忆曲线所产生的游戏，帮助记忆
　　　　　　　　帮助记忆的门，提醒你今天一天要干的事情
　　　　　　　　帮助学习语言的书签，以提示你学习完成情况等
工作中的交流　　办公室用来传递文字、图像、语言的设备
　　　　　　　　能独立又可有助于集体交流的组合办公家具
个人交通工具　　水上交通（下水道）
　　　　　　　　便携式的办公家具
　　　　　　　　可用于书写的墙，所记内容可被扫描进电脑

IN　室内卫生

有关灰尘　　　　　洗尘器用在鞋上衣服就是清洁器
　　　　　　　　　运动时的娱乐性清洁（滑板）
　　　　　　　　　"爬虫"在玻璃正、反面游走工作
　　　　　　　　　家电结合清洁功能（在不使用其第一功能时进
　　　　　　　　　行第二功能——清洁之用）

有关人自身的清洁　方便握的电动牙刷
　　　　　　　　　类口香糖式的牙刷
　　　　　　　　　机器人帮助老人沐浴
　　　　　　　　　沐浴兼享受按摩的墙板

IN　室内交流与沟通

信息传递类　　　　吸附于房门上的宠物玩具
　　　　　　　　　可在家中传播信息的宠物
　　　　　　　　　房门上的心情板，告诉别人自己的心情
　　　　　　　　　随身电子设备，家人或朋友随时了解位置，心
　　　　　　　　　情数字便签，随意贴在室内某个地方（人经过
　　　　　　　　　时发出声音）
　　　　　　　　　室内玻璃，出现字幕留言
　　　　　　　　　室内任何物体（如墙、花草、门），传播信息
　　　　　　　　　办公室的电子植物
　　　　　　　　　办公电梯的信息交流，由电梯中的 LCD 提供
　　　　　　　　　热门讨论话题

室内空间类　　　　新的隔断方式，家里隔断可以自由分配
　　　　　　　　　可变幻的空间，改变墙面，光线，室内季节
　　　　　　　　　可以以魔方的形式改变邻居

室内家居类　　　　魔术家具结合，瞬间的重新分配
　　　　　　　　　家具家电设置在墙中，人的活动空间可以上下
　　　　　　　　　转动

群体交流类　　　　一幢大楼的共同沟通，集体的沟通媒介，如电
　　　　　　　　　子屏幕、大楼中庭的公共交流空间

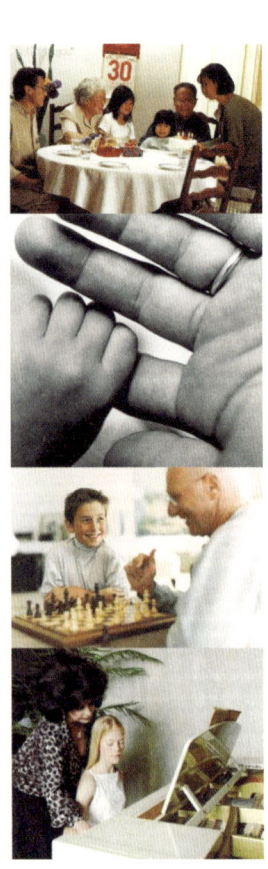

OUT 室外旅游便携

解决旅途中人觉得无聊的问题	设计有实际功用的小型娱乐设备如可装食品的宠物玩具 全新的宠物携带设备,可以在旅行途中将宠物带在身边的设备 衣服上的微型阅读器,可以在旅行途中看书看报看杂志
小型化的/集合化的 外出旅行物品和野外生存物	食用设备的结合(如手电和随声听集合于一体) 野外套装(将手电集合在外套上) 小型的求生一体设备,内有芯片,装有电子地图卫星定位系统,信号弹,呼叫器,指南针,急救 个人信息器,能发出自己特定的信号,便于联络同伴或求救(如发光、颜色、烟雾)
迷你充电器	可为各种电器充电的充电器 集成手机、照相机、笔记本电脑等的充电工具
新概念野外生存服	可以吸收太阳能的衣服 用于为旅途中的各类物品提供能量 有电脑功能的服装 可以存储照片、音乐等供旅行使用 内藏水袋的衣服 在旅途中口渴时可以直接从衣服中饮水 可饮用、食用和控温的衣服 衣服里水袋的水含有碳水化合物等营养物质

OUT 室外城市交通

解决堵车问题	十字路口纵向错开 智能高速公路,单向堵车能够利用另一车道 高速、低速都能使用的交通工具 下沉式交通 可"跳跃"的交通工具
城市立体交通	环城轨道自行车 长在建筑物上的道路,磁悬浮公交车 三维立体轨道,有中转站进行轨道交换 屋顶之间的高架桥 水上交通(下水道) 楼房之间的通道,人在管道中传输
个人交通工具	便携型交通工具 个人飞行器
其他	生态交通空间,生态交通工具 类似"漂流瓶"的观光交通

OUT 室外旅行保护安全工具

对人体具有保护功能　　　跌落时防摔
　　　　　　　　　　　　防受到攻击(如可模仿动物叫声)
　　　　　　　　　　　　溺水时可供氧逃生
　　　　　　　　　　　　具有吸附或充气功能
　　　　　　　　　　　　具有保温隔热的作用
　　　　　　　　　　　　发出特殊气味,防蚊虫蚁蛇

针对身体某一部位　　　　减轻腿部酸痛的绑带
　　　　　　　　　　　　鞋上的"肉垫"
　　　　　　　　　　　　可在途中留下荧光记号的鞋子
　　　　　　　　　　　　能吐出蛛丝的装置
　　　　　　　　　　　　可在野外猎食的轻便装置
　　　　　　　　　　　　用于攀爬的特殊护腕,护膝

随身装置　　　　　　　　多功能拐杖
　　　　　　　　　　　　可抵御外界攻击的帐篷

OUT 室外残疾人专用

指示系统　　　　　　　　用于辨认位置方向
　　　　　　　　　　　　提示行走的方向
　　　　　　　　　　　　发生紧急事件可通信求助
　　　　　　　　　　　　联系服务部门

传送带　　　　　　　　　城市交通传送,可与交通工具结合,如轮椅

个人使用交通　　　　　　轮椅后可附带可收拢或扩大的载物功能
　　　　　　　　　　　　轮椅与其他交通工具更好地结合
　　　　　　　　　　　　轮椅上厕所

便携的指示工具　　　　　可提示的电子宠物
　　　　　　　　　　　　走失时的紧急通讯工具
　　　　　　　　　　　　盲用拐杖
　　　　　　　　　　　　盲用婴儿车
　　　　　　　　　　　　盲用购物车,有语音提示功能

概念雏形与方案确立

UNITS 是一种新的使用在个人室内空间及城市空间中的系统。这种 UNITS 可选择铺设在室内空间的墙面、天花板,甚至地面上。而每块 UNITS 又是由 9×9 个色彩显示块组成。同时也是感知外界温度的触点,并以不同颜色显示出来,直观地告知人们所处室内温度的情况。同时由于室内人员的走动、发热物体的影响等,使得色彩显示块呈现出五彩缤纷并且不断变幻的色彩,以此制造不同对的空间氛围。

每块 UNITS 设计有进风口和出风口,用于过滤室内污浊空间,释放新鲜空气。

进风管道
出风管道
空气以这样的方式进行交换

in the kitchen
解决东方人厨房的油烟问题,并可设置你认为令人有食欲的色彩范围

第三章 联想刺激法

in the subway station
适时的反应人流的趋向，给人们以指示。
高峰时段，摩肩接踵的人群途经时，在UNITS上留下瞬间的影象。
以测试每天每个时段的人流。

in the office
设置不同颜色范围，改变室内整体色调，以提供良好的工作环境。单元块的设计，给人增添了自己"构图"的乐趣。

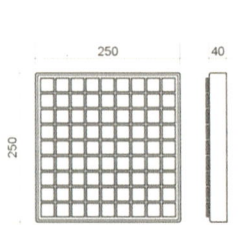

在不久的将来，当UNITS被广泛应用时，它将成为一种新的模数单位。
即1units＝250mm毫米

三、思维导图

思维导图是终极的组织性思维工具。而且，它用起来非常简单！

要把信息"放进"你的大脑，或是把信息从你的大脑中"取出"，思维导图是最简单的方法——它是一种创造性的和有效的记笔记的方法，能够用文字将你的想法"画出来"。

所有的思维导图都有一些共同之处——它们都使用颜色，都有从中心发散出来的自然结构，都使用线条、符号、词汇和图像，都遵循一套简单、基本、自然、易被大脑接受的规则（图3-4）。

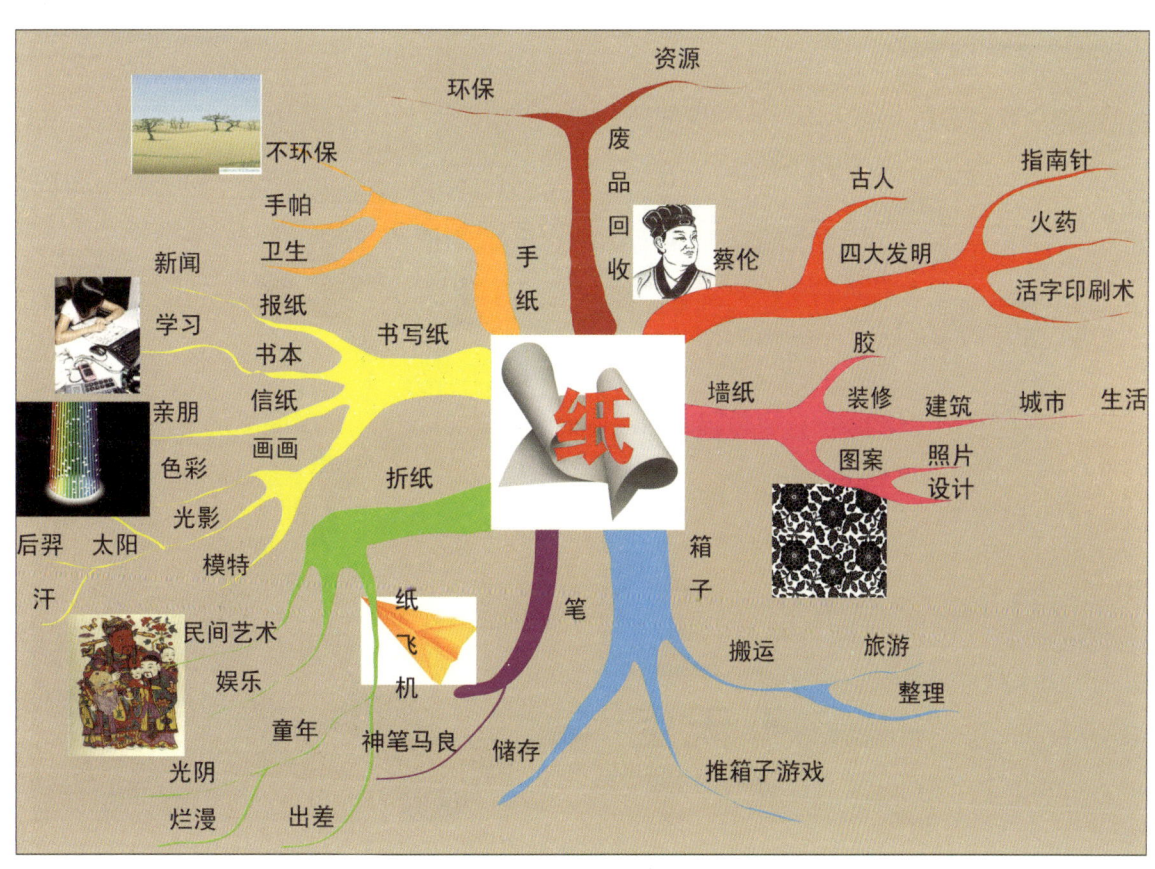

图3-4　思维导图

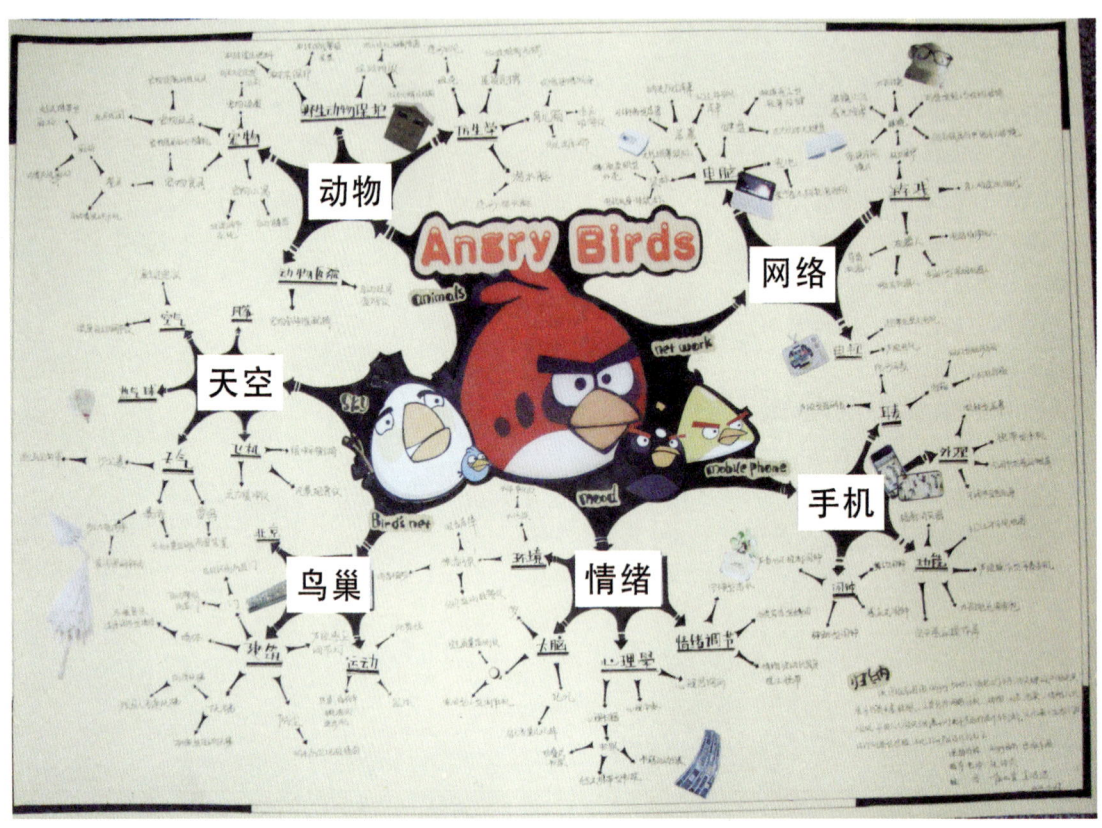

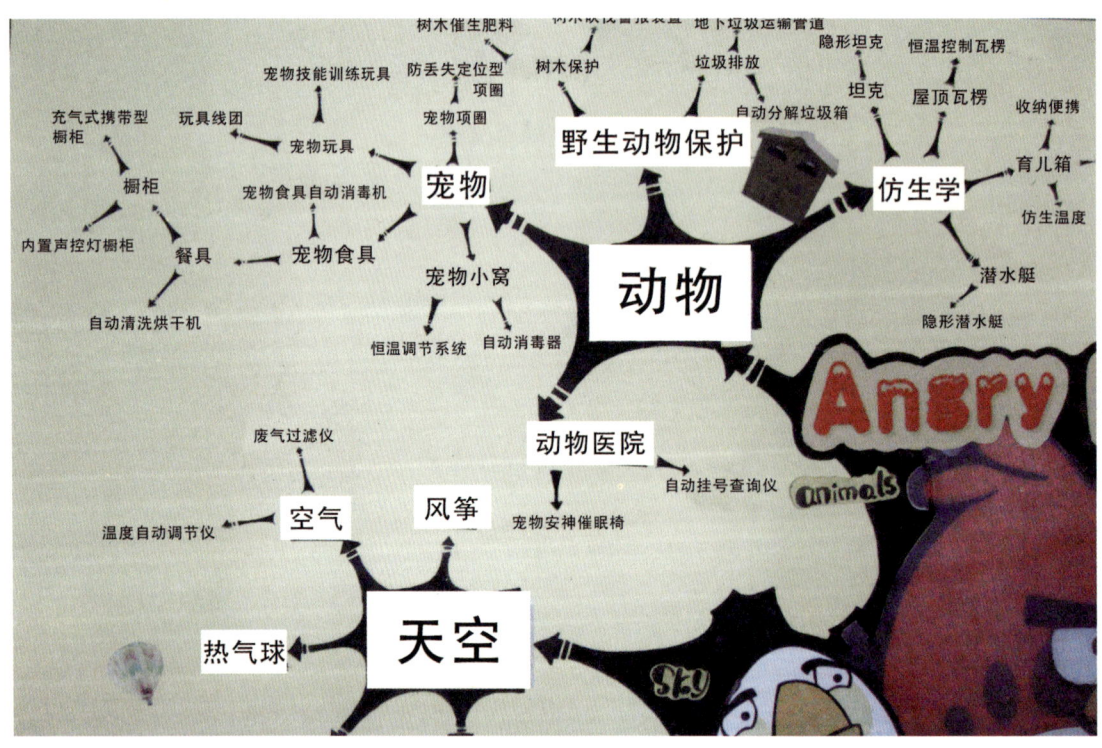

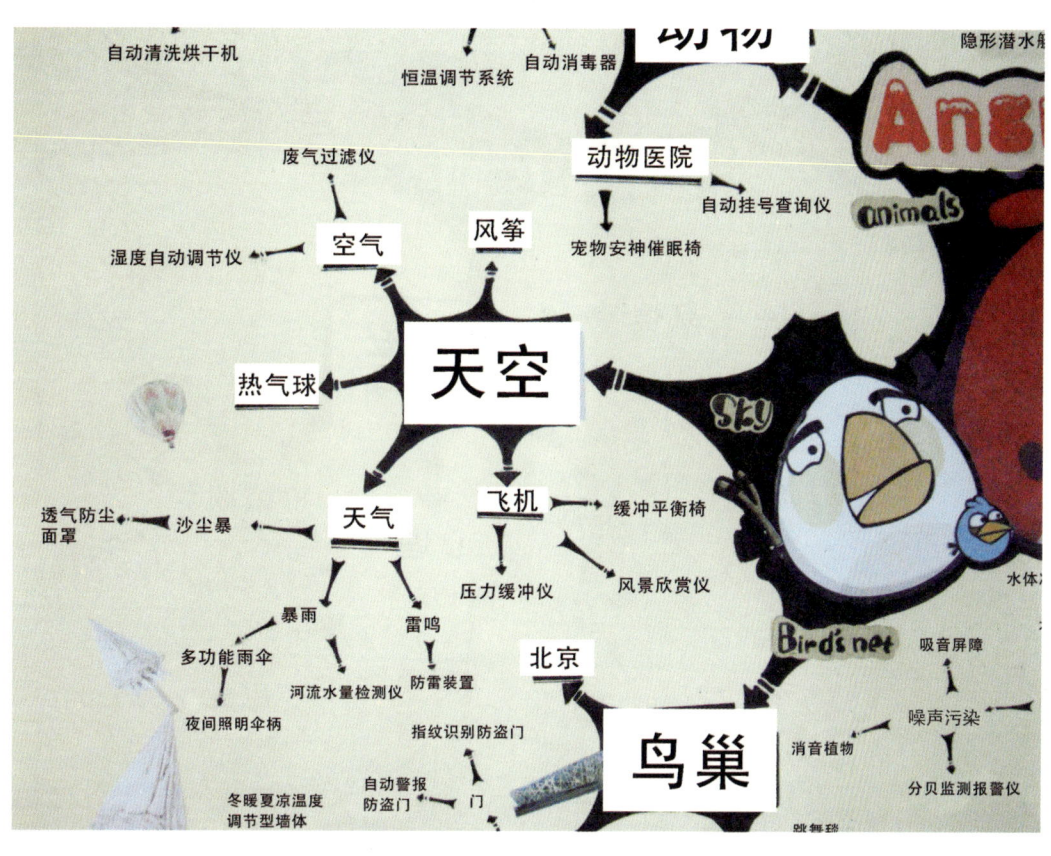
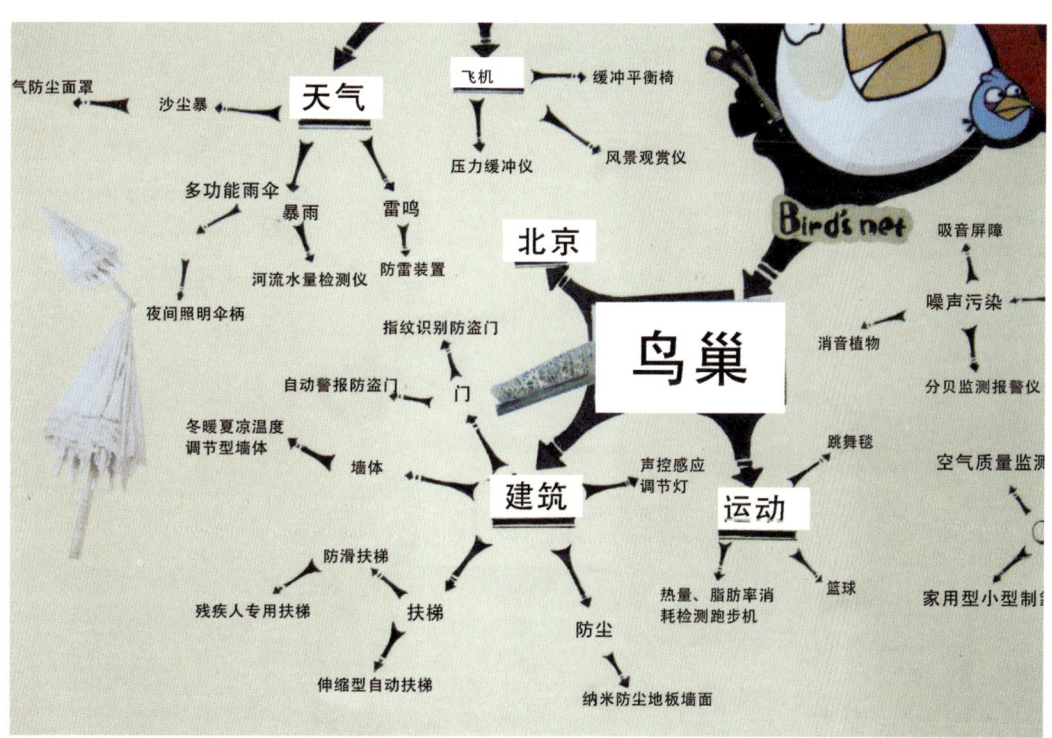

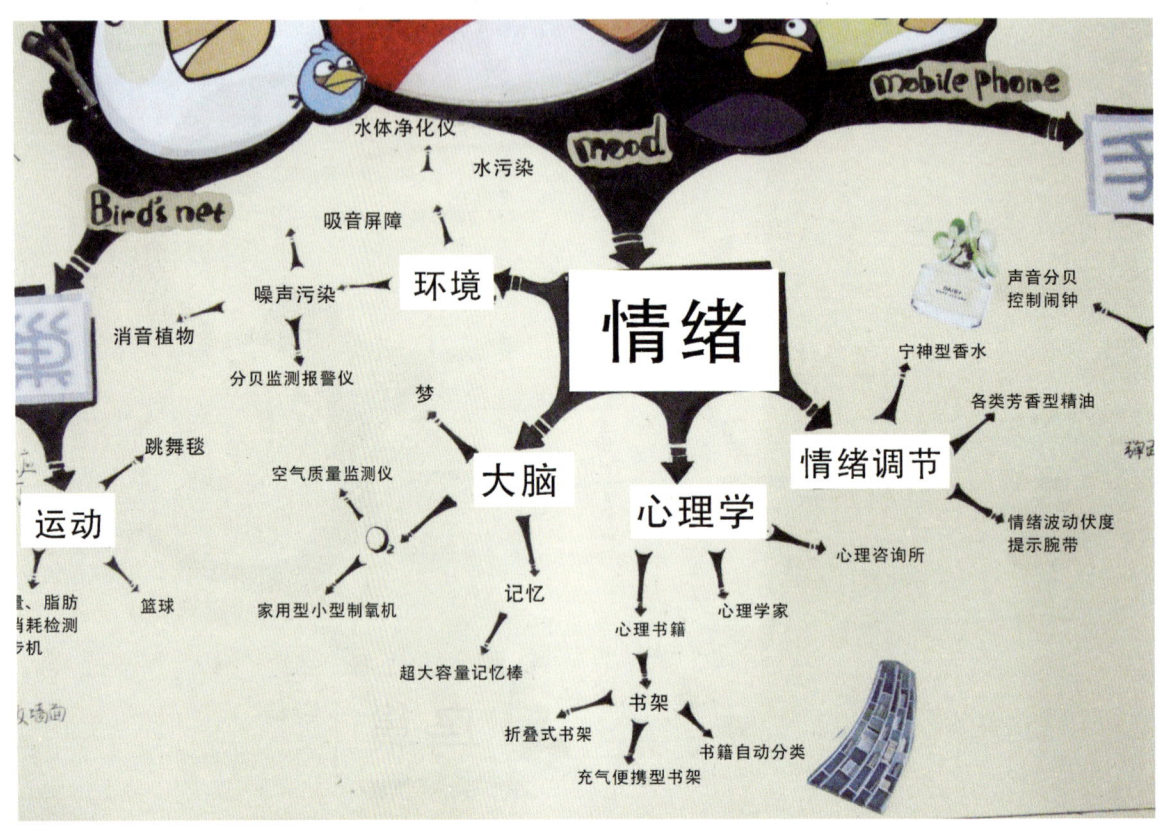
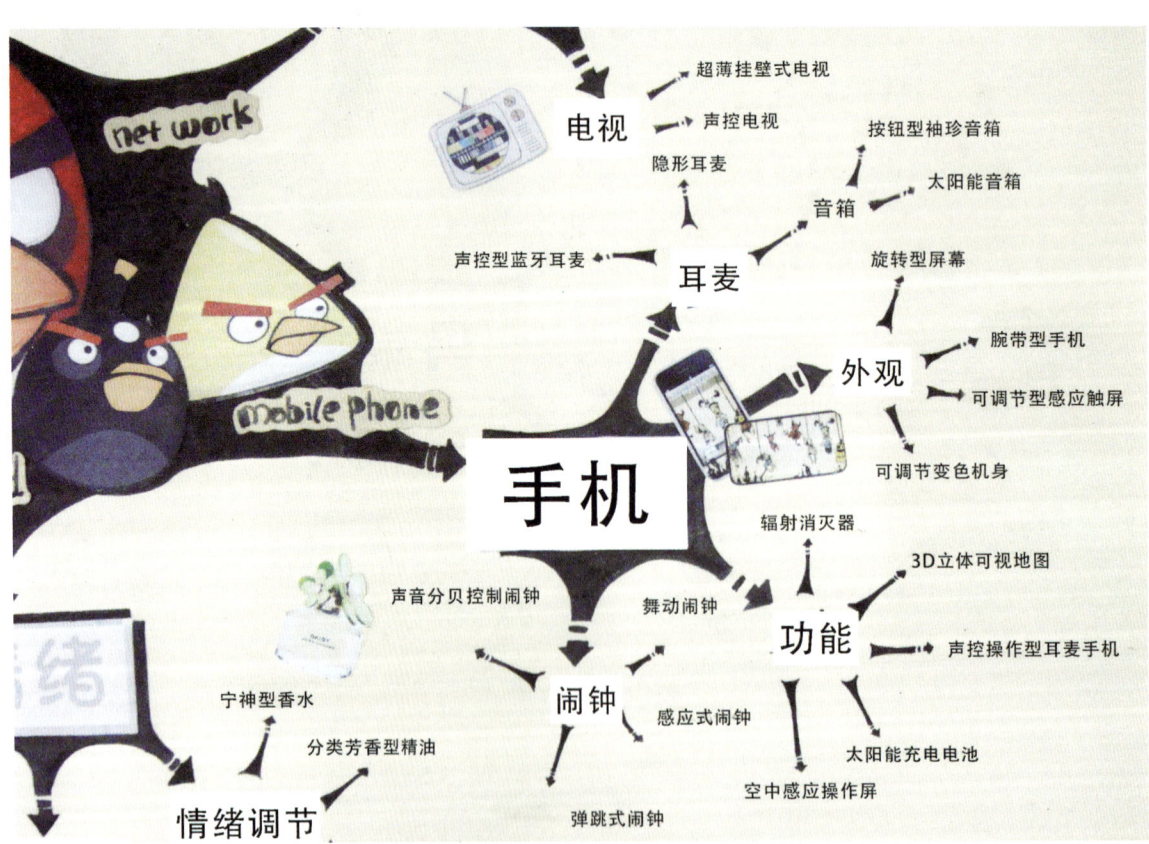

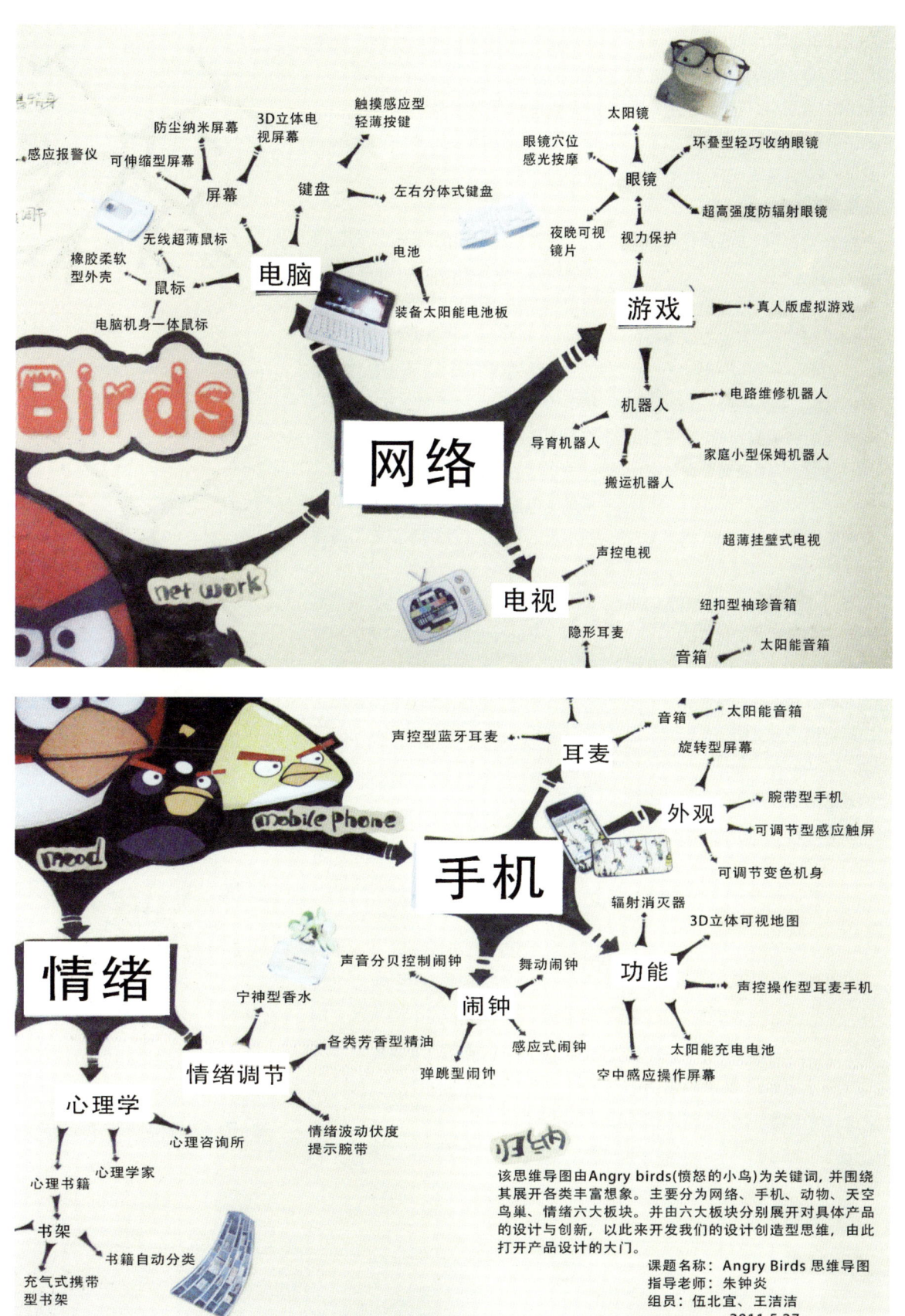

使用思维导图，可以把一长串枯燥的信息变成彩色的、容易记忆的、有高度组织性的图，它与我们大脑处理事务的自然方式相吻合。

就像一幅街道图一样（图3-5），一幅思维导图（图3-6）将：

◆绘出一个大的主题或领域的全景图；

◆使你对行走路线做出计划或选择，让你知道你正往何处去或你去过哪里；

◆把大量数据集中到一起；

◆使你能够看到新的、富有创造性的解决途径，从而有助于你解决问题；

◆使你乐于看它、读它、思考它并记住它。

思维导图的中心——城市的中心——代表你最重要的思想。

从城市中心发散出来的主要街道——你思维过程中的主要想法。

二级街道或分支街道——次一级的想法。

特殊的图像或形状——你的兴趣点或特别有趣的想法。

思维导图也是极佳的记忆路线图。

需要用哪些工具来绘制思维导图？

◆没有画上线条的空白纸张；
◆彩色水笔和铅笔；◆你的大脑；
◆你的想象。

绘制思维导图的第一步：与生俱来的绘制思维导图的能力！非常简单：想象和联想。阅读下面的词，然后闭上眼睛，持续30秒，思考它。

水果：想到了什么？是否是打印的铅字"水……果……"呢？当然不是！你的大脑里产生的可能是你最爱吃的一种水果的图像，或是一篮子水果，或是水果商店等。你也可能看到了不同水果的颜色，似乎闻到了它们的香味。

这是因为我们的大脑能够根据适当的联系进行发散性的感官想象和联想（图3-7）。我们用词汇来触发这些想象和联想，这样头脑就浮现出与各种联想相关的、极具个性化的三维画面。

大脑——自然和轻松的表达工具——思维导图

刚才用了多少时间想到了水果的图像？大多数人回答是"立刻"。在日常生活中，你能如此轻松自如的立刻"接收"源源不断的"数据流"……

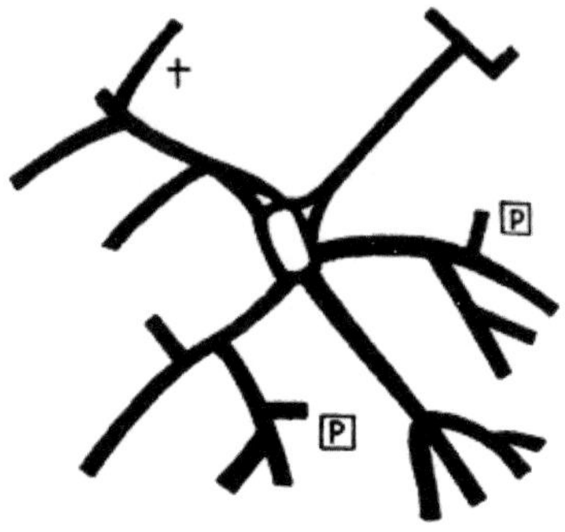

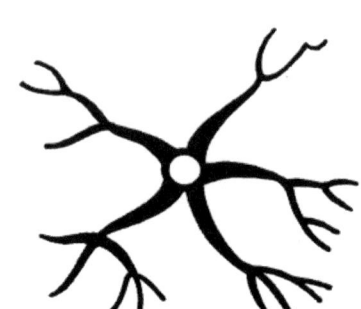

图3-5 街道图

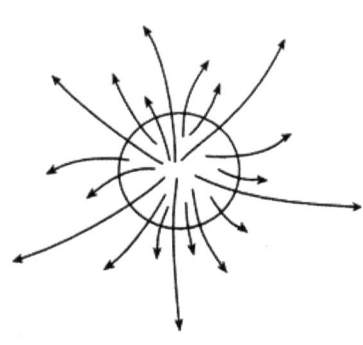

图3-6 思维导图

图3-7 你的思维可以向各个方向发散

绘制思维导图的七个步骤：

1. 从一张白纸的中心开始绘制，周围留出空白

　　从中心开始，可以使你的思维向各个方向自由发散，能更自由、更自然的表达你自己。

2. 用一幅图像或图画表达你的中心思想

　　一幅图画抵得上 1 000 个词汇，它能帮助你运用想象力。图画越有趣，越能使你精神贯注，也越能使大脑兴奋！

3. 在绘制过程中使用颜色

　　颜色和图像一样能使你的大脑兴奋。颜色能够给你的思维导图增添跳跃感和生命力，为你的创造性思维增添巨大的能量，而且，它很有趣！

4. 将中心图像和主要分支连接起来，然后把主要分支和二级分支连接起来，再把三级分支和二级分支连接起来，依此类推

　　你的大脑是通过联想来思维的。如果你把分支连接起来，你会更容易理解和记住许多东西。

5. 让思维导图的分支自然弯曲而不是像一条直线

　　你的大脑会对直线感到厌烦。曲线和分支，就像大树的枝杈一样，更能吸引你的眼球。

6. 在每条线上使用一个关键词

　　单个的词汇使思维导图更具有力量和灵活性。当你使用单个关键词时，每一个词都更加自由，因此也更有助于新想法的产生。而短语和句子却容易扼杀这种火花。

7. 自始至终使用图形

　　每一个图形，就像中心图形一样，相当于 1 000 个词汇。所以，假如你的思维导图仅有 10 个图形，却相当于记了 10 000 字的笔记！

绘制你的第一幅思维导图（以"水果"为题）

第一阶段

　　将一张白纸横放，并拿出一些水彩笔。在纸的中心，画出能代表你心目中"水果"的图像。

第二阶段

　　从"水果"图形中心开始，画一些向四周放射出来的粗线条（图 3-8）。每一条线都使用不同的颜色。这些分支代表你关于"水果"的主要想法。数量自定。

第三阶段（参考前页与下页的案例）

　　用联想来扩展这幅思维导图。回到你绘制的思维导图上，看看在每一个主要分支上所写的关键词。这些词是不是让你想到了更多的词？

　　根据联想到的事物，从每一个关键词上发散出更多的分支。然后完成与第一阶段相同的工作：在这些等待填充的线上清楚地写下每个关键词。用上一级关键词来触发灵感。别忘了在这些分支上再次使用颜色和图形。

　　爱因斯坦说："想象比知识更重要。"达·芬奇，2000 年被选为千年奇才，是把思维导图应用到思维领域的完美典范。达·芬奇的科学笔记充满了各种图形、符号和联想。他认识到可以用图像和联想来释放大脑无穷的潜能。

　　运用思维导图！"只有先想到，然后才可能做到。"

图 3-8　你的第一幅思维导图的基本结构

第三章 联想刺激法

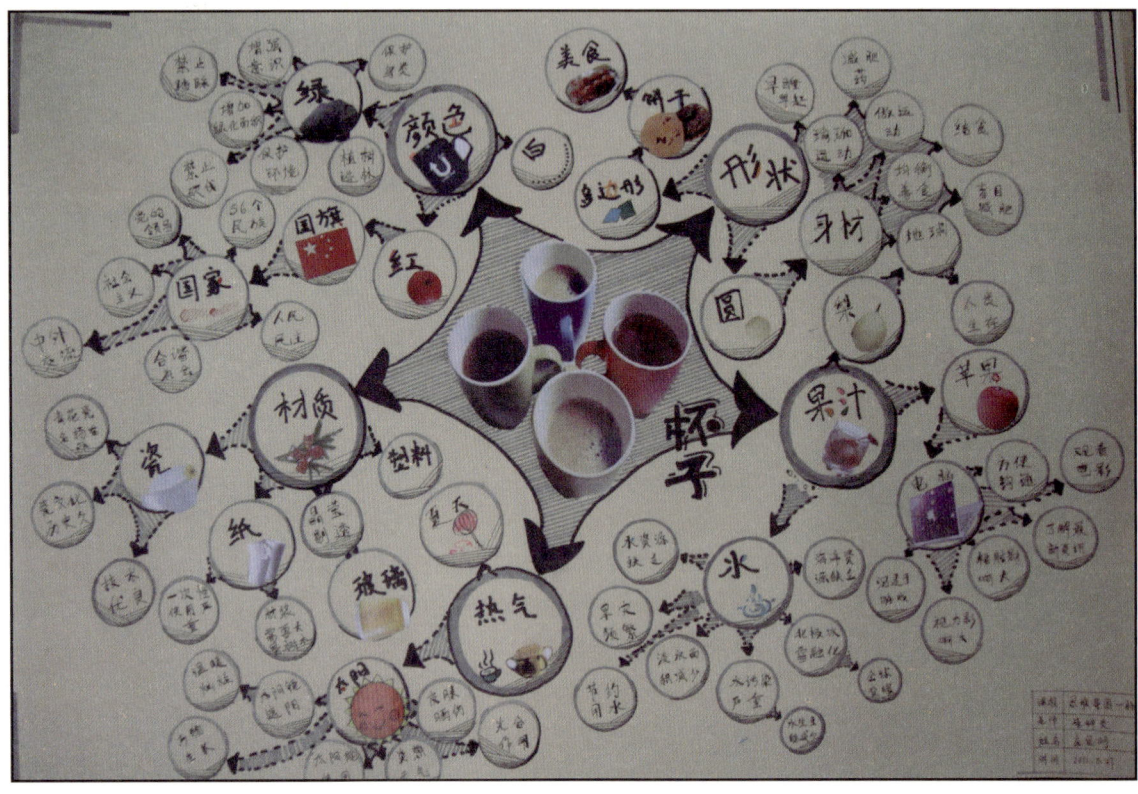

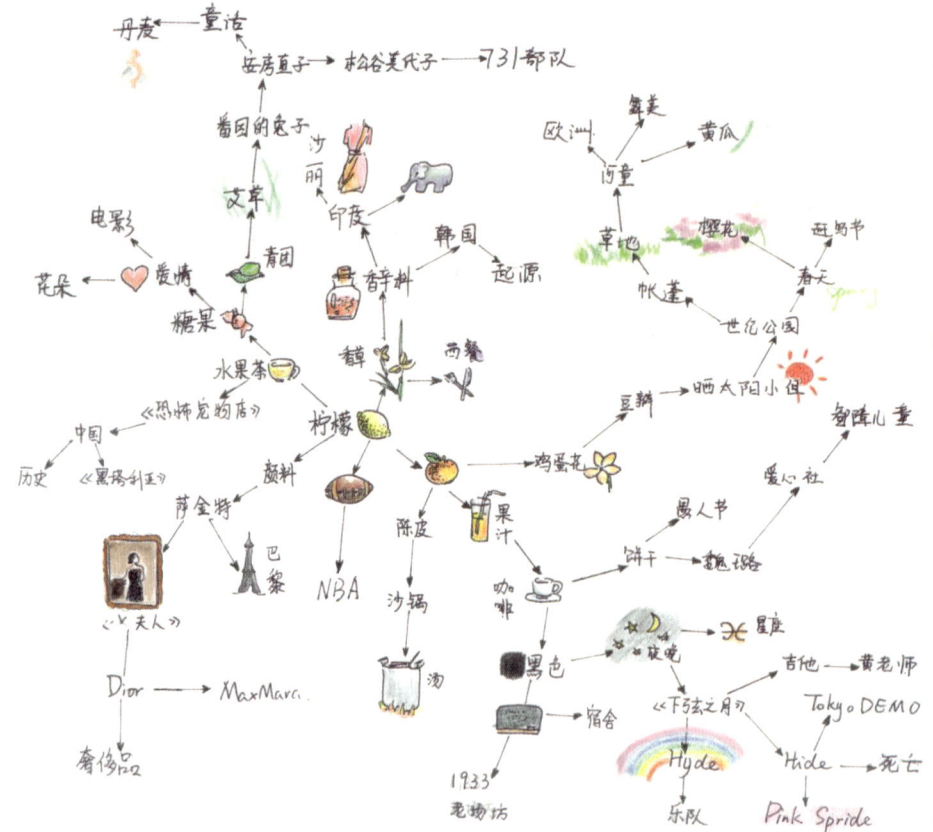

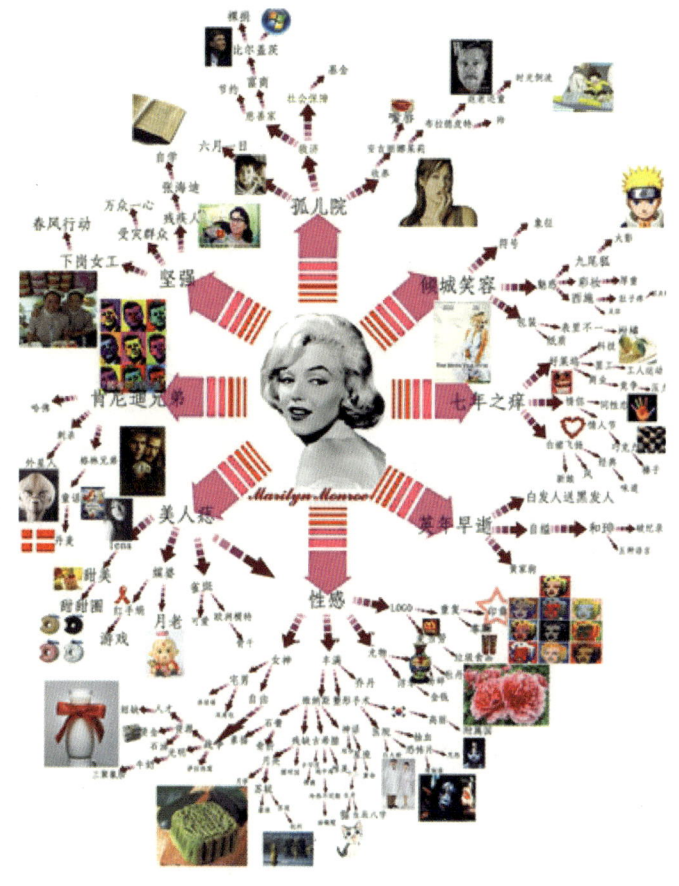

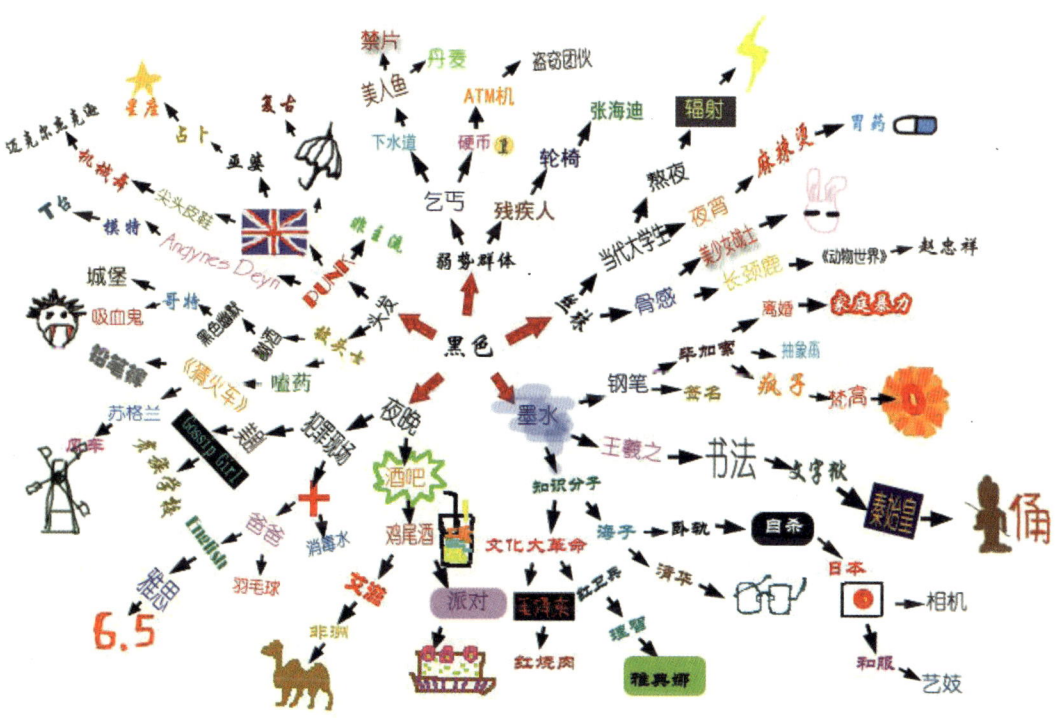

第四章 信息顿悟法

・属性列举法
・目的发想法
・分类分析法
・创造思考的流程图（Flow Chart）法
・缺点列举法

一、属性列举法

属性列举法是 1930 年美国内布拉斯加大学的罗伯特·克劳福特教授 (Robert Crawford) 提出的一个方法。

企业在制造商品的时候,小的饮食店、连锁店、商业网点都可以使用。对商品的形态、功能、材料等属性点进行列举。然后考虑每个属性点改变的可能性,如商品的改良、商品的系统化等。

这种对商品的属性列举有助于思考。当时在日本有一个产业能率大学,其创立者上野阳一先生大力倡导这种属性分类(表4-1)。他把属性分为三类:"名词的属性,如部件、材料、制造方法等;形容词的属性,如性质、状态等等,动词的属性,如功能等"。按照这一分类,我们以眼镜来举例子(表4-2)。

首先,眼镜的名词属性包括部件(镜片、镜架、螺丝、螺帽)、材料(玻璃、塑料、金属)、制造方法(焊接、成型、研磨、组装等);其次形容词的属性包括性质(轻的、重的、看得清楚的、看不清楚的)、状态(镜框变形、螺丝松动)。最后动词的属性包括功能(对眼睛视力的矫正等)。

这样把问题的属性提出来分析,问题的改善点、改善方法自然而然地就会浮现出来。

例如,以状态属性来举例,"镜框会变形",从这一点可以进行改善的讨论,如可否使用形状记忆合金使镜框自动复位。再从"镜框容易脏"改善入手,我们可以考虑采用抗菌材料。因此对于简单构造的眼镜我们就可以提出各种各样的改进方法,如材料、使用手段等。

表 4-2 眼镜的属性列表

1. 名词属性	部件	镜片、框架(前)、框架(后)、连接件螺丝
	材料	塑料、金属(合金钢铜、钛合金)
	制造方法	焊接、注塑成型、研磨、组装、调整
2. 形容词属性	性质	轻(重)、冷(暖)、看得清(看不清)
	状态	镜框变形、镜框不干净、眼镜度数不适合、螺丝松动、镜片碎裂……
3. 动词属性	功能	矫正视力、作为装饰品……

表 4-1 信息分类表(上野一郎,《经济的智慧》)

信息分类	信息的种类	信息源	手段
个人信息	闪念、预感	思考	接受刺激
	想象、感情的体验、伦理观	根据有意图的手法去发想	时间发想发、创造性开发手法
	假设、推测、认识	潜在意识	潜在意识有意图的加以引出
	无意识的发想	梦	做梦的内容
	有意图的发想	个人记录	参照个人记录
一次信息	体验能够做的事	工作、生活的现场	召集会议
	人物、生物、物体的属性	工作关系的各种人	采访、提问
	他人的意见,偶然的发现	家庭、亲戚、熟人	事实调查
	数据资料信息	有识之士、相关人员社会调查、市场调查等	测定 操作电脑
	实验、观测数据资料信息	测量、测定	录像、录音
二次信息	关于行动的事项	杂志、报纸、书籍	买杂志、报纸和书
	一般化	调查资料、报告书	利用提供信息的服务
	假设	学术论文	到图书馆阅览
	观测	电视台、广播	听作者谈话
	概念	数据库	开会议
	定义、原则	因特网	上网查询
	关联性、系统性	展览会、展示活动	去参观展览会和展示活动
	意见、信条	博物馆、美术馆	去参观博物馆、美术馆

二、目的发想法

层层剥离，不断细化的手段。逻辑思维 + 发散思维。

无规律发散（思维导图、Mapping法）的变种：目的发想法，有目的有方向意识的发散，是一种有逻辑的发散思维方法。

目的发想法，首先要考虑商品的目的。例如，以制作新的橡皮为例。橡皮的目的从狭义上来说"擦去不要的文字"，如果稍微扩大些功能，则"除去不要的表示"。其次，考虑为此目的的手段。如"不要的部分如同削去一层般，加以除掉""除去不需要表示的颜色""将错误的地方加以覆盖隐蔽"，等等。这些是方法手段，同时也是目的，并且，再进一步考虑达到这目的的手段是什么。

为了削去一层般加以除去的目的，则"将细砂渗入橡皮，做成砂橡皮去擦"；为了除去颜色，则"用漂白剂去漂白"；为了覆盖隐去，则可"用白色的东西加以遮盖"，等等，创意想法就产生了。如此这般，不拘泥于什么样的橡皮，不是很好吗？这样就产生预期希望的橡皮的可能性如果，必须是橡皮的话，那么就调整关于橡皮的目的的想法。橡皮不仅仅只是"将不要的表示加以除去"的功能，如果考虑橡皮附有"让办公作业更加有乐趣"的附作用，不是也很好吗？

如只考虑"除去不要的表示"手段，反向思维考虑笔的因素：一般是不容易除去，如果开发容易除去笔迹的圆珠笔，则是个新的创意。

如果将此手段作为目的，则要考虑有怎样的手段，那么形态、香味、材质等各种各样的创意想法就会涌现出来。

1. 形成多层金字塔状的发想

目的发想法的创造者是土佐女子短期大学秘书科的村上哲大教授。他对此方法的说明是："明了事物的功能，用目的和手段加以体系化的发想创意法。"

单从"开发新的商品吧"去考虑，是很难会产生新的创意想法的。并且，某商品从其本身去思考，也是达不到预期设想的商品的。

这时候，如果用目的发想法，按目的与手段的顺序去思考，短时间就会有很多的创意产生，从中可以引申出意想不到的结论。

这方法，不仅可以用于像开发商品一样的事情，也适用于服务行业，或其他业务的开发。

根据目的发想法分析事物，目的与手段是重叠的。例如："文字擦去"的目的，是"订正文章的错误"，其上一级的目的是"做成漂亮的文章"。其次，"文字擦去"作为目的是下一级的手段去思考。为了扩展，作为下一级手段进行选择，整体是个多层化的金字塔状。这个构造如果变成示意图，那么事务的目的与手段的整体形态，相互关系就一目了然了（图 4-1）。

课题	上一级的目的	给对方好感	目的	
打招呼	本身功能	感觉良好	手段	目的
	下一级的目的	笑脸相迎		手段

课题	上一级的目的		目的	
打招呼	本身功能		手段	目的
	下一级的目的			手段

图 4-1　功能展开纸片

2. 用目的发想法实现合理化

村上哲大从儿童时，就实践了目的发想法。根据父亲的吩咐，兄弟俩在分开的两块田里各人干各人的，所以效率很低。于是，就思考为了什么目的做这项工作，兄弟俩合理分担了工作，想出了提高效率的作业方法，工作量减少到以前的一半。以后长大找工作时，也使用了目的发想法。当时，大公司除了采用指定学校推荐的以外，其他的人一概不进行就职测验。村上哲大就用目的发想法对就职测验的目的进行分析并附上结果，以"对贵公司来说，就职测验是最适宜的手段"为题的信，有目的地发送给10个公司的就职负责人。结果9个公司改变了做法，采用了对外招收使用就职测验的方法，从而可以招到更多优秀的职工。

村上哲大当时被东洋工业（即现在的MAZDA，马自达）录用，在公司也使用了目的发想法，使得业务能合理化的进展。在石油危机时代，公司的经营濒临危机，作为事务管理科长的村上哲大，为了合理化将目的发想法在全体职工中进行实践。根据"那业务的目的是什么"，"有没有别的手段"来作为经常的问题，减少了浪费。因此轻而易举地做到了20%程度的合理化。

创意发想法，虽然谁都能简单地进行实施，但要进行很好的思考，还需要一点技巧。例如：思考"腌咸菜的石块是什么目的"，如果回答"为了吃美味的咸菜"，那么思考就半途而废了，创意也就很难产生。这样的回答是根据习惯产生的，腌咸菜的石块的功能根本没考虑。不要拘泥于习惯，尽可能避免使用习惯语言，这就是创意发想的技巧之一。

腌咸菜的石块的功能是压榨蔬

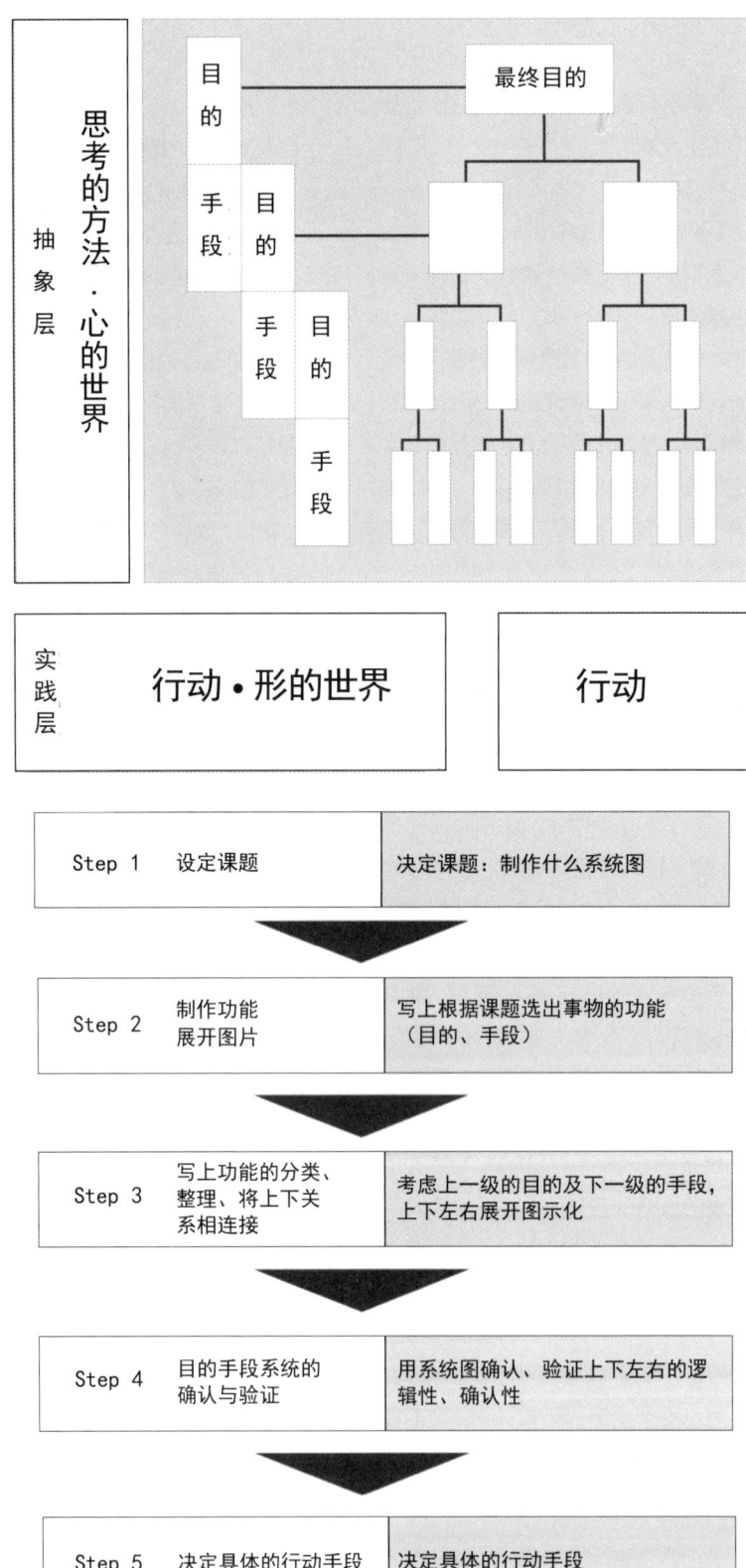

图 4-2 目的手段系统图

菜。其目的是把蔬菜中的水压出，使美味更易浸透。从这角度思考手段，那么不用石块也可以，用"装满沙的袋子"也行，不用压榨，"用手拧出水分"等方法都可以不断产生。

总之，为考虑事物的动态，使用"功能展开纸片"（图4-1）就非常方便。决定课题，自身动态（目的与手段），上一级的目的，下一级的手段，如此这般写上。

但是，由于课题不同，目的与手段想不出的情况时有发生。对于物体的课题比较容易思考，而事物的课题则比较困难（图4-2）。例如：以"增加销售汽车的营业额"为课题，去思考手段，则相当地不容易。此时，如果使用"否定法"。不是考虑"怎样做才能增加销售汽车的营业额？"这样的问题，而是提出"为什么提不高营业额？"。

汽车的销售营业额上不去的理由，如果向促销员询问，则会诸如"顾客的追踪售后服务不足"，"汽车的设计不好"，"价格太高"等意见提出。这些负面问题如果能逆转的话，则就成为提高销售营业额的手段。

思考目的的情况一样，面对"打招呼的目的什么"这样的问题，回答则很难，如果反过来思考"不打招呼的话会变成什么样子"那么"会让对方感到不愉快"，"人际关系会变得紧张"，"自己的感觉也不好"等回答就会产生。这些问题逆转一下就是目的。

现在以具体的课题为例来进行目的发想法。

旅客到达旅馆时，"客人洗脚，携带行李带路"的工作在功能展开纸片上记入进行思考。其本身的功能是"清洁客人的脚"，"给予轻快的刺激"，"除去旅途的尘埃"、"了解客人的健康状态"，"顺利的移动"等。

从更高位置（上一级目的）思考的话就是"维持客人的健康状态""恢复旅途的疲劳"，"保持设施的清洁"。将这些放进"目的手段系统图"（图4-3），从下一级的手段向上一级进行细化，为了"洗脚"，"准备温热水"，"舒服的洗法"等产生。

按上一步的目地进行的话，接待部门的最高目的是"提供舒适的住宿环境"。如果是经营者的话，进一步连接上一步的目的，金字塔形也就变得更大。最高目的到达后，反过来思考下一步的手段，进一步继续发想，在"洗脚后，搬运行李"的服务以外，也能找到适合的服务。

作为服务的改善，应让旅馆的接待部门全体职工共同考虑，这样的图表制作并放置后，会产生新的创意，工作的意义就更能理解了，重要的工作与不必要的工作的选择也更容易（图4-3）。

"不管如何，试试看"是最重要的。目的发想法，是谁都能对无意识做的事进行整理、并体系化的手法。所以简单易行。课题大的情况下，用图表把握整体的形态，是上策，如果是日常的细小事物，则用脑袋思考目的与手段就可。但是，如果是难题，个人的发想力得出的结果有差异，为此，以目的发想法作为主轴，与"否定法"组合进行发想的办法更好。

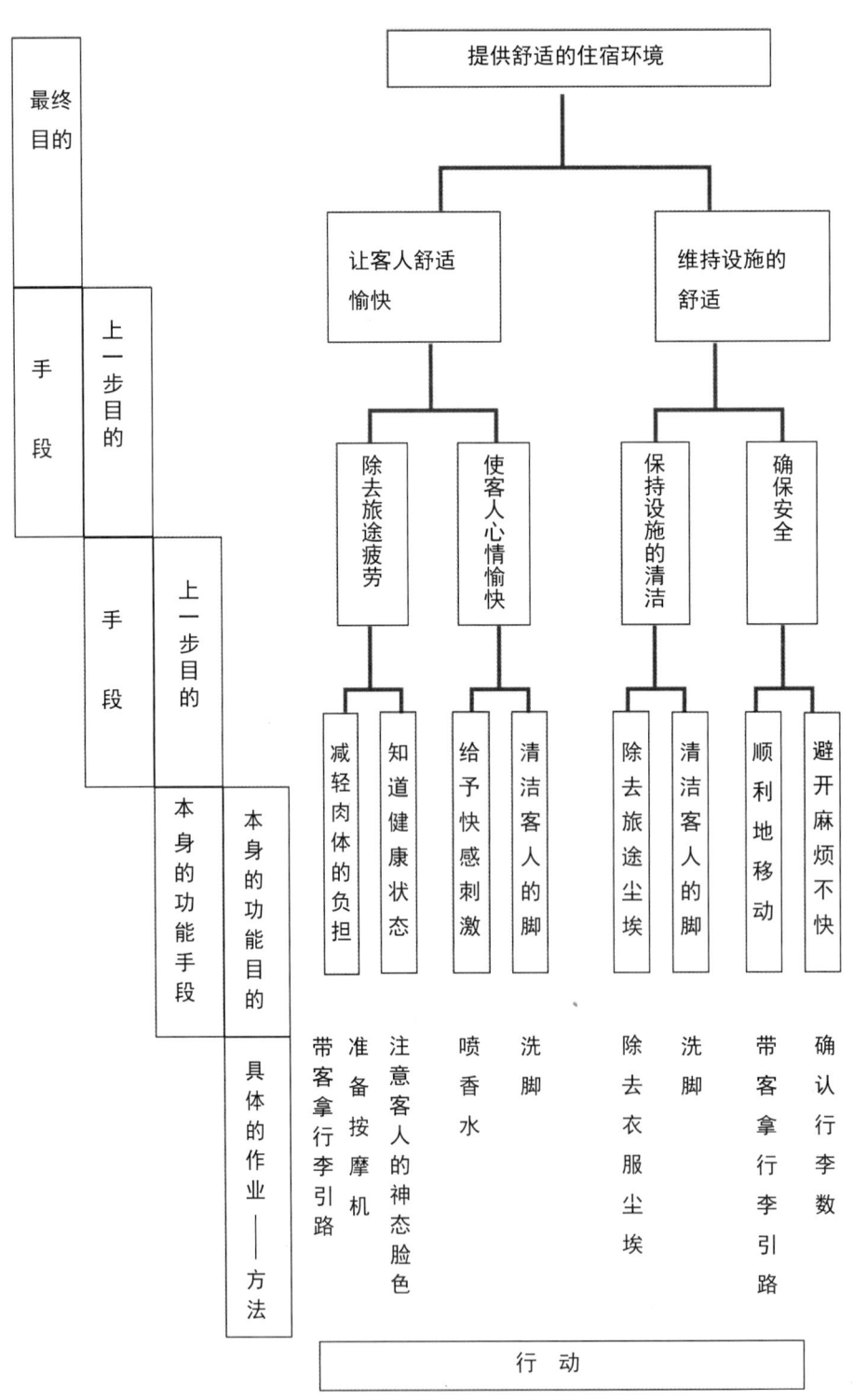

图4-3 旅馆服务的目的手段系统图

[案例一] 随时随地随手可得的信息与计算能力（萧恺）
从音质和易携带两方面入手展开概念，扩展具体化的手段。

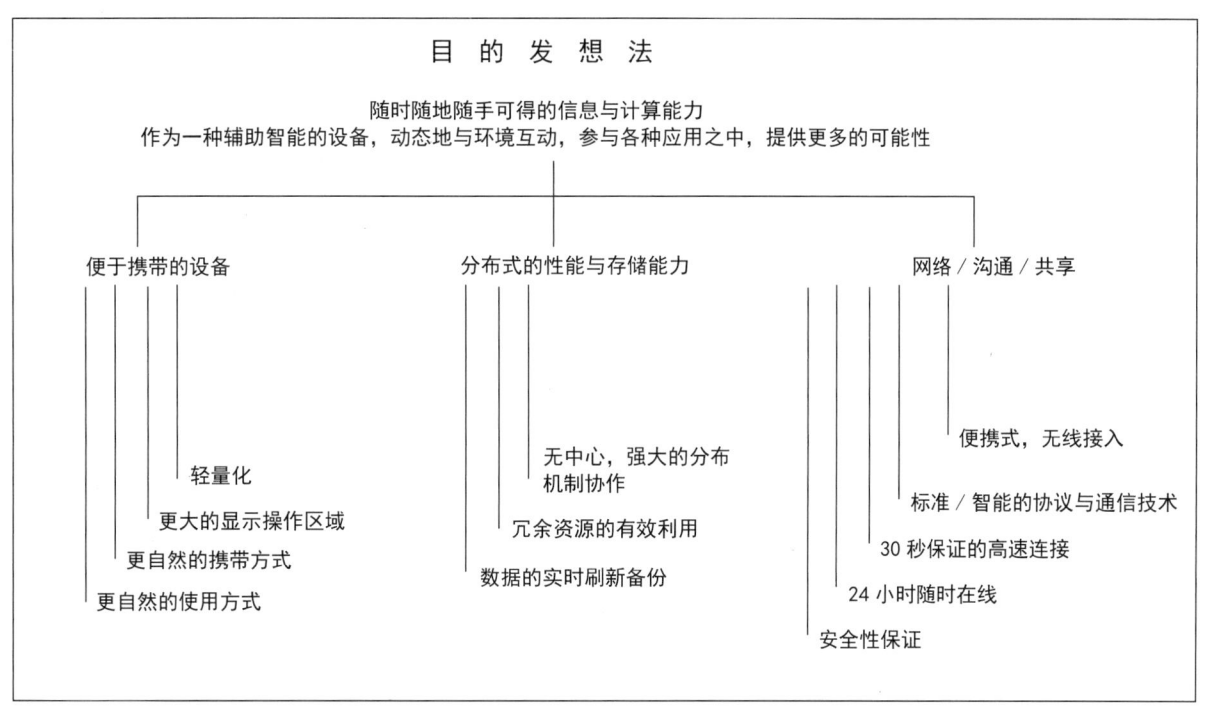

[案例二] 学生四人寝室保持卫生（冯娅）
从时间和培养习惯着手来分析，得出解决问题的具体细节，以此来完成具体目的。

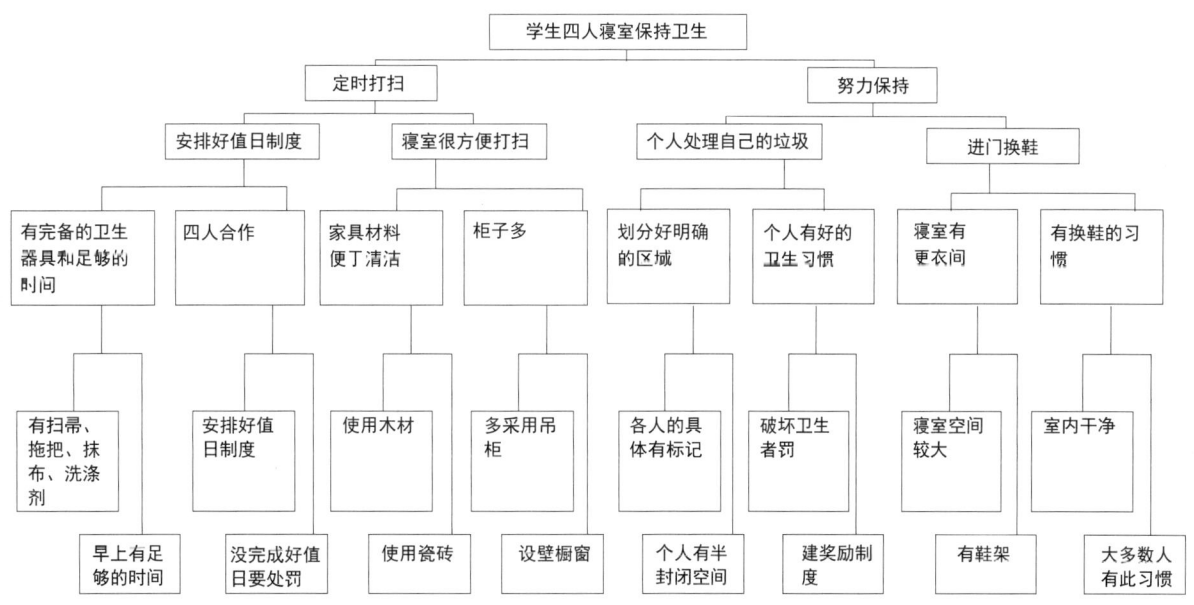

[案例三] MP3随身听（朱沙）

提出"随时随地欣赏喜欢的音乐为目的"，展开发想，首先从功能和外观两方面入手，然后层层细化，直至解剖到具体解决方式。

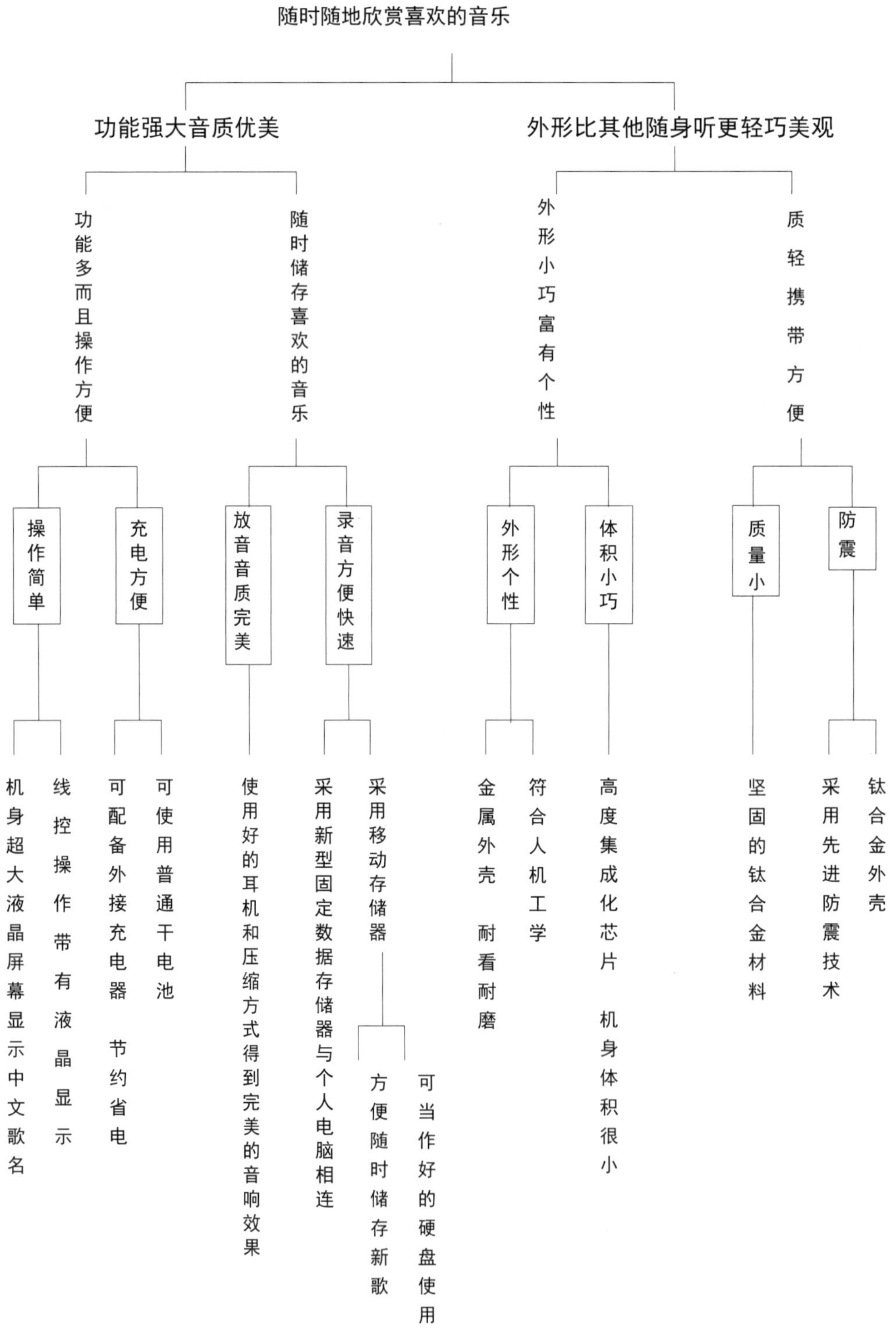

```
                              随时随地欣赏喜欢的音乐
                    ┌──────────────────┴──────────────────┐
              功能强大音质优美                        外形比其他随身听更轻巧美观
         ┌──────────┴──────────┐              ┌──────────┴──────────┐
    功能多而且              随时储存喜欢         外形小巧富           质轻携带
    操作方便                的音乐              有个性              方便
    ┌────┴────┐          ┌────┴────┐        ┌────┴────┐         ┌────┴────┐
  操作    充电         放音音质   录音方便    外形      体积      质量      防震
  简单    方便         完美       快速       个性      小巧      小
    │      │            │         │          │         │         │         │
  机线可可           使采采        金符        高        坚采       钛
  身控配使           用用用        属合        度        固用       合
  超操备用           好新移        外人        集        的先       金
  大作外普           的型动        壳机        成        钛进       外
  液带接通           耳固存        耐工        化        合防       壳
  晶有充干           机定储        看学        芯        金震
  屏液电电           和数器        耐        片        材技
  幕晶器池           压据        磨        机        料术
  显显节             缩存                    身
  示示约             方储                    体
  中   省            式器                    积
  文   电            得与                    很
  歌               到个                    小
  名               完人
                  美电
                  的脑
                  音相
                  响连
                  效
                  果
                              ┌────┴────┐
                          可当作好       方便随时
                          的硬盘使用     储存新歌
```

三、分类分析法

思考一个主题的答案时，全方位加以思考，把与此主题相关联的各种问题都抽出来，加以图解化，分类分析，明确主题的位置，同时找出理想的、人们所需求的答案。在这里，全方位是指设计的各条件、各领域的成果、相关联的所有社会的状况及所产生的影响。总之经常要对所有与造型相关的要素加以把握和研究，这是最关键的。

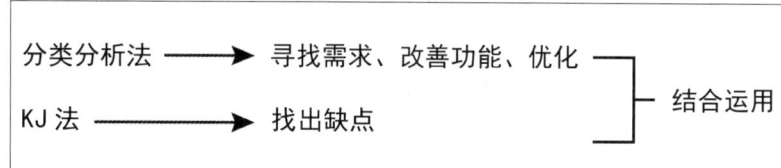

图 4-4　逻辑思维 + 发散创意

表 4-3　有关家具方面思考的项目

·使用人数	·尺寸（X、Y、Z）
·作业种别	·家具的形态
·人体的基准点	·重量
·使用者构成	·性能
·使用的制约度	·家具的生命周期
·使用的姿势	·家具的主材料
·使用周期	·织物
·使用的方向	·材料的尺寸
·使用目的	·家具的成本
·能源的使用量	·购入价格
·能源种类形态	·运营成本
·能源构成	·根据成本的群体
·能源机构	·购入形式
·使用能源成本	·包装的形态
·与能源的关系	·包装的方法
·家具的构造	·家具的固定法
·组件数	·与其他家具的联系
·占有面积	·使用基础（一般知识）
·体积	·使用基础（特别空间）

注：住宅与家具的设计方法（寺们弘道．工艺新闻特集编 4）

表 4-4　家具的分类

1. 家具的分类	2. 要素的类型	3. 人与物的关系	4. 家具的功能	5. 功能尺寸的原点	6. 具体实例	7. 使用材料的特性	8. 商业买卖的分类	9. 以往的分类
人体工学系列家具	人 ↓ 物	人物	支撑身体的家具	座位基准点（座骨点）	椅子 床	柔软的 ↓ 硬的	脚物	作业用家具 休息用家具
		人物	放置物品的家具	座位基准点（座骨点）	桌子 台子 灶台 吧台		脚物	作业用家具 休息用家具
		物物	动的 静的	方位基准点（脚后跟）	台类		脚物	
建筑空间系列家具		物物	收藏物的家具	立位基准点（脚后跟）	橱柜		箱物	收纳用家具
		物空间	分割空间的家具	立位基准点（脚后跟）	隔断			

表 4-5　人与家具的适合关系　　　👤—人　〇—物

大分类＼小分类	(1)	(2)	(3)	(4)	(5)	(6)	(7)	(8)	(9)
1. 人体工学系列家具	床	后背可调躺椅	沙发	工作椅	凳子	无腿椅子	棉坐垫（榻榻米）	地毯	其他
2. 准人体工学系列家具	灶台 工作机	吧台	餐桌	桌子	台	小矮桌	榻榻米用矮桌	床用小桌	其他
3. 建筑空间系列家具	帽子挂钩	器具台	壁架	洗漱台	箱	（有门）厨/箱	厨/抽屉	隔断	其他

表 4-6 街具群组

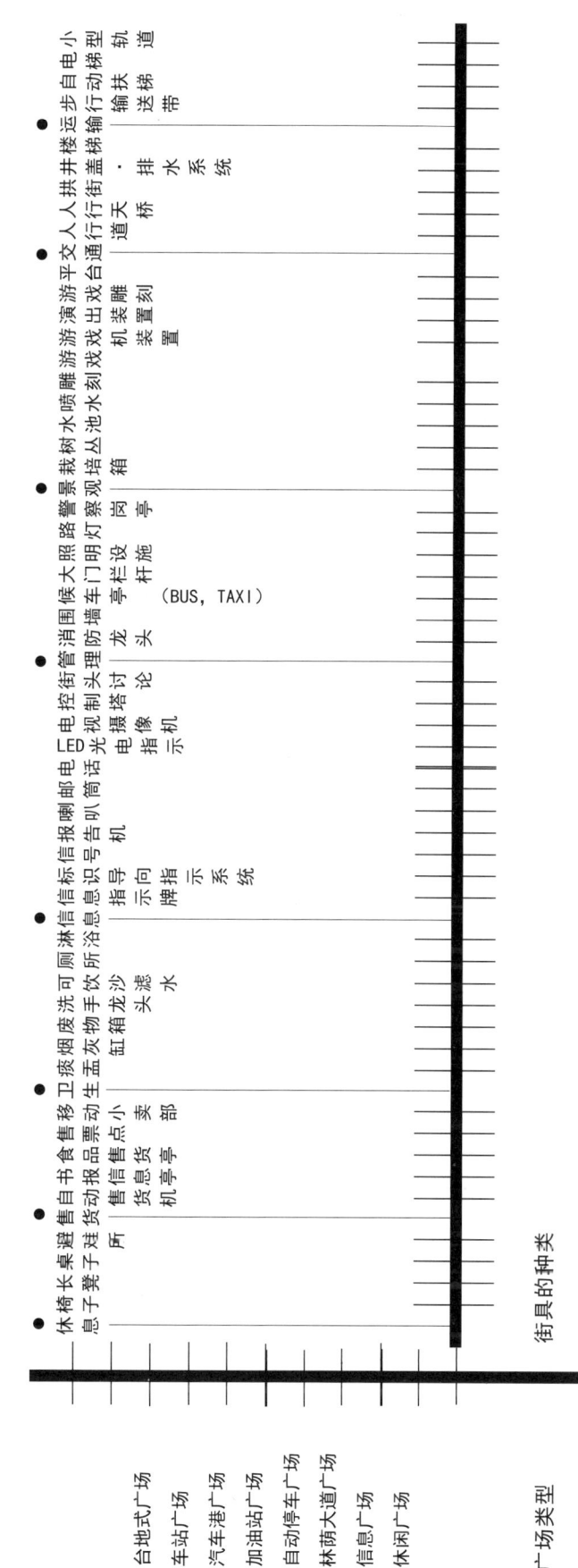

[案例] 以"浴缸"为切入点的分类分析（张婷）

这一产品属于人体系家具，因此把它分类成人与物的关系、物（功能、材料、尺寸等）和使用者（人数、习惯及文化背景等）的关系，以此为依据进行方案的构想。

一、设计切入点：浴缸

选择原因：家庭必需品，古代→现代传统家用，西方↔东方，既有相通，又有不同，给人带来舒适、放松，更是一种亲情交流的用具

① 分类：人体系家具，与人的联系很紧密

② 人与物关系：人↔人，人↔物，既是人与物的一种交融，又是人与人的一种交流

③ 功能：支持身体的家具，同时也是给身体带来放松的家具

④ 功能尺寸的原点：座骨点、腰椎、肩胛骨、颈椎

⑤ 使用材料：刚性较强，绝大多数采用瓷、砖等刚性材料，基本无柔性构件

⑥ 习惯的分类：休息用家具，清洁用家具

二、文化分析：

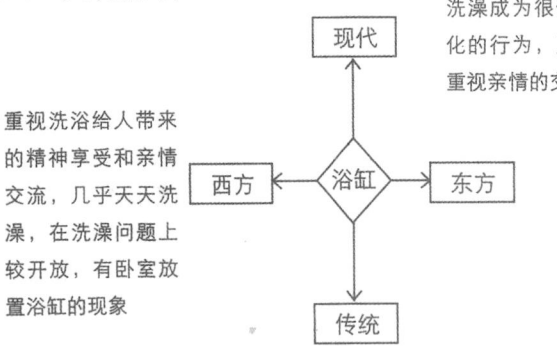

重视洗浴给人带来的精神享受和亲情交流，几乎天天洗澡，在洗澡问题上较开放，有卧室放置浴缸的现象

洗澡成为很普及、大众化的行为，更开放，更重视亲情的交流

私密性较强，习惯上是一次一人使用。
天天洗澡的习惯不太普及，夫妻共浴的现象也不普及。
洗澡更多是满足一种生理需求，而不是精神需求

洗澡不及今日频繁，洗澡享受多集中于贵族，私密性很强

三、使用人数：1~2人

使用者构成：除婴儿外的各个年龄段

使用者的制约：不宜长期浸泡，短时间使用，刚性

使用者的姿势：略弯曲的躺

使用的方向：身体平展，一般水龙头和下水口位于脚的位置

使用的目的：清洁身体，放松

能量的种类形态：不直接使用电，水和加热水所需的能量

使用能量的成本：水、电、煤加起来相对较高

组成件的数量：浴缸主体、水龙头、莲蓬头、把杆等

占有面积：2平方米左右

家具的生命周期：较长，一般5~10年左右

主要材料：刚性材料

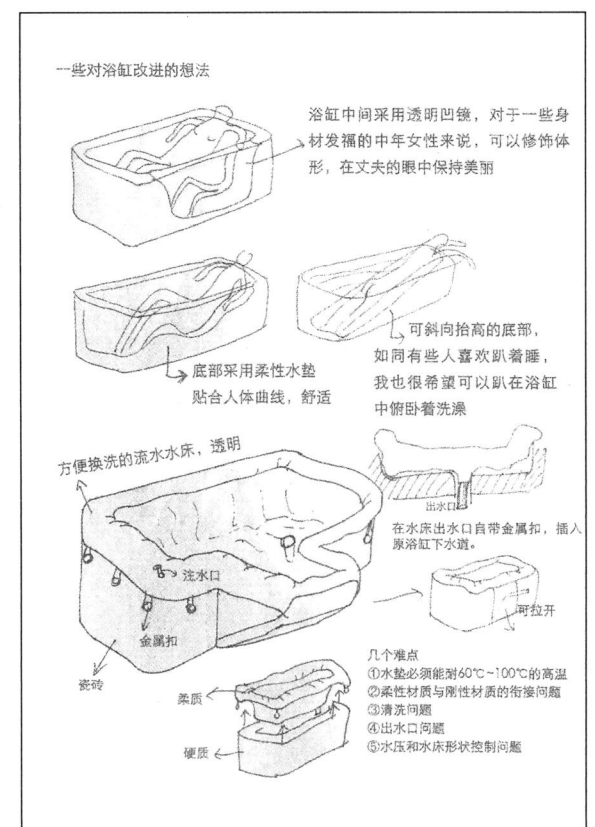

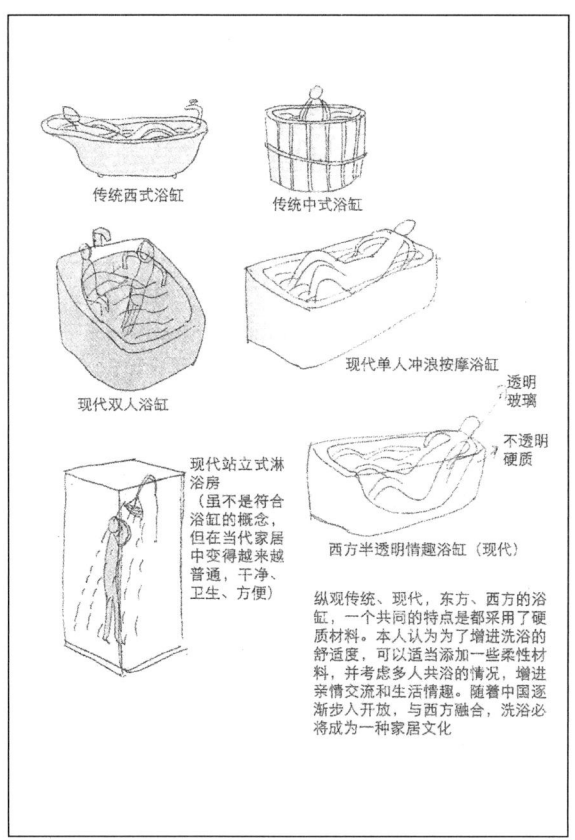

柔软舒适的浴缸，既可以正躺，也可以俯卧，水垫可脱卸

四、创造思考的流程图（Flow Chart）法

每个人在儿童时期，都有丰富的创造性发想，但是长大后作为商业社会的一个成员，长时间受到的教育以及公司机关等的规则作为"大前提"束缚禁锢了人们的头脑，创造力就消失殆尽。

但是，儿童时代的创造性虽然被各种各样的"大前提"锈住了，但是并未消失。如果把这层锈去掉后，创造性就会活生生的回到身上。为了获得这种除去"思考的锈"的创意发想技巧，向大家介绍千叶大学名誉教授多湖辉氏（Tago Akira）的"头脑体操"思考系统，"创造思考的流程图（Flow Chart）"。

1. 在思考的框架中提出"所有的要素"

创造思考的流程图法，有两根支柱：①"思考的框架"；②"思考的技巧"。这是有理由的，在提出某个创意时，首先"写出所有可以作为材料的要素"，这是很重要的，这个"要素"，从各个层面一个一个罗列出来作为技巧，有很多手法去开发。

但以前的创造性开发手法，将作为"思考的材料"的"所有的要素和思考操作的技巧"和"所有的可能性"相混同，那样会成为创意发想时的障碍。

例如，在某个商品的新产品设计中，"直线的设计如果变成曲线的，如何？"这样的点子马上就会想到。确实，虽然这也是一种选择，但"曲线"的想法，还应放到要素中去，用类似"高的、低的"、"大的、小的"、"多角形"、"螺旋的"等要素去加以考虑，最初"曲线"的必然性产生了。只有把这些要素单独提出来，并且有意识地排除操作的观点，去加以考虑的方法。这是第一要点，（其中一部分见图4-5）这样考虑，就能很简单的把要素写出来。

2. 用流程图把握发想的脉络

以根据"思考的框架"写出的"所有的要素"作为材料，一边操作，一边变形，怎样能写出创意发想来呢？

思考有个流程，它就像电脑的程序一样。计算机是以怎样的顺序来进行计算的指令程序，思考流程亦然。

电脑的程序可以用流程图来表示。可以将电脑的流程图作为创意的思考技术加以导入。如果可能的话，就像电脑程序能自动解答问题一样，谁都能自然地产生创造性的想法。

电脑的流程如图4-6所示由"处理箱"和"判断箱"组成。由此发展来的思考的流程图，如图4-7所示。输入的问题信息，根据"思考的框架"将思考的材料数据信息进行加工，用"思考的技巧"对这些信息进行操作、变形。然后输出能够解决问题的创意想法，整个思考的流程明了易懂。

另外，"思考的流程"并非是一个不能分割的流程，可以将其归纳成两个部分。导入电脑领域使用的子程序（subroutine）概念，如图4-8所示。子程序是作为定型的程序捆绑一体的归纳方法。图4-8是子程序思考方法的示意，即"创造思考的流程图"。创造思考的技术内涵"思考的框架"与"思考的技巧"这两个子程序，可一目了然。

3. 用15个发想的关键词去磨练思考的技巧

解释清楚创造思考的流程，就要开始练习与训练生成创造性思维的"思考的技巧"。这些技巧可概括为15个"发想的关键词"的作用。图4-9将思考材料的要素作为"发想关键词"加以积聚、分解、筛选归纳等进行思考。

利用"创造思考的流程图"，如果问题在头脑中很清晰的话，谁都可以轻易生出创意来。除了技巧的学习，经验的积累也很重要。但是，如果能根据训练把技巧变成自己的东西，那么，思考就会是一件很快乐的事情了。

图 4-5　思考的框架图

I　空间
1　单位 　　……毫米、厘米、千米、光年……
2　物理单位 　　1次元（线）—— 直线、曲线、圆周 　　2次元（面）—— 平面、曲面、三角形、 　　　　　　　　　四角形、多角形、圆、椭圆 　　3次元（立体）—— 立方体、直方体、角锥、 　　　　　　　　　　角柱、圆锥、球…… 　　多次元 —— 多元宇宙 　　无限次元 —— 希尔伯特（Hibert）空间、 　　　　　　　　量子力学…… 　　高次元—— 克莱因群（Klein）、莫比乌斯带 　　　　　　（Mobius）
3　阶层 　　身体、家、近所、村、区市部、道、地方、日本 　　外国、世界、地球、太阳系、银河系、宇宙
4　空间感 　　上、中、下、斜、地上、地下、空中、水中…… 　　远、近、高、低、深、浅、大、小

II　时间
1　单位 　　秒、分、时、日、月、年、世纪……
2　过去—未来—现在 　　宇宙大爆炸—地球的诞生—寒武纪 　　古生代—中生代—新生代—原始时代 　　先史时代—古代—中世—近世—现代 　　近未来—未来
3　圆环的相立 　　朝、昼、夕、夜、深夜，春、夏、秋、冬
4　人的一生（人间的相位） 　　诞生—入学—成人—毕业—就职—结婚 　　生子—壮年—中年—老年—临终
5　时间感觉 　　长·短·瞬间·速·迟·停止·忙·休息

III　知觉属性
看、听、嗅、味觉、触觉

IV　运动属性
走、跑、移动、飞、游泳、停止……

V　知的属性
知道、学习、记忆……

VI　对立—比较项目
物理的—生理的—心理的、抽象的—具体的、现实的—非现实的、分析的—综合的、演绎的—归纳的、群化—分化、收束（集中）扩散、逻辑—非逻辑……

第四章 信息顿悟法

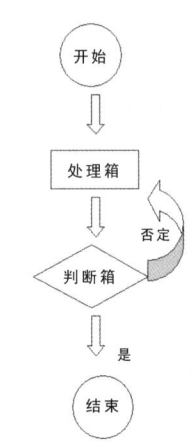

图 4-6 电脑的流程

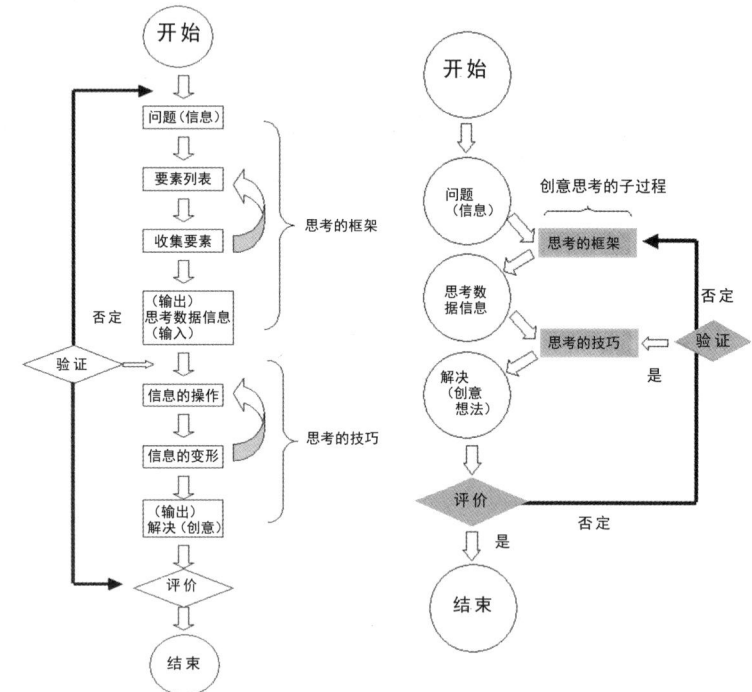

图 4-7 思考的流程　　图 4-8 创造思考的流程图

[案例] 解决 A 地铁车站周边乱停车问题

下面以解决"A 地铁车站周边乱停自行车的问题"为例，演示如何归纳整理创意的生成方法。

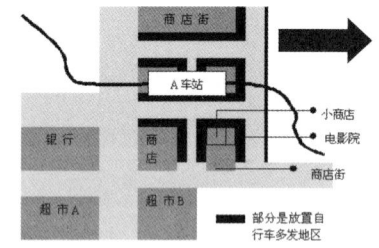

A 车站的周边环境

问题：A 车站周边放置的自行车问题如何解决？

如果像下面一样考虑的话要充分注意，这是不能很好解决问题的下策：
（1）强制撤走所停放的自行车。
（2）收购附近的小商店及电影院。
分析：这样的回答并非从本质上妥善解决问题的办法，前者完全无视自行车使用者的实际情况和立场；后者则没有考虑商店电影院经营者的利益。
（3）小商店、电影院改建为收费停车场。
分析：进行核算如果可行的话，则没有问题，桌上的讨论就可变为现实。
（4）利用现有的屋顶停车，而且地下也可作为停车场。
分析：正如所说的，关键是"在哪里"？一般情况下谁都能想到设这样的停车场所就不再进一步去思考了。危险的是，想到这一创意的人仅此满足的话，那么就失去了能生成更好、更多创意的可能性。

用"框架的思考"写出所有要素，用"思考的技巧"生成创意（图 4-10）。

1. 堆积
2. 补充（附加）
3. 归纳
4. 连接
5. 交织（组合配合）
6. 分开
7. 除去
8. 挤入（筛选）
9. 逆向
10. 挪动（错位）
11. 调换（替换/代用）
12. 扩展（展开）
13. 绕远
14. 玩耍
15. 返回到根本

图 4-9　"思考的技巧" 15 个发想的关键词

80

图 4-10 A 站停车问题思考要素

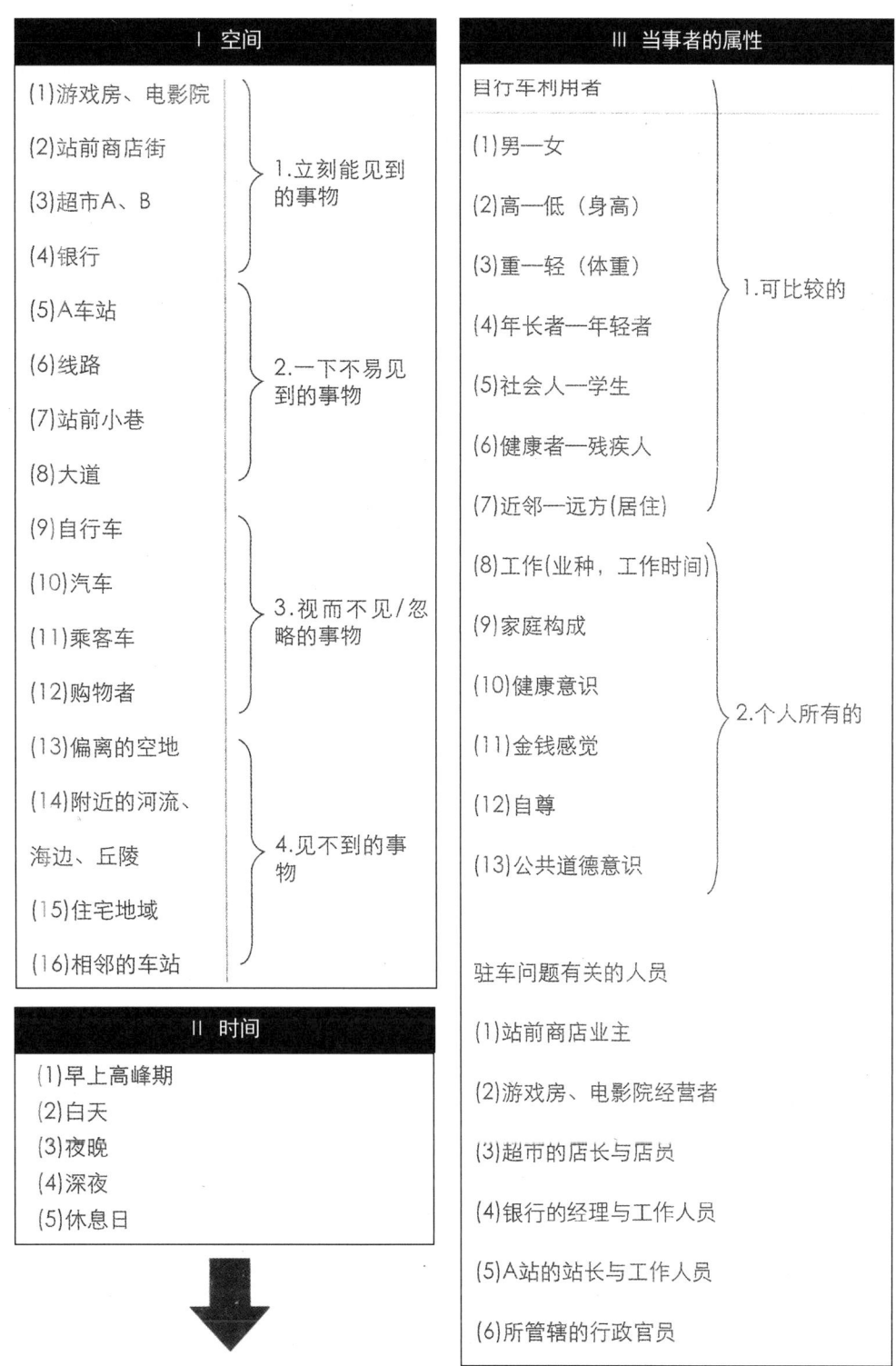

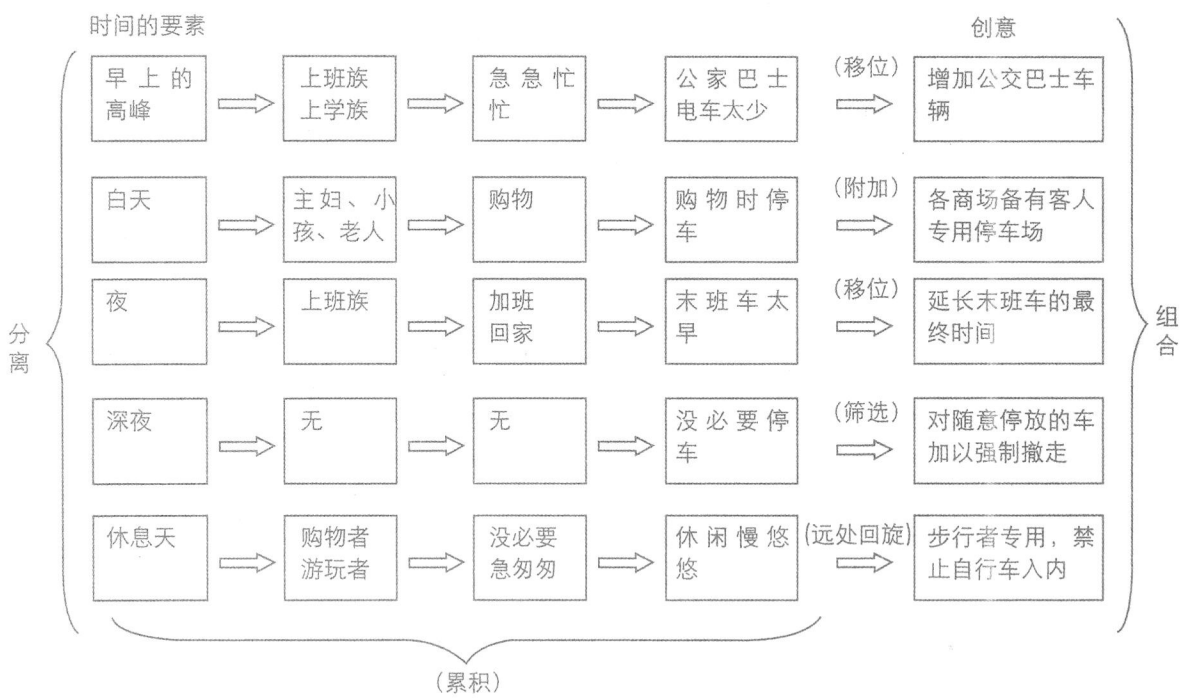

表 4-11　从时间要素所产生的创意

从空间的要素看

1）关键词：连接

（1）将商店街合并到一个有停车场的综合商业大楼中。

（2）将 A 车站改建为具备停车场的车站大楼。

分析：这两个创意思考是根据关键词"连接"得出的，很现实的想法。如果实现的话，自行车使用者、商店、车站三方面都可得益。另外一个想法"在高架下面改建一个停车场"也是比较现实的。

2）关键词：附加（或补充）

在大道上建立很宽的步行天桥，道路的上部作为停车场。

分析：附加新的空间。

3）关键词：逆向

小巷小路中禁止停放汽车，转而作为自行车的停车场。

分析：随便停放就要被拖走，根据这情况逆向思考："怎么办才能既不妨碍交通，又方便停放自行车"？"将汽车从小路中排除出去，作为自行车停车场不是很好吗"？

4）关键词：替换

（1）利用巴士公交车。

（2）设置电动步行道。

（3）开挖水路，作为交通运输手段。

分析："框架的思考"的空间要素中从"⑨自行车"到"⑫购物者"，都是经常处在运动的状态。由于是身边的事物，因此常常被视而不见，但是有时这些事物却是重要的要素。自行车的问题是很重要的，我们首先会产生"自行车不能进入车站周围"的想法。但是用什么别的交通工具来替换自行车,保证乘客的乘换车方便呢?

  5) 关键词: 游玩

    (1) 折叠后能放进投币保管箱的自行车。将自行车小型化。

    (2) 发明能无人骑乘,能够自己回家的遥控自行车。

 分析:创意发想需要游玩的童心。

  6) 关键词: 除去

使用独轮车。

 分析:以"总之尽可能地不占场地为好"为方向去思考,采取"除去"的方法,除去一轮。

  7) 关键词: 返回到根本

    (1) 将车站移到住宅地。

    (2) 在相邻的两站之间增加新的车站。

 分析:在"框架的思考"的空间要素中,以"⑮住宅的地域"及"⑯相邻的车站"作为重点来考虑。"放那么多的自行车"的原因是因为住宅走到车站很远。这就能从 A 车站周围无从下手的大视野中,找到解决问题的切入点。

    (3) 从"当事者的属性"着手考虑。

  8) 关键词: 连接 + 移位

反复走啊走啊,健康运动。

 分析:"⑩健康意识"这个要素似乎与停车因素没有关系,但若将两者连接起来,将问题的心理进行移位,会产生意想不到的创意。

  9) 关键词: 扩展 + 返回

"制定允许自行车带人(两人乘骑一辆车)的规则"。

 分析:"⑬公共道德意识"。按照现有规定就只能产生"不要给他人造成麻烦和妨碍"的标语进行提示。如果用联想去扩展这个要素的话,就会联想到一系列的词语:"公共道德、社会规范、决定、法律、禁止带人(两人)"。从这锁链的最后一项进行返推倒,逆方向进行扩展(逆向思维),"两人乘坐,即可带人,制订有义务带人的规则。自行车两辆可减为两人一辆,停放的自行车就可以减少一半",这样的创意就会产生。

[案例一] 让火车站人流有序（林海燕）

针对课题"火车站怎样做到人流有序"，运用创意思考流程图的分析方式，提出思考的框架，并根据15个关键词来提出解决问题的办法和设计创意。

火车站怎样做到人流有序

火车站作为交通的重要枢纽，承载着南来北往的匆匆过客。由于这是人口密集的地方，也成了众多商家聚集地。大大小小的餐馆、旅馆、商店云集附近；各公交车、出租车站点集中此地，加上车站布局混乱，操作流程不合理，秩序混乱，给旅客带来诸多不便，怎样让车站显得井井有条，满足使用功能的前提下，保证人流有秩序？以下用创造思考流程图来分析并根据15个关键词提出办法和创意。

思考的框架

一、空间

空间要素	目的	手段	影响		解决办法/创意
1.商店 2.旅馆 3.餐馆	招揽生意	人物占据公共空间	扰乱秩序	颠倒/推翻 堆积	禁止占用公共空间，撤去占地的人、物 车站附近建立综合楼，一层用于交通，二层以上商用
4.出租车站点 5.公交车站点	接送旅客	乱停乱放占据站外要道	堵塞交通	错位 交织/结合	规定停放场地，不允许越位 在上面提出建立的综合楼的底层可设停车站点，既不占要道，又能方便并满足旅客、商家双方的需求
6.地铁站	接送旅客	距离车站近	拥挤	绕远/迂回	停在车站较远的地方，这就要求配备相应的设施，如免费接送车或设电梯
7.广场	调节人流	人车混杂	杂乱无章	替换/代用	传输带、电梯、步行
8.售票处	卖票、退票	同时进行	效率低	替换/代用 补充/附加 调换	分开进行 自动售票机、退票机，增设售票口 不用买票，改成刷卡
9.寄存处 10.托运处	寄存物件 托运物件	入口操作	速度慢	替换/代用 附加/补充	电子自动化仪器，该仪器可快速检测仪器的安全性，并根据重量开出费用清单，收钱后，开出收据给旅客 增设寄存处
11.查询处	查询信息	口头传询	不方便	替换/代用 补充/附加 交织/结合 联结	电脑查询，先进的通讯系统 常见问题列出来，编成手册，让人自取 车站所有工作人员都具备解答能力 在显眼的地方设置指示牌
12.取包裹处	取托运物件	人工操作	速度慢	绕远 替换/代用 扩展/展开	不在车站取，改在别处(如邮局、银行) 先进的电子物流系统 要是物件运到，有工作人员或快递员送上门，就不用自己排队取
13.入口行李检查处	检查行李安全性	占据要道仪器检测	拥挤，混乱	附加/补充 堆积 错位/挪动	增设入口其他通道 开设二层以上空间用于检测物件 检查处不设在入口要道处
14.候车厅	等车	坐和站	拥挤，混乱	除去 附加/补充	不设候车厅，改在公交站点接送 附近增设等候空间

	二、从时间要素上寻找创意	
	· 补充/附加 →	①增加高峰时间的空间，服务设施，售、退票机，车次及交通工具等 ②增加售票点，如开设流动售票车（在车站范围内）

	三、从当事者属性寻找创意	
	· 分开 → · 返回根本/性质 →	开辟老弱病残专用通道，并为残障人采取无障碍设计 不设车站，公交车站点就是火车站点

	四、从当事者行李属性寻找创意	
	· 分开 → · 堆积 →	行李与人分开，确保行李和人同时到达，减轻旅客负担，减少杂乱局面 建立现代化的物流配送中心，能快速检测行李安全性，并根据属性进行分类保管

思考的框架

注：前面标有"·"表示该办法和创意可行

空间要素	目的	手段	影响	解决办法/创意
				· 堆积 → 等候厅改建成多层，并内设小卖部、茶室、计时休息室和洗手间，这样可减少旅客站内外进出次数，保持秩序
5.进站验票通道 6.出站验票通道	检查车票 进出站通道 →	入口操作 狭窄栏杆通道 →	速度慢、拥挤 混乱	· 错位/挪动 → 此处不设检票口 · 附加/补充 → 增设检票口 · 堆积 → 因14提议等候厅改为多层，所以通道也相应增设（如图示） · 替换/代用 → 不使用车票，改成刷卡 · 除去 → 撤消围栏式通道
7.地下中转通道 →	疏散人流 →	步行 →	拥挤混乱	· 替换/代用 → 电梯、传输装置 · 除去 → 撤消地下中转通道，改为地上通道

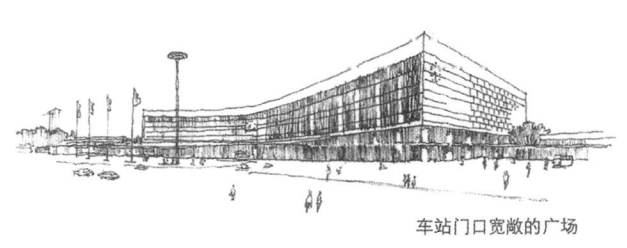

车站门口宽敞的广场

多层空间的等候厅

[案例二] 应用创意思考流程图的方法重新规划社区（钟颖）

社区（街道）重新规划的创造思考流程图
1.空间 　　社会娱乐场所　　　　　　　行人 　　大型购物场所（超市）　　　自行车 　　路边特色小摊　　　　　　　轿车 　　中心公园　　　　　　　　　巴士 　　地铁站　　　　　　　　　　游客
2.当事者属性 对象｛ 老人　————　有公园健身的场所，可亲近的地方 　　　小孩　————　足够的娱乐场地，游艺中心 　　　上班族　————　方便快捷的交通，足够的人行空间，饮食场所（干净、卫生） 　　　青年人　————　娱乐设施、图书馆、文化休闲中心、SHOPPING MALL 　　　家庭主妇　————　大型方便购物的菜市场（有供孩子玩乐的专门场所，自己能专心购物） 　　　旅游者　————　具有当地历史、文化特点，方便的交通，特色集中的BAR、PUBS、CLUBS…… ｝个人所具有的
3.时间 　　早晨、白天、下班时间、夜间娱乐时间、休息日
 从当事人属性归纳的A社区现存问题： 老人——没有适合的环境供老人闲聊，逗留 小孩——街道太危险，不适合儿童玩耍 上班族——满目的车辆与禁止的标志 青年人——现存的环境不适合人与人的交往 家庭主妇——街边的货摊虽方便购物，但影响了路人、小孩的安全 旅游者——街道缺乏文化感，满目的高楼产生距离感

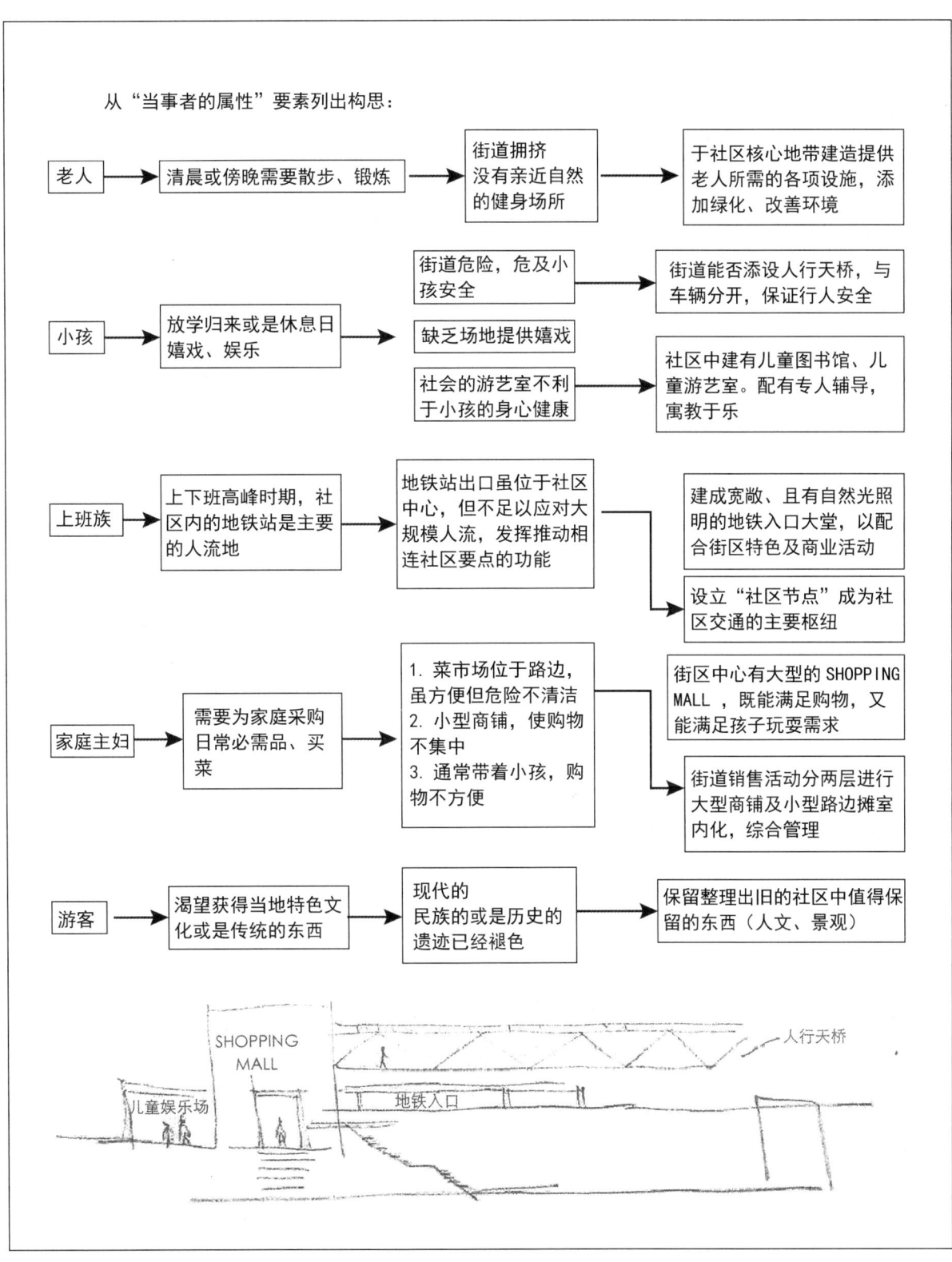

[案例三] 关于"小区停车"问题的创意思考流程图（夏媛）

创造思考流程图法
—— 小区停轿车的问题

小区停轿车的问题分析

清晨 → 急急匆匆上班、上学 → 公交车辆拥挤 ——补充/附加→ 增加高峰时的公交车辆数目
　　　　　　　　　　　　　公交车辆易脱班 ——联结→ 加强道路疏通管理
　　　　　　　　　　　　　骑自行车、助动车的人太多，不健康又不安全 ——根本→ 非机动车道拓宽
　　　　　　　　　　　　　　　　　　　　　　　　　　　　　　　　　　扩展→ 助动车设计成无污染的
　　　　　　　　　　　　　　　　　　　　　　　　　　　　　　　　　　　　 自行车设计成若相撞也不会造成伤害事故的

白天 → 主妇、老人、幼儿一般在家 → 此时一般不要用车 ——增加空间→ 小区内的车棚可改建成二层，下层可用来停放轿车
　　　　工作人员在单位　　　　　　　　　　　　　　　　　　　　　　小区住宅楼地下部分可充分利用，建成地下车库
　　　　　　　　　　　　　　　　　　　　　　　　　　　　挤进→ 可把车停在附近有车库的小区中空余的车库里

下班后 → 美容、在外吃饭、购物 → 公交车辆拥挤 ——补充/附加→ 增加公交车辆数目
　　　　 回家　　　　　　　　　　公交路线不方便 ——根本→ 改善城市道路交通状况，多造一些高架、地铁等等
　　　　　　　　　　　　　　　　 停轿车难 ——交接/组合→ 在小区附近的美容美发店、超市附近开设停车场，既解决小区停车
　　　　　　　　　　　　　　　　　　　　　　　　　　　 问题，又为这些店招揽生意
　　　　　　　　　　　　　　　　　　 ——颠倒/推翻→ 把小区附近原来效益不好的工厂、电影院改建成停车场
　　　　　　　　　　　　　　　　　　 ——玩耍→ 轿车可改变形状，从而缩小体积，可放在楼道里
　　　　　　　　　　　　　　　　　　　　　　　　　 轿车设计成迷你型的

晚上 → 唱歌、跳舞、泡吧 → 回来晚没有公交车 ——扩展→ 延长公交车的时间
　　　　在家休息　　　　　　回来后轿车停在哪里 ——挤进→ 晚上学校、幼儿园的操场并不使用，可用来停放轿车
　　　　　　　　　　　　　　　　　　　　　　　　　　　　附近商场的车库晚上也可对公众开放，可为区内居民停放轿车

双休日 → 旅游、购物 → 心情放松，想去哪就去哪 ——绕远→ 步行外出，有助健康

引子　随着人们生活质量的提高，私人轿车购买者越来越多，而上海20世纪90年代中期以前建的小区中，只有自行车棚，并没有停轿车的车库，那么如何来解决这个停车难的问题呢？下面就用创造思考流程图法来分析解决这一问题

↓↓↓
开始分析

思考的框架/要素列表

1. 空间

①健身活动中心
②杂货店
③洗衣房
④缝纫店　　　　处于小区内
⑤点心店
⑥自行车车棚
⑦幼儿园

⑧美容美发店
⑨超市
⑩食品店
⑪饭店　　　　　处于小区附近
⑫面包房
⑬游戏机房
⑭公交车站

⑮杨浦大桥引桥 ⎫
⑯敬老院   ⎬ 处于小区附近
⑰XX小学   ⎪
⑱XX工厂   ⎭
⑲电影院   ⎫
⑳XX工人文化宫   ⎪
㉑KFC肯德基餐厅 ⎬ 离小区稍远
㉒XX医院   ⎪
㉓XX百货商店   ⎪
㉔XX音像制品店   ⎪
㉕XX书店   ⎭

2.时间
①清晨
②白天
③下班以后
④晚上
⑤双休日

3.当事者的属性
轿车利用者
①男→女
②身高（高→矮）
③体重（重→轻）
④中年→青年

⑤自己拥有轿车→租借轿车
⑥收入（高→低）
⑦工作时间（日班→早、中、晚班）

比较对象

⑧家庭构成（单身→有家庭）
⑨健康意识
⑩金钱感觉
⑪社会地位
⑫自尊
⑬社会公共道德意识

个人所具有的

与停车问题有关系者　　　NEXT　思考的技巧

①附近商店经营者
②游戏机房、电影院经营者
③工人文化宫负责人
④超市、饭店、KFC管理人员
⑤小区、街道、里弄管理员
⑥幼儿园园长、小学校长
⑦所在区的政府官员
⑧医院院长
⑨XX工厂厂长及工作人员

1.思考技巧用的15个关键词
①堆积　　②补充/附加　③归纳整理
④联结　　⑤交织/结合　⑥分开
⑦除去　　⑧挤进　　　⑨颠倒/推翻
⑩错位　　⑪调换/代用　⑫扩展/展开
⑬绕远　　⑭玩耍　　　⑮返回根本

2.根据15个关键词操作
· 堆积：原来一层的自行车车棚可改成两层，一层就可空出来，用来停放为数不多的轿车，二层则用来停放自行车、助动车等

- 补充/增加空间
利用杨浦大桥引桥下面的空间来停轿车，或用小区地下空间建造一个地下停车库

- 联结
小区中原有的一些空地归整起来，做一个统一设计，用来停车

- 交织/组合
在美容美发店、超市、饭店周围开辟停车处，不仅有助于解决停车问题，还为这些店招揽了生意

- 分开
可利用别的小区空的车库，或利用大商场的车库

- 调换
不用轿车，而用其他交通工具（如摩托车、助动车、自行车或乘公交车）

- 扩展/展开
轿车要是可以吊挂起来，那停车问题也就不存在了

- 绕远/迂回
停在远处的停车场或其他小区的车库中

- 玩耍
轿车可以按你的要求自行停到别的地方的车库中；轿车可像变形金刚似地改变形状，不用时可折成盒状，放在二楼的楼梯下面的空间里

- 除去
轿车设计得小型化些，可设计一些二人用车

- 挤进
小学、幼儿园的操场晚上并不用，可用来停车

- 颠倒/推翻
拆去原来效益并不好的电影院、工厂，将场地留出来改建成停车场

- 错位
将原来其他用处的场地（如操场、自行车棚）用来停轿车

- 返回根本/本质
不用轿车，这就要求公交发达、方便，或是叫出租车。干脆重新买房，买带车库的房型

[案例四] 关于"五角场地区购物者的休息"问题的创意思考流程图(卢哲)

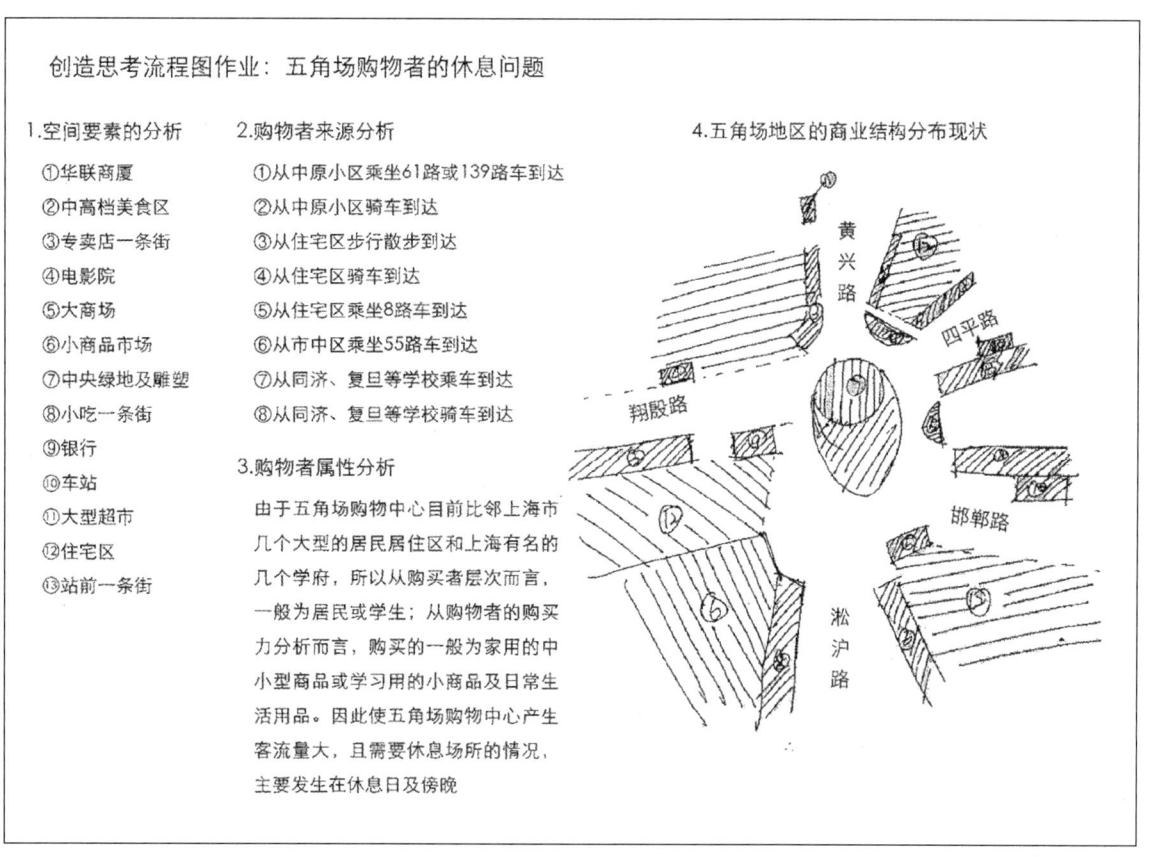

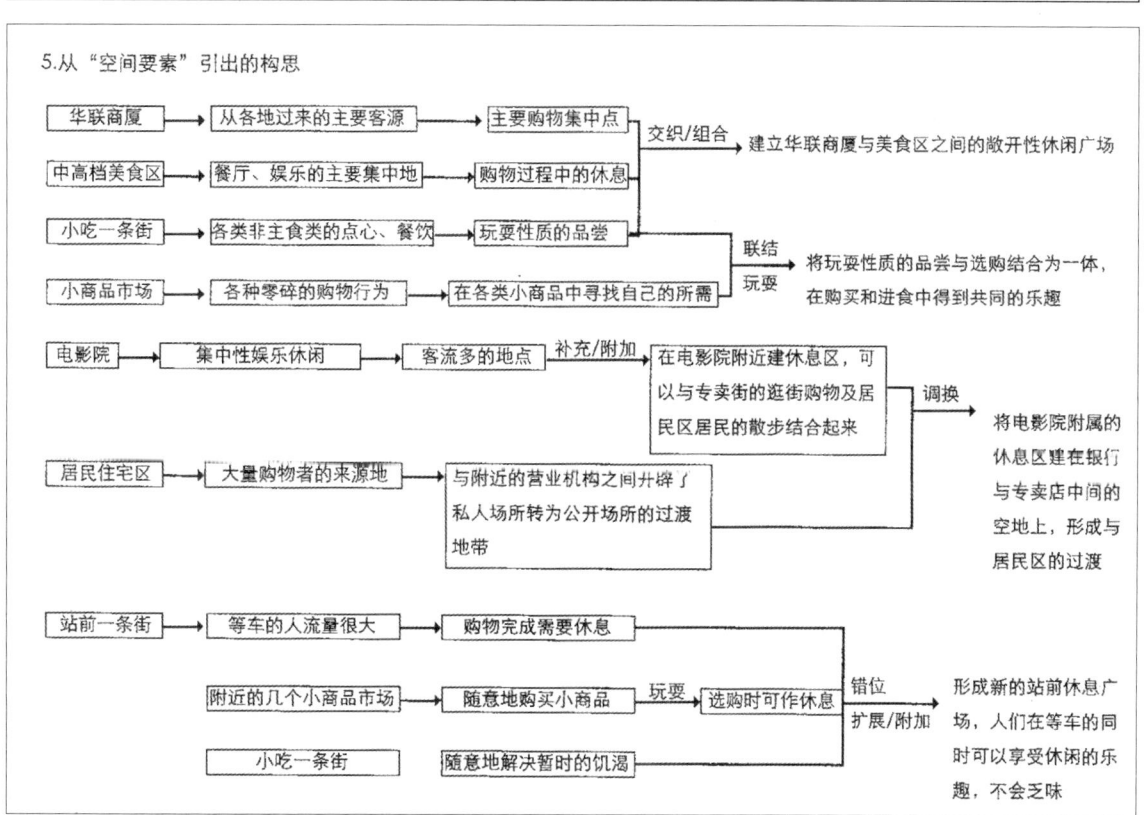

附：上海旅游纪念品 Flow Chart 法（曹辰刚、翁素娟、刘婧、何沐波、李姗姗、樊蓉、张颖瑜）

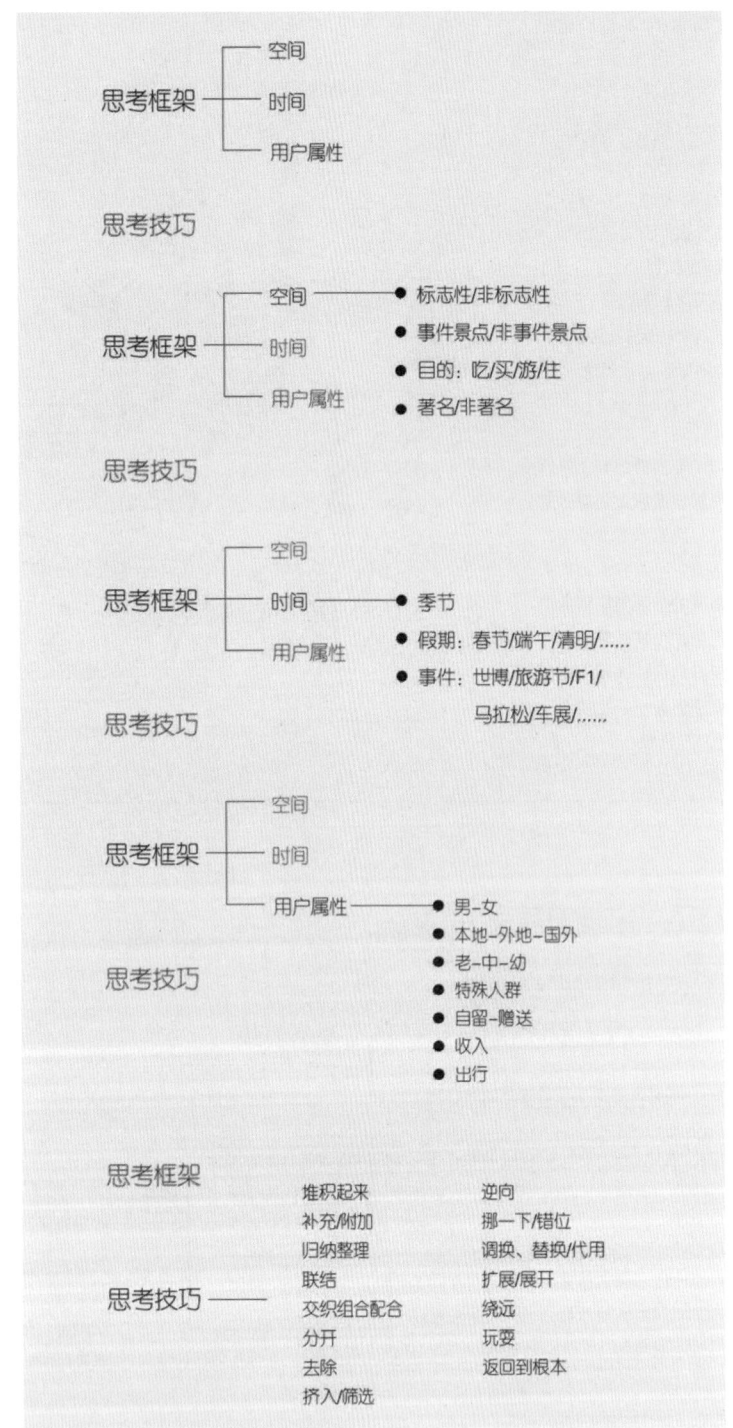

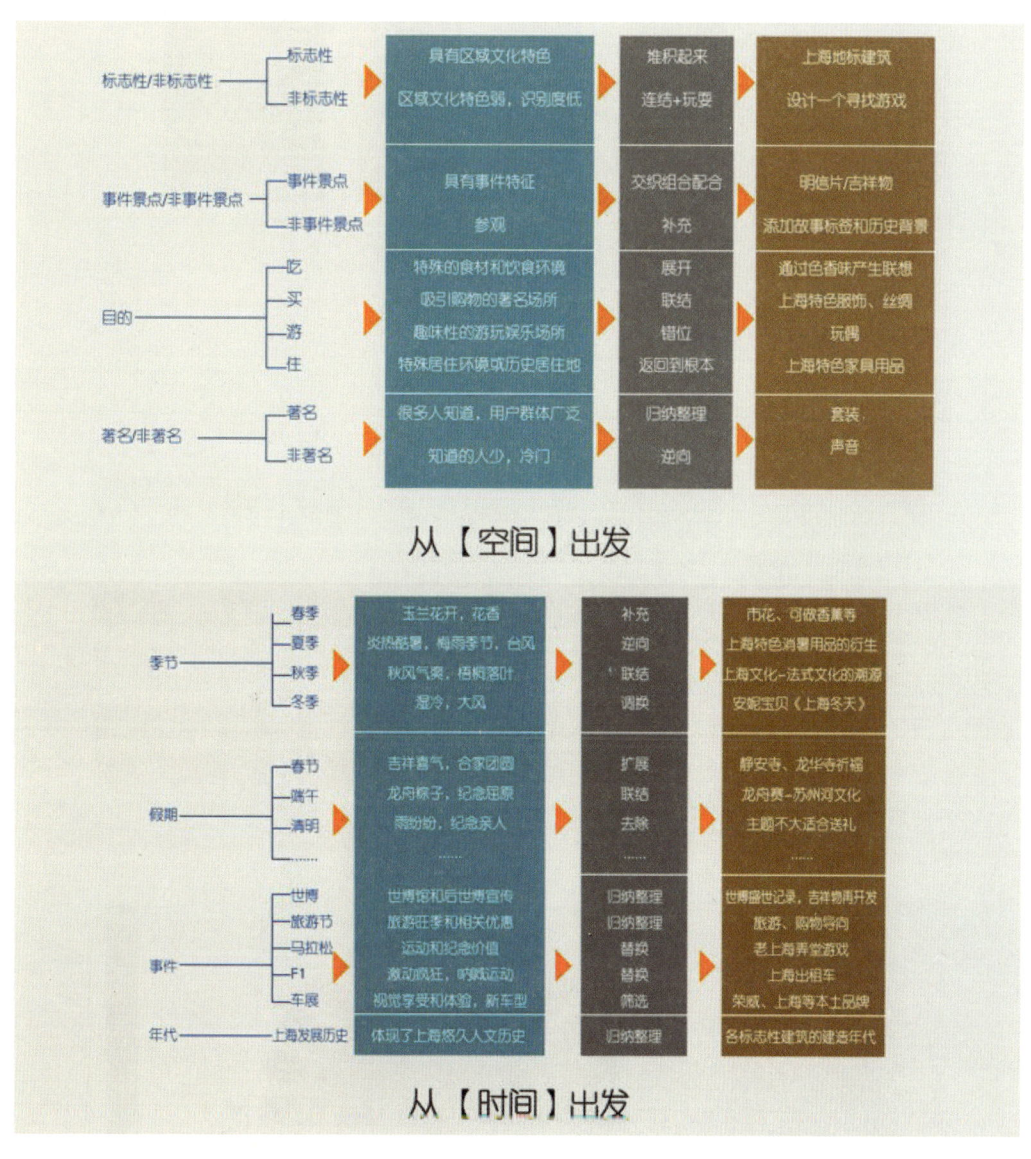

第四章 信息顿悟法

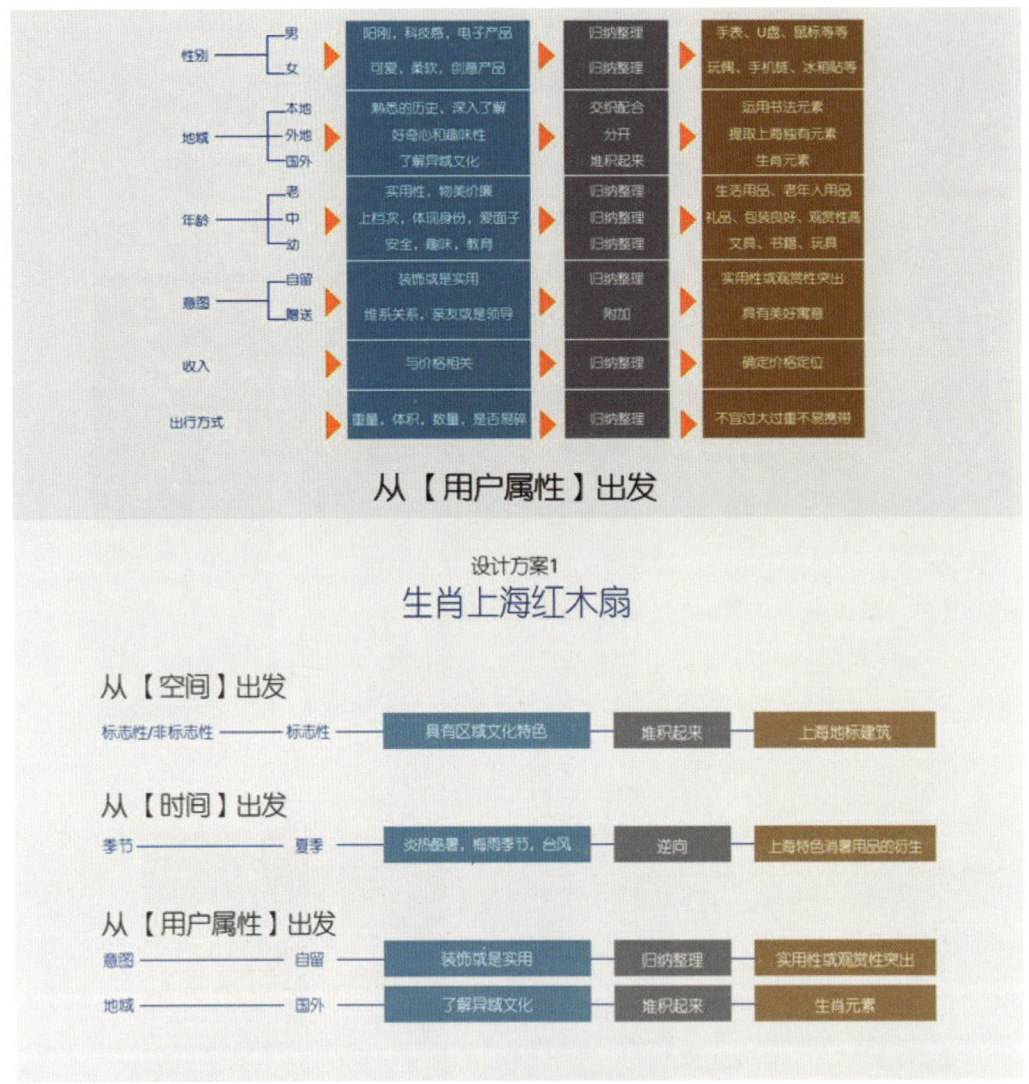

设计方案1
生肖上海红木扇

中国传统折扇始于宋朝,扇上常于写诗词歌赋。

红木,色彩沉重但不显厚重,华美而不艳俗,体现了中国传统的"中庸"哲学,常被用于中国传统家具中。

十二生肖,是中国传统文化的重要部分,源自自然界的11种动物和一个民族图腾,用于计年。

2010年上海世博会中国国家馆,以城市发展中的中华智慧为主题,表现出了"东方之冠,鼎盛中华,天下粮仓,富庶百姓"的中国文化精神与气质,也是最具代表的上海地标建筑之一。

该旅游纪念品为以红木制成的折扇,共12片扇叶,正面印以十二生肖图案,反面在打开折扇后呈现中国馆图案。既体现了中国传统文化特色,在炎炎酷暑旅游黄金期又不失为防暑佳品。

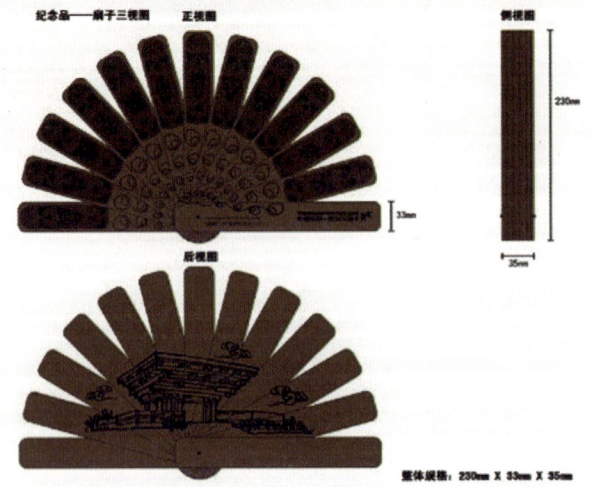

设计方案2
汉字上海腕表

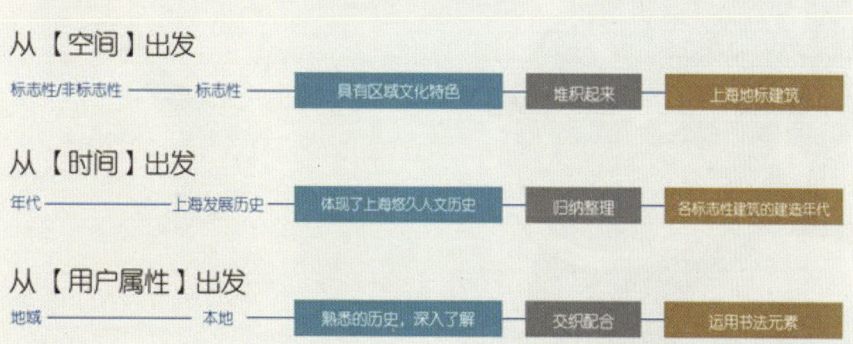

Introduction

"汉字上海"是一款风格简洁的腕表,其主要材质为不锈钢外壳和皮质表带。

原本表示时间的十二个字母由上海的十二座标志性建筑的抽象形态所代替,代表了了上海120多年来的历经的变迁和发展。建筑的主要特点被提取并抽象为汉字中的某些笔画,在保持识别性的同时又有浓厚的中国风情。

随着每天时间的流逝,指针划过每一个见证历史时刻的建筑,诉说的不止是其背后见证的辉煌历史,更是上海朝气蓬勃的未来。

Architectures

95

随着旅游业的发展,上海各景点充斥各种旅游纪念品,包括以下产品:

贵重:	黄金、银器、烟酒
电子产品:	电脑、平板电脑、手机、mp3、U盘
女性:	化妆品、首饰、包
小孩:	学习机、文具
老人:	补品
食物:	零食、水果、茶叶
生活用品:	灯、椅、碗筷、茶杯
小件:	钥匙链、指甲钳、明信片、工艺品、创意小件、玩偶、邮票
衣物:	衣物
书:	书
……	……

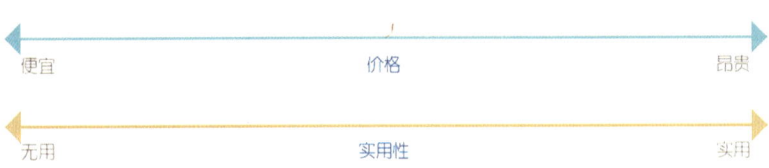

从"价格"和"实用性"的角度来看,当前上海旅游纪念品呈现以下的状态

五、缺点列举法

缺点列举法是美国通用电气公司子公司发明的分析技法,即将设计的问题分成若干层次进行分析,在分析问题时专门挑出其中的缺点和不足之处,并提出相应的解决方法。在运用该方法的过程中,可以结合"属性列举法"、"希望列举法"、"智力激励法"来进行。其程序如下:

首先决定设计的主题;接着将问题分为若干层次,找出每个层次中的具体缺点,加以编号,并书写在纸上;分析所有缺点并将其进行排队,列举出主要缺点;结合635法等方法对主要缺点提出改进措施。

运用本技法时,参加人员以6人为宜,最多不超过10人,分析时间在1小时左右,最长不超过2小时。

缺点列举法可参照第五章的KJ法。

第五章　信息组合法

- 象限分析法
- 意念衍生矩阵（方阵／方格表）
- KJ 法
- 形态分析法

一、象限分析法

这种方法实际上有各种各样的叫法,如"产品属性分析""形象分析图""商品市场分析图"等,但名称并非主要,一般多叫"市场分析图"。

感觉的世界,原本是个人的东西,向别人传达并要得到认同是非常不容易的,但需要做这样的表达机会非常多。这时可以制作一个分析表,把自己的感觉视觉化,得到一个客观的东西,然后向人传达。这是在产品的调查和开发阶段用得很多的方法。

商品属性分析(形象分析图)的制作

如何用自己的设计感觉去分析作为课题的商品,并根据商品所具有的性格特征在图表上标出它的位置?

方法如下:

(1)通过网络、样本等方法搜集资料,剪切或打印出样本上的图片(尽量多一些,不一定要剪得很整齐)。

(2)在一张大纸上根据以下要求设定一个分析表:

①分析轴一般为两轴,两轴以上一般很少用(图5-1);

②每个人按照自己的考虑写出关键词(图5-2),在轴上表示出来。

(3)确定强弱,画上箭头。

(4)在分析表上按照自己的感觉判断,将剪切下来的图片放上去。

(5)审视全体,调整细部,确定后再正式贴上去。

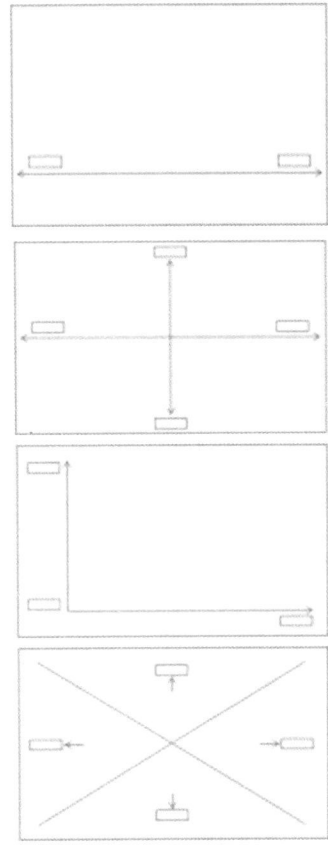

(a)一轴示例

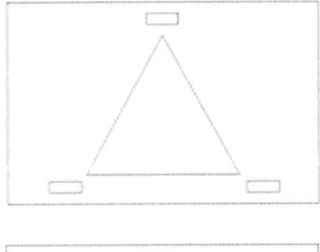

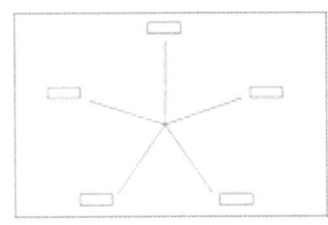

(b)两轴以上示例

图5-1 参考分析轴

根据商品的内容,自己考虑选用合适的关键词用词,不要拘泥于反义词			
个性的 / 平庸的	新的 / 旧的	现代 / 传统	普遍 / 地方
时髦的 / 实用的	朴素 / 华丽	彩色 / 黑白	动的 / 静的
公共的 / 个人的	东方 / 西方	可爱 / 可怕	特定 / 一般
温暖 / 冰冷	有机 / 无机	高档 / 大众的	老人 / 青年
重的 / 轻的	国际的 / 民族的	都会的 / 地方的	游玩 / 严肃
真诚 / 矫饰	男性 / 女性	室内 / 室外	人机的 / 机械的
独特的 / 类似的		长期 / 短期	
进步的 / 保守的		能动 / 被动	
专业的 / 业余的		高价 / 低价	

图5-2 参考关键词

[案例一] 分析图法为 MD 产品做定位分析（朱苗麒）

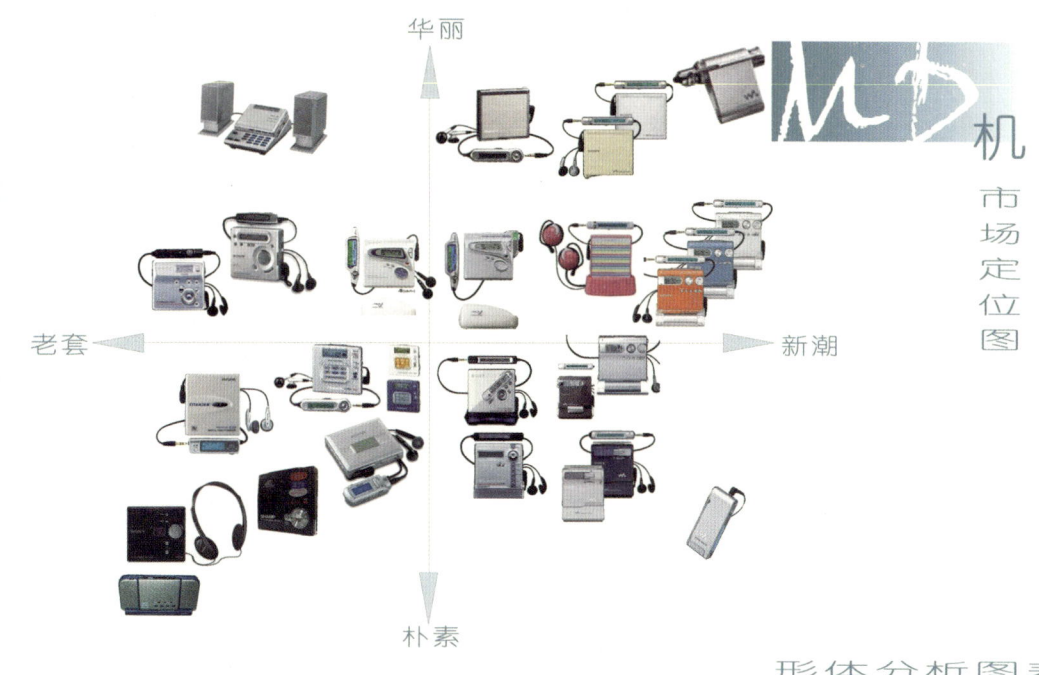

1 2000艺术设计-朱苗麒-93023

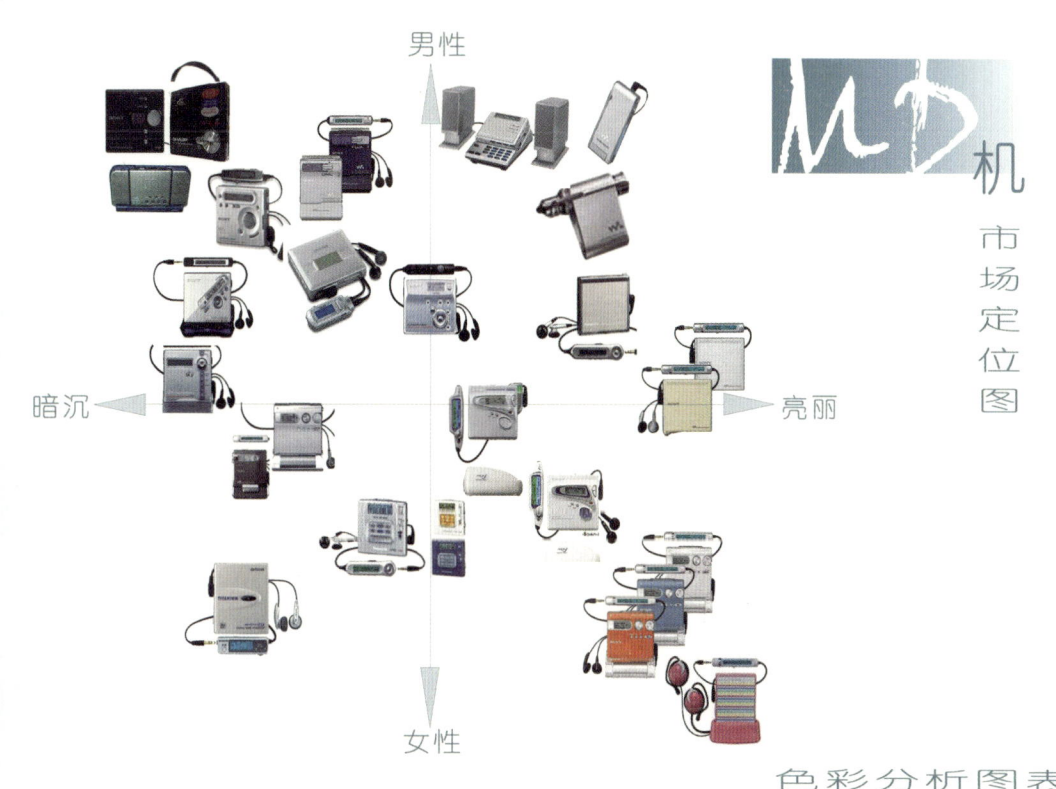

2

第五章 信息组合法

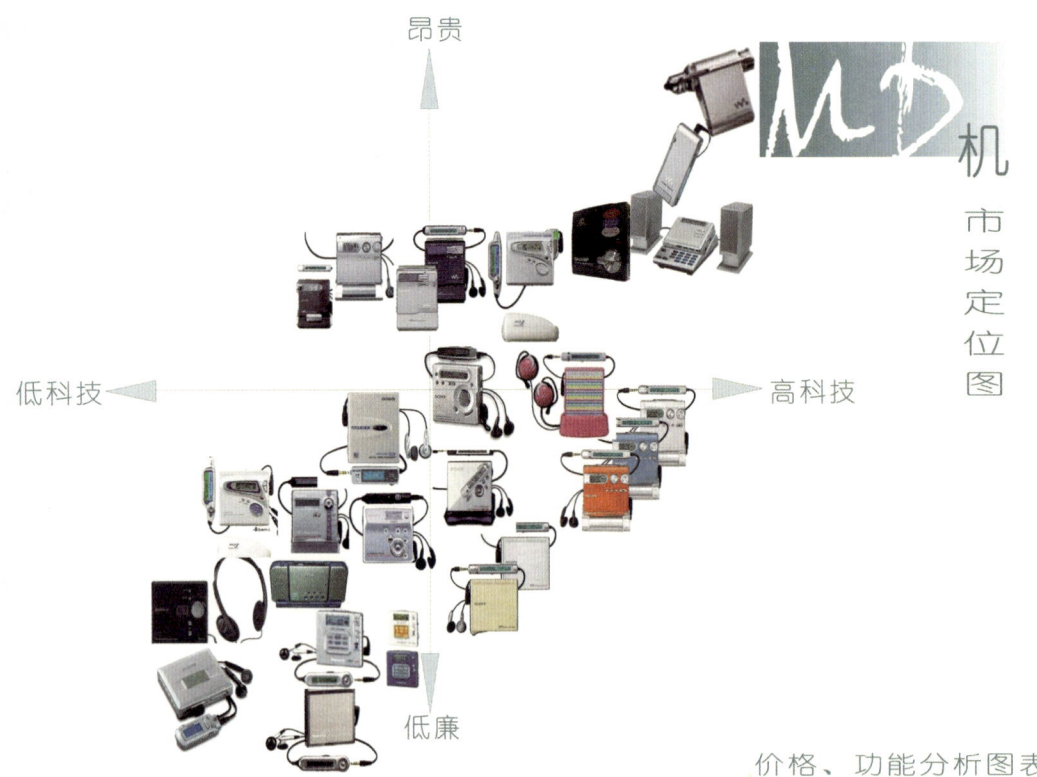

价格、功能分析图表

3

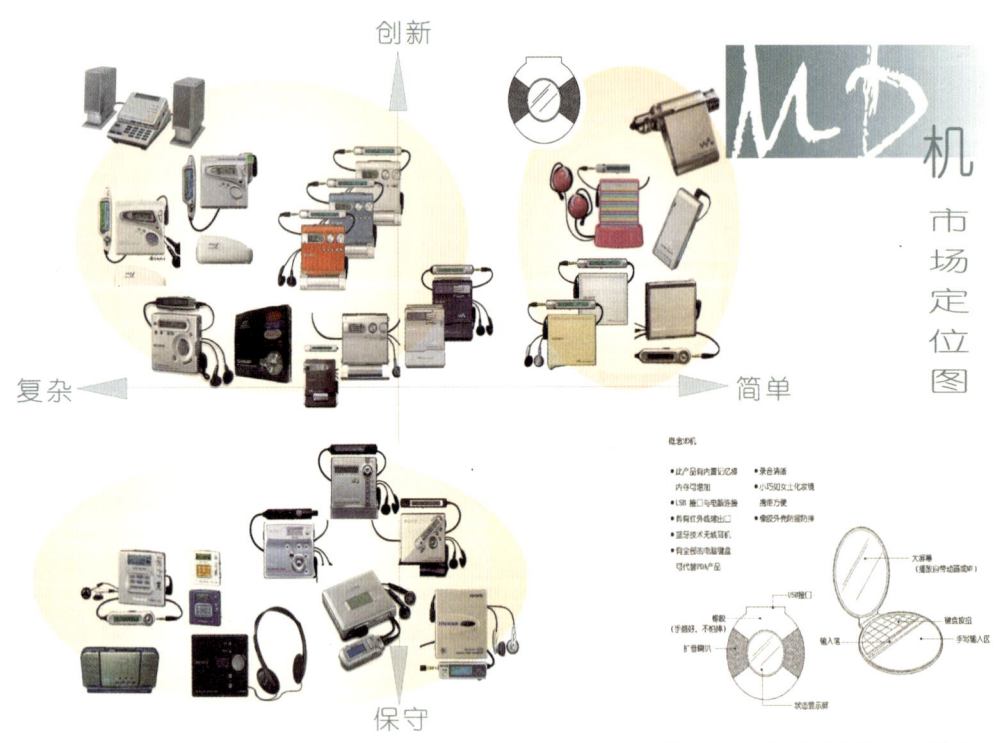

概念形象与现存产品的共同分析

4

[案例二] 分析图法分析卫浴空间和产品（贺星临）

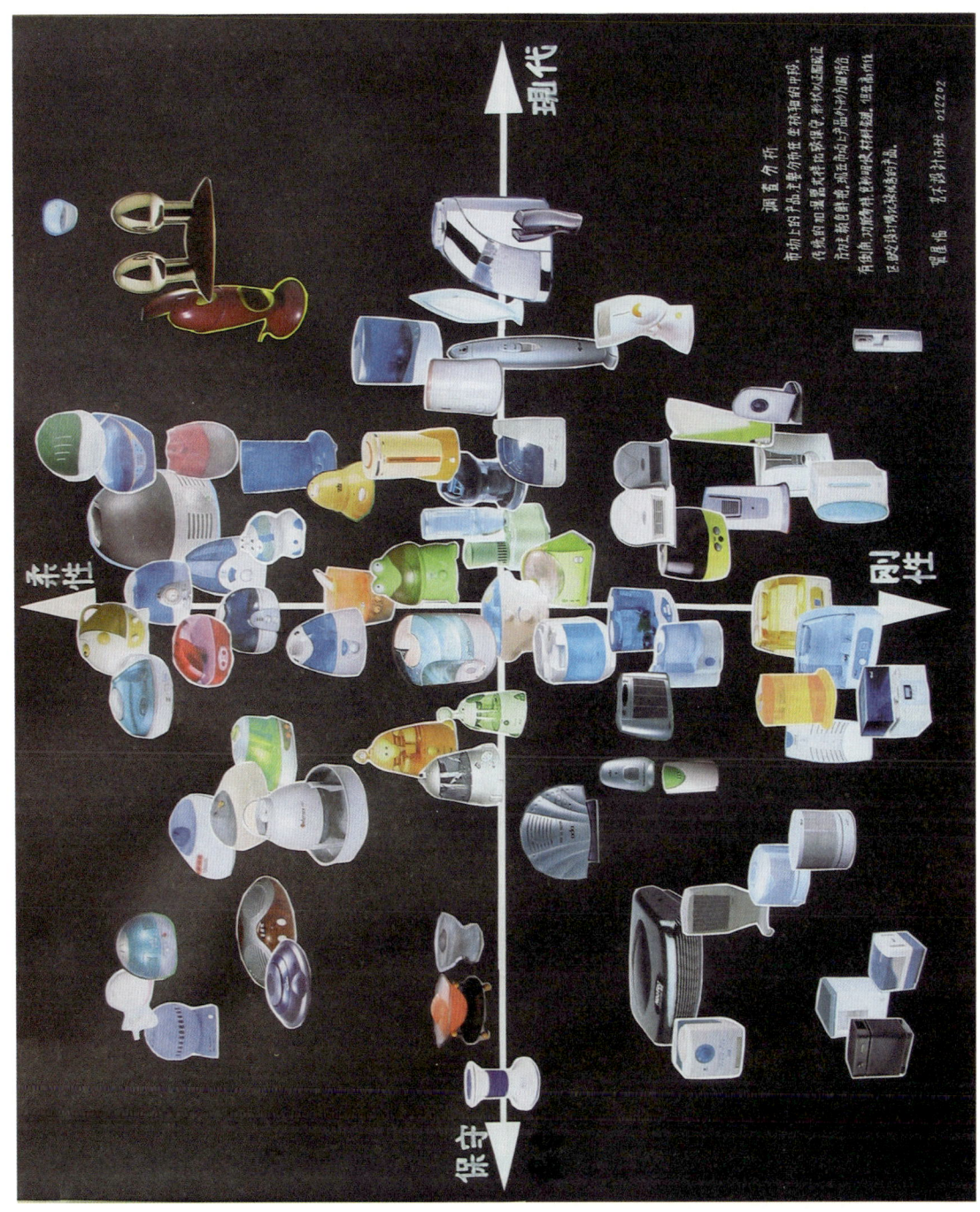

[案例三] 分析图法分析汽车市场（韩露）

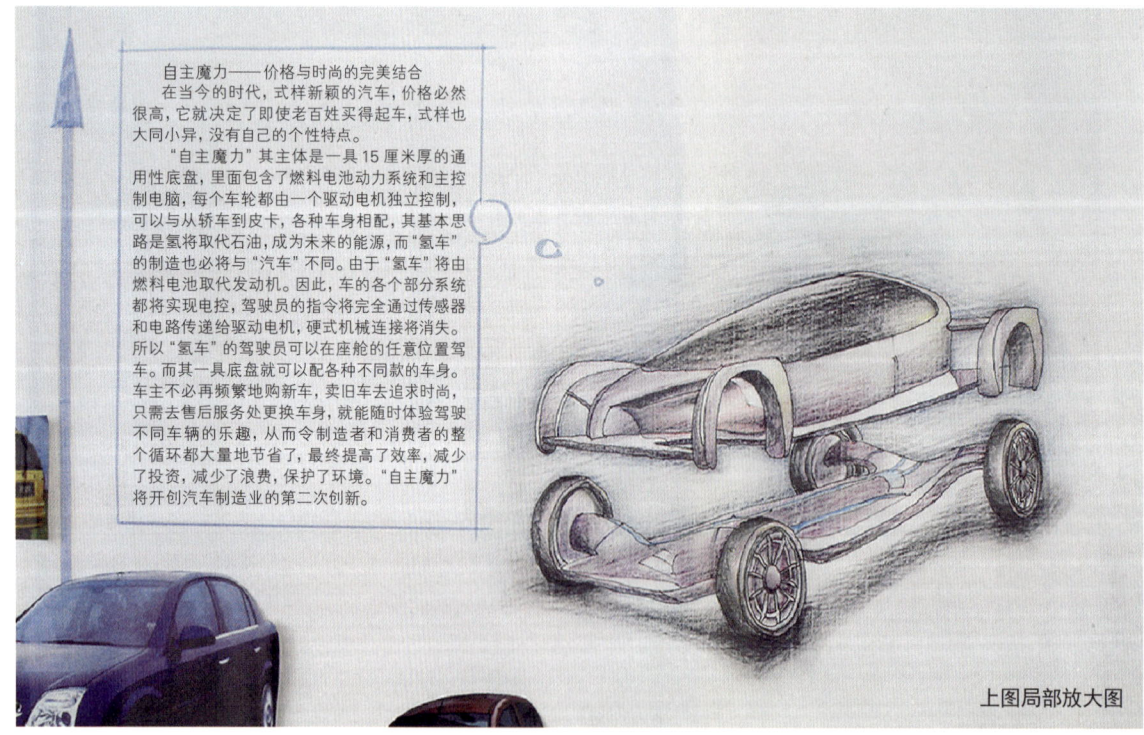

上图局部放大图

[案例四]　分析图法分析电梯空间和产品

内环境·市场流向分析

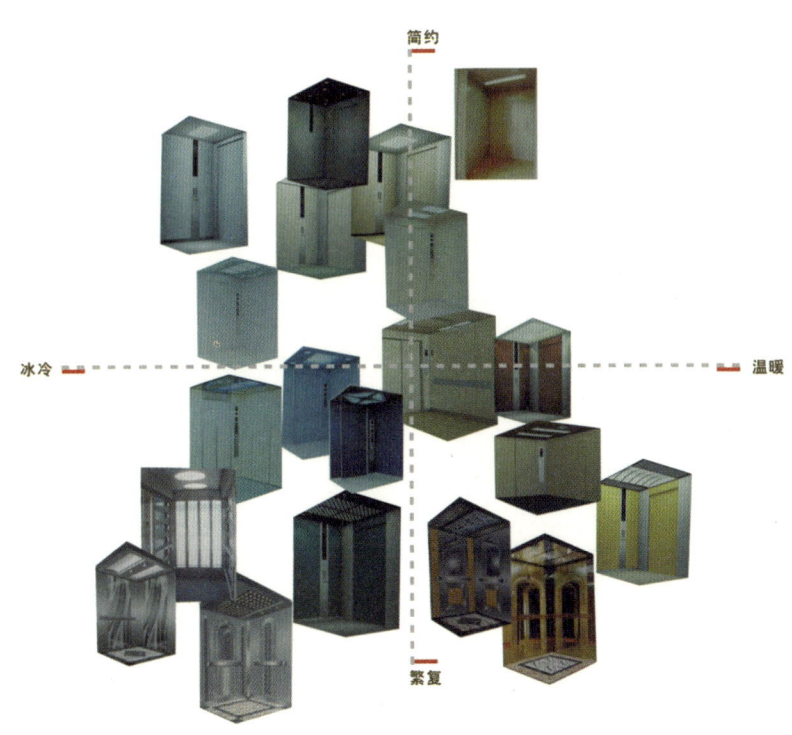

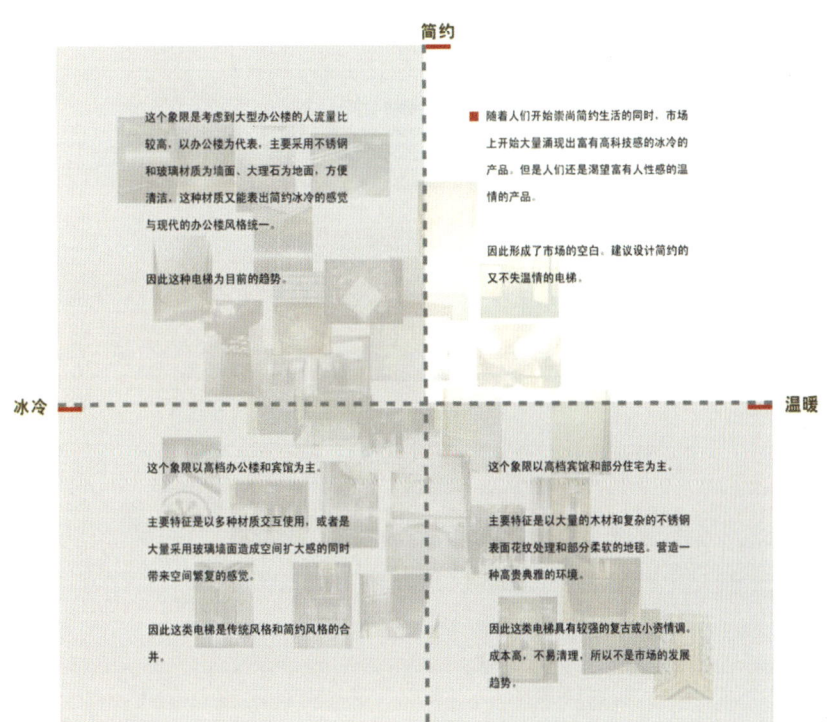

第五章 信息组合法

进门·市场流向分析

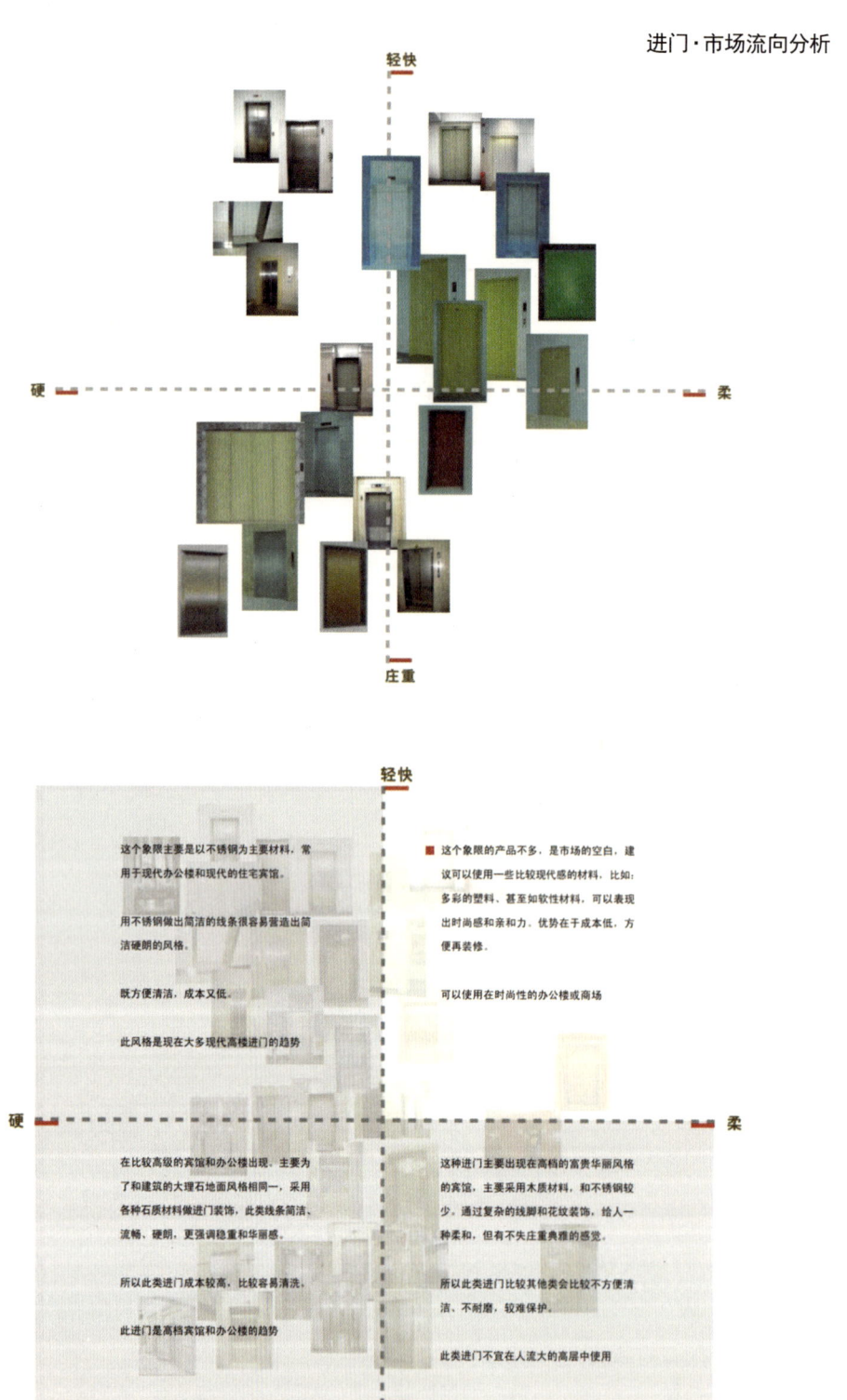

这个象限主要是以不锈钢为主要材料，常用于现代办公楼和现代的住宅宾馆。

用不锈钢做出简洁的线条很容易营造出简洁硬朗的风格。

既方便清洁，成本又低。

此风格是现在大多现代高楼进门的趋势

这个象限的产品不多，是市场的空白，建议可以使用一些比较现代感的材料，比如：多彩的塑料，甚至如软性材料，可以表现出时尚感和亲和力，优势在于成本低，方便再装修。

可以使用在时尚性的办公楼或商场

在比较高级的宾馆和办公楼出现，主要为了和建筑的大理石地面风格相同一，采用各种石质材料做进门装饰，此类线条简洁、流畅、硬朗，更强调稳重和华丽感。

所以此类进门成本较高，比较容易清洗。

此进门是高档宾馆和办公楼的趋势

这种进门主要出现在高档的富贵华丽风格的宾馆，主要采用木质材料，和不锈钢较少，通过复杂的线脚和花纹装饰，给人一种柔和，但有不失庄重典雅的感觉。

所以此类进门比较其他类会比较不方便清洁、不耐磨，较难保护。

此类进门不宜在人流大的高层中使用

104 信息组合法

[案例五] 产品形象分析图（丁婵）

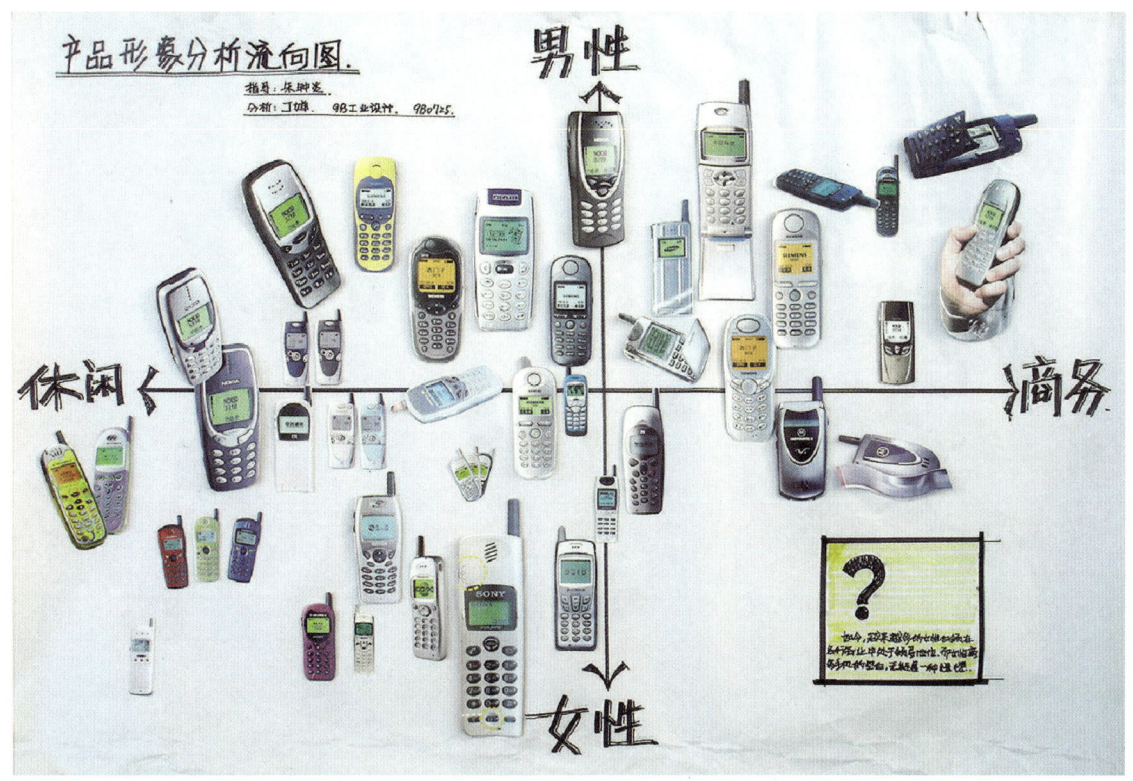

[案例六] 分析图法分析空气加湿器市场和产品（戴蓉侠）

第五章 信息组合法

附：杯垫 & 书签产品分析（曹辰刚、翁素娟、刘婧、何沐波、李姗姗、樊蓉、张颖瑜）

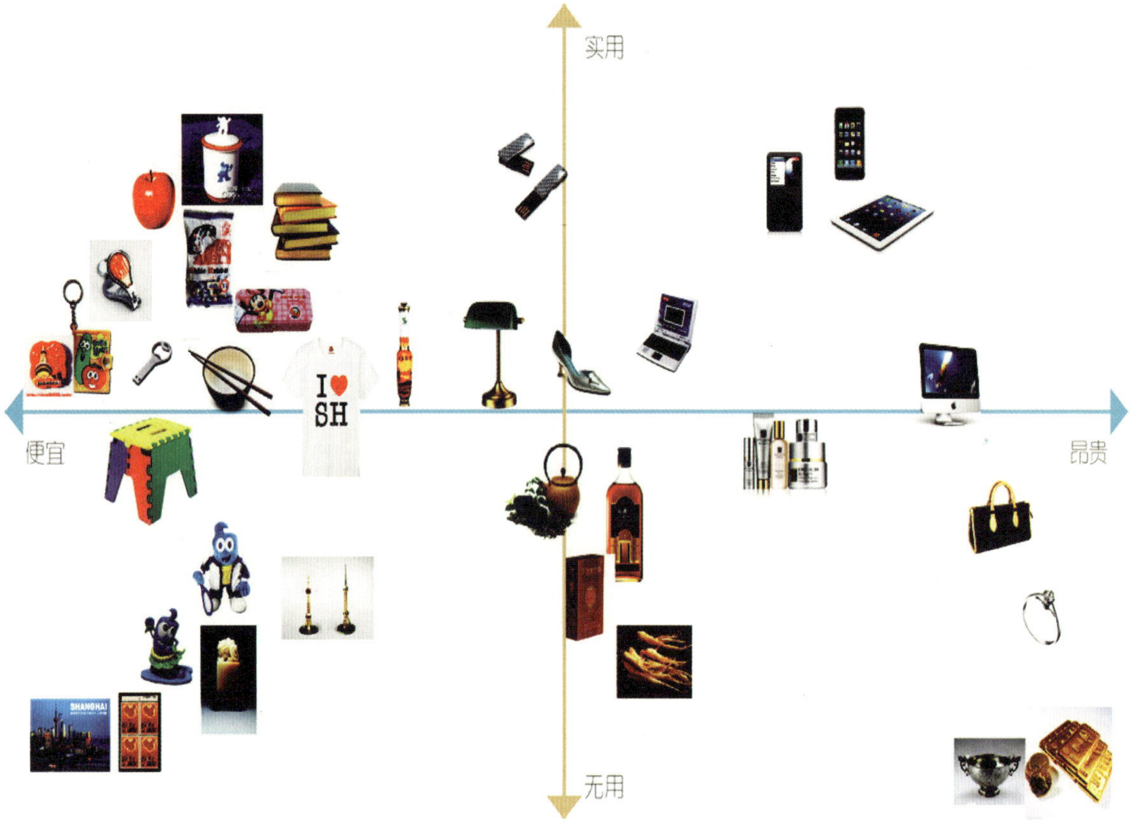

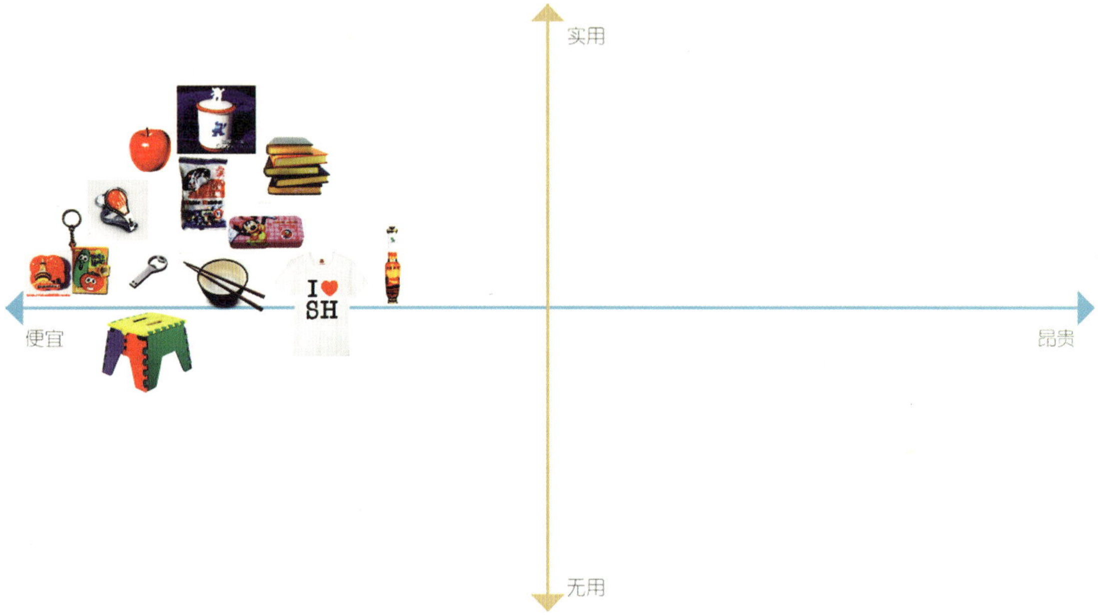

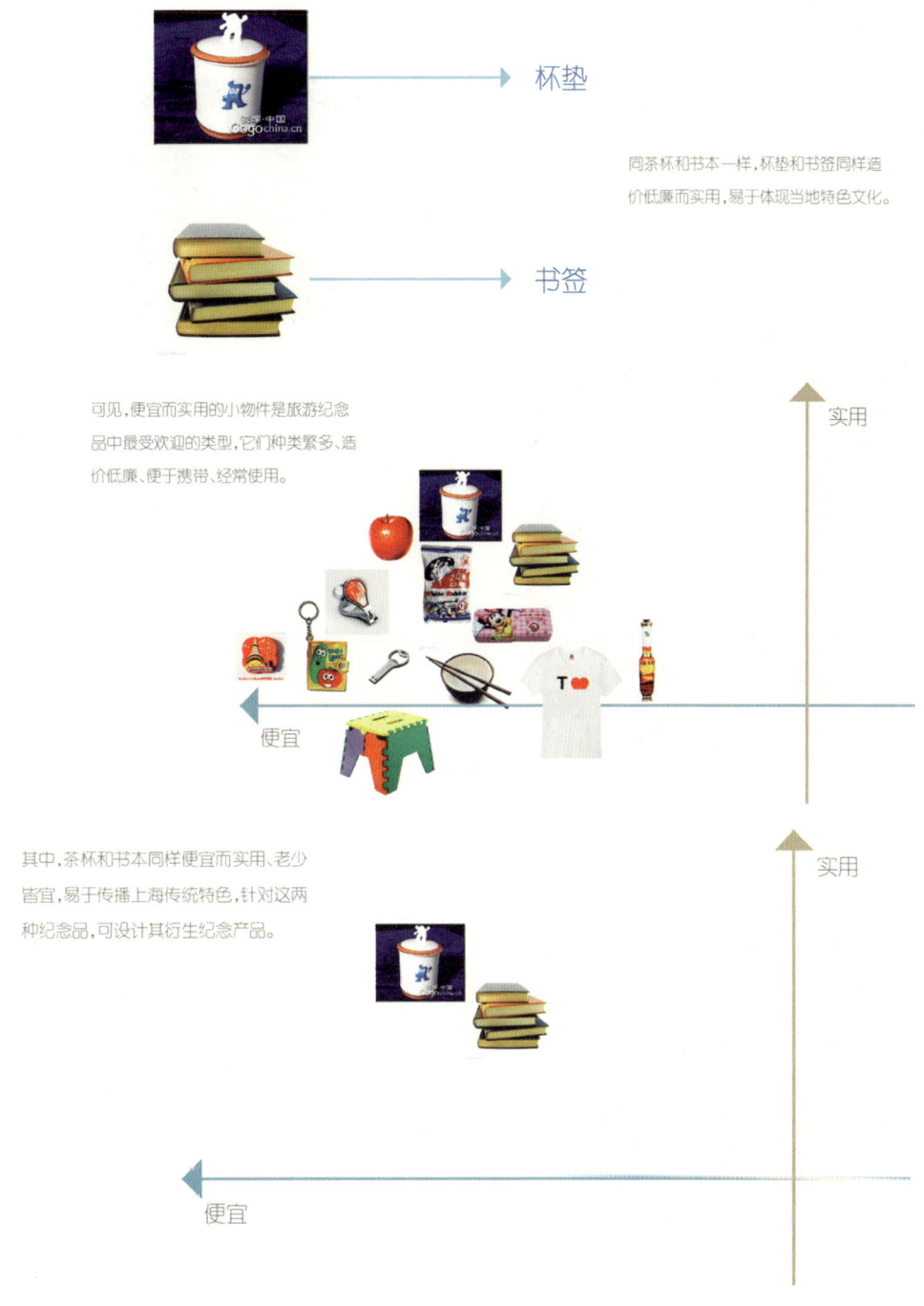

杯垫

同茶杯和书本一样,杯垫和书签同样造价低廉而实用,易于体现当地特色文化。

书签

可见,便宜而实用的小物件是旅游纪念品中最受欢迎的类型,它们种类繁多、造价低廉、便于携带、经常使用。

实用

便宜

其中,茶杯和书本同样便宜而实用、老少皆宜,易于传播上海传统特色,针对这两种纪念品,可设计其衍生纪念产品。

实用

便宜

第五章 信息组合法

20世纪30年代，伴随上海的快速发展，欧洲范围流行的 Art deco 建筑也在此地发展起来。目前，上海仍然保有的 Art deco 建筑约 156 处，它们向世人展现着那个时代上海所特有的风貌，传递着 30 年代上海的独特印象。此款纪念品正是将这些建筑和装饰线条通过金属与布料的相互结合，制作成书签和杯垫。当你在读书品茗时，再次感受上海 Art deco 的独特魅力。

上海ART DECO印象杯垫

布制杯垫：
布料有 4 种不同的纹饰

设计材料：布料
设计尺寸：15*15cm

上海ART DECO印象书签

金属书签：
9 个建筑为一套

设计材料：金属
设计尺寸：35*42.5*1.5mm

效果图一：书签在平时是可以放置在杯垫上

效果图二：阅读时两者就分开使用

书签与杯垫搭配使用

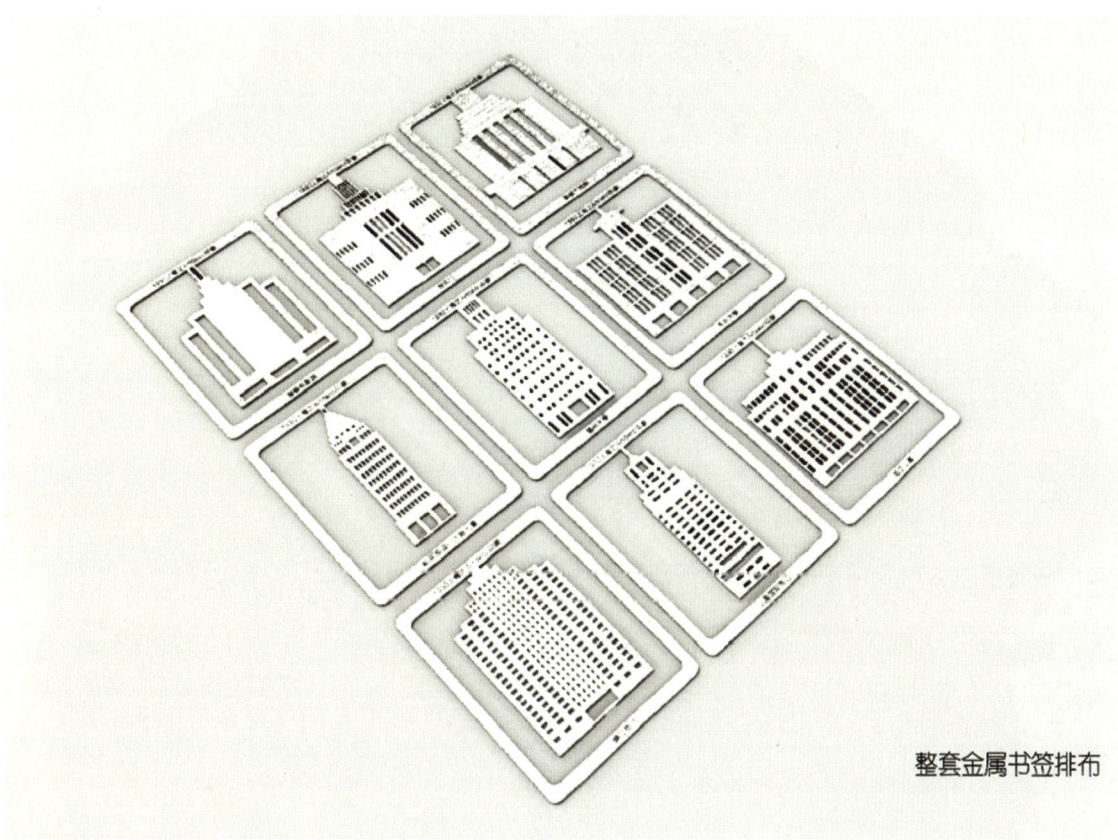

整套金属书签排布

二、意念衍生矩阵(方阵/方格表)

在个人或小组的意念衍生和发展过程中,意念衍生方阵是个引发新概念的方法。这亦是在既定规模下提出问题的方法。

表5-1展示了一个方阵的样本。设计师可以在应用栏上(直线排列)加上其他应用设计模式,亦可在因素排上(横线排列)加上其原委或因素。

值得设计师注意的是,"模仿"通常有负面的含意。但是,例如仿效自然,却是设计的基本。引用一些不同范畴、不同文化、早期的事物,亦可能得到一些启发。

在应用方阵时,可能会有这样的问题:结构有仿效鸟翼的吗?设计师会立刻把它记在方阵的恰当空位上(仿效/结构)。利用同样的方法,快速地衍生意念。设计师应充分地利用方阵的每个组合,到最后再一个个过滤意念的潜质和可能性。理论上,方阵至少可提供90种不同的概念。

在设计过程中,这是较随意但却有效的思考方法,有利于有系统地促进概念衍生,有效地开阔思路。当设计问题难于捉摸时,这个方法非常有用。

表5-1的方阵建立基于A.F. Osborne的问卷方法。索尼的高桥设计了一个更加简洁的方阵,不需要罗列一系列的问题,就如一个可行答案的"快速提示表"就可以了(表5-2)。表中基本设计元素水平排列,三个设计手法垂直排列。

设计师问:可以增加或减少数量吗?(体积呢?长度呢?)在概念阶段,想想与传统相反的概念经常是很有用的。如果产品通常是白色的,想想把它换成黑色又如何?如果通常是方形的,变成了圆形又如何呢?这种想法可能不着边际亦或有可能是突破的来源。意念衍生方阵只是一个工具以及一个分享概念的方法,但最重要的元素还是设计者本身的变通能力。

表5-1a 矩阵图表样本1

Application of Design 设计应用	Factor 因素 1.Concept 概念	2.Strategy 策略	3.Energy 能源	4.Technology 科技	5.Material 物料	6.Structure 结构	7.Dimension 尺寸	8.Form 形状	9.Finish 纹理	10.Function 功能	11.Performance 性能	12.Cost 成本	13.Maintenance 维持	14.Retail System 零售系统	15.Logistics 后勤
1.Imitation 模仿															
2.Analogy 类推															
3.Combination 组合															
4.Transformation 转变															
5.Improvement 改良															
6.Invention 发明															

表5-1b 矩阵图表样本2(笔记本涂鸦设计,主题"移动科技")

Application of Design 设计应用	Factor 因素 1.Concept 概念	2.动物	3.植物	4.人物	5.卡通	6.构成	7.构像	8.几何形	9.光影	10.构成	11.动意	12.动感	13.速度	14.科技	15.
1.Imitation 模仿															
2.Analogy 类推															
3.Combination 组合															
4.Transformation 转变															
5.Improvement 改良															
6.Invention 发明															

注:设计应用,定位应用也可根据专业作调整加减。

一种创意开发形式
辅助找出创意切入点

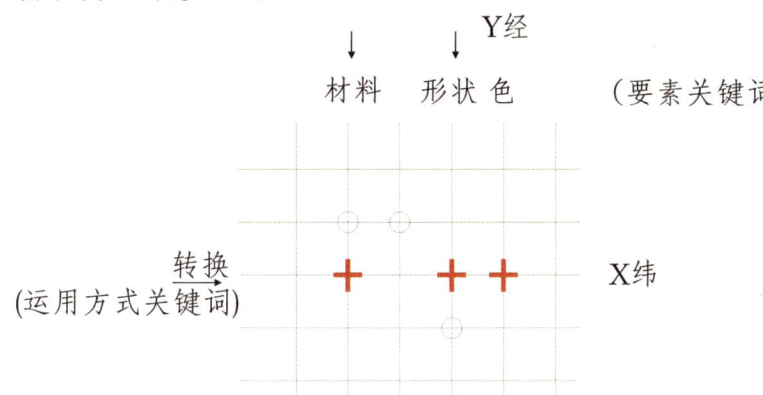

材料：半透明； 形态：圆润； 色彩：6色

✚ 创意定位点

注：此方法和样本资料法、头脑风暴法、635法可结合应用（逻辑思维＋发散思维），可以根据不同专业，将主要因素关键词列出，可作加减。

表5-2　高桥的矩阵图表样本

		Volume 量	Place 空间	Time 时间
Increase 增加		Bigger 大些 Heavier 重些	Expand 扩大	Longer 长些 Fast 快
Decrease 减少		Smaller 小些 Lighter 轻些	Segmented 分割	Shorter 短些 Slow 慢
Diverse 扩散		Split 分割	Separate 分散	Discontinuous 不连续的 Sequential 顺序的
Integrated 整合		Combine 结合	Unified 统一	Continuous 连续的 Concurrent 并行的
Transform 转变		Abstract 抽象 Rounded 圆边	Formal 正式的	All at once 同时 Forward 前进
Transfer 转换		Concrete 具体 Edged 角边	Informal 非正式的	Separately 分开 Reverse 后退

第五章　信息组合法

[案例一]　电话机的意念衍生

因素 设计应用	概念	策略	能源	科技	材料	结构	尺寸	形态	肌理	功能	性能	成本	维修	销售系统	后勤
模仿	●				●	●		●		●					
类推	●							●		●					
组合						●		●		●					
转变			●		●			●		●					
改良															
发明	●			●											

·形态——模仿（香蕉）
·结构——模仿（衣架）
·功能——转变（可以直接挂在有杆子的地方）

·科技——发明（可视、蓝牙技术）
·概念——发明（便携式"化妆镜"）
·能源——转变（电池）

- 形态——模仿（玉如意）
- 概念——类推（MADE IN CHINA）

- 形态——组合（合二为一）
- 概念——模仿（老式电话机）

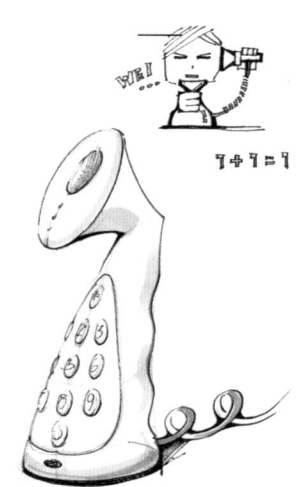

- 功能——转化（墙面的装饰物）

- 材料——模仿（果冻，有弹性的水果透明色）
- 材料——模仿（软的）

- 功能——组合（时钟+电话）

第五章 信息组合法

[案例二] 设计方法论：矩阵分析法（曹辰刚、何沐浓、王婷婷）

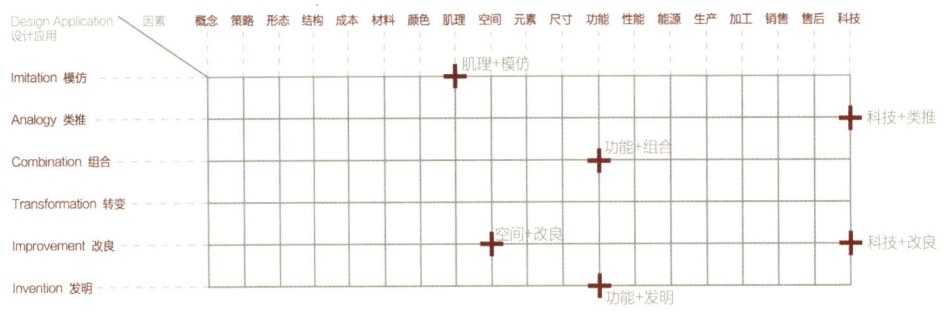

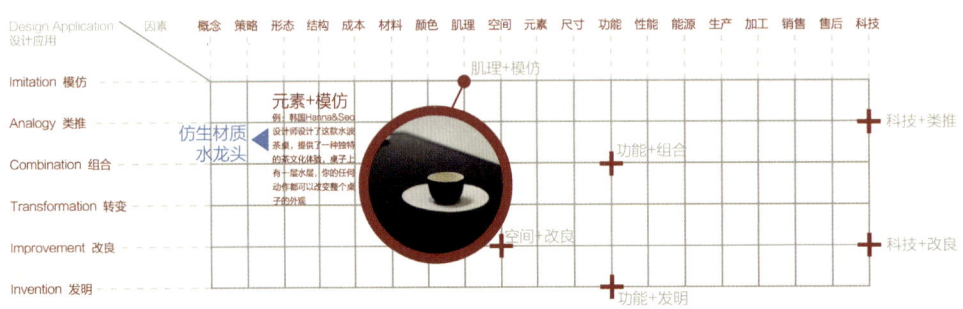

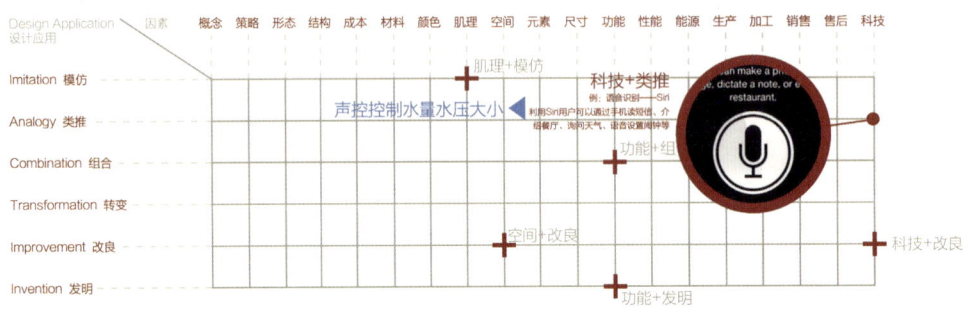

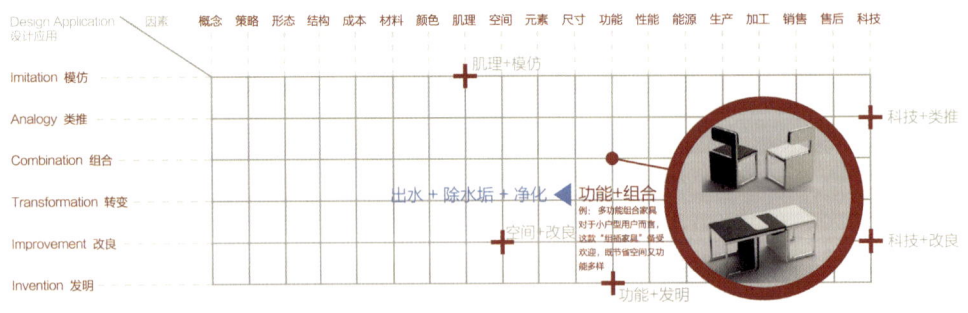

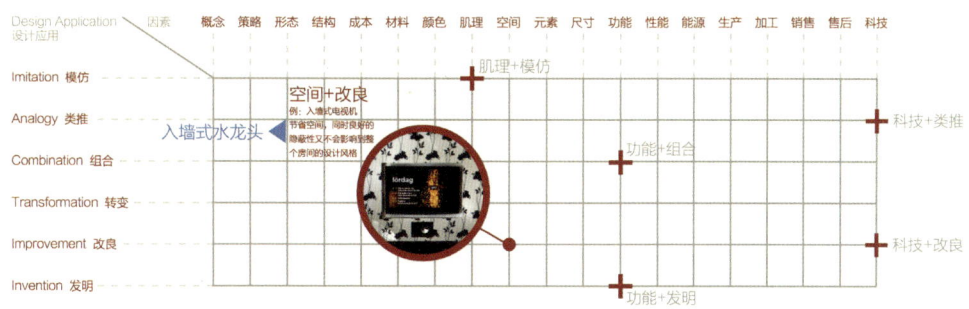

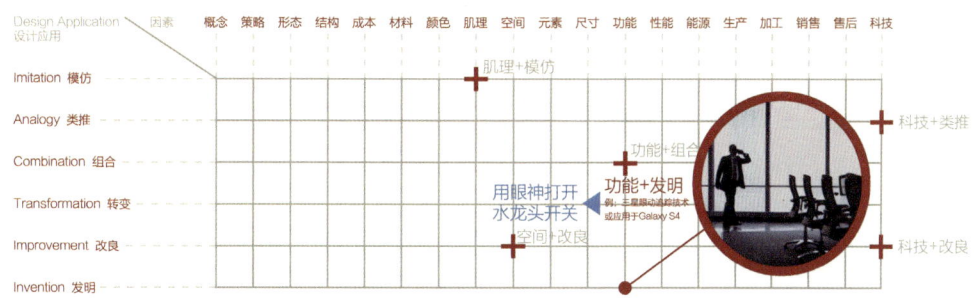

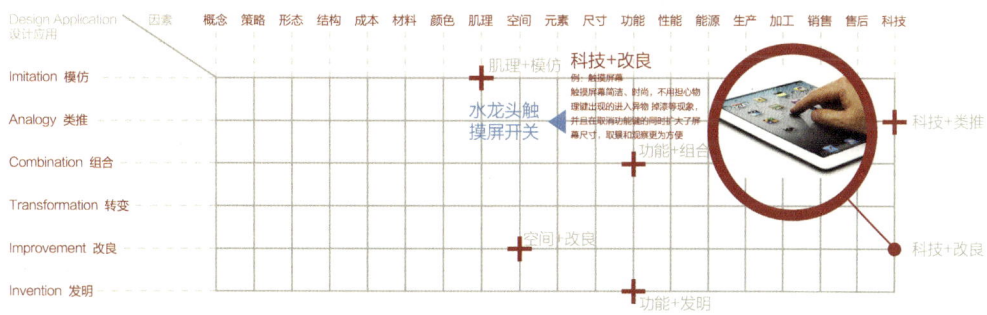

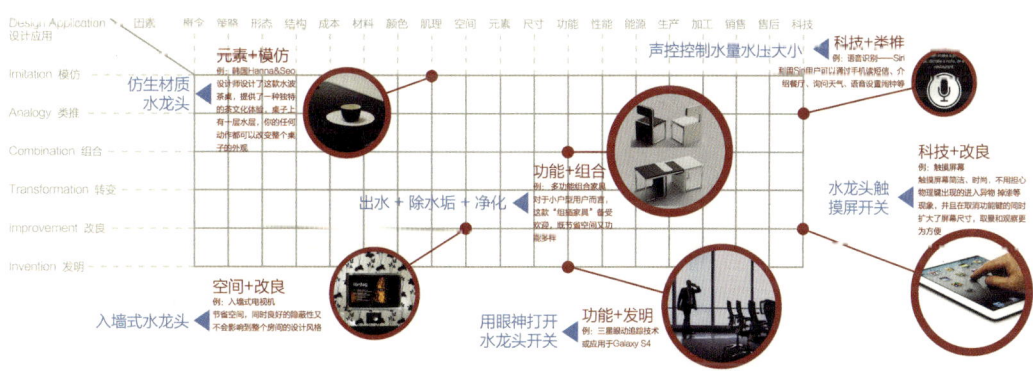

三、KJ法

对于已经进入市场的商品，自己平时使用的时候可能会发现一些问题。现在让我们比平时更深入地观察，发现问题点，在每一张卡片上记录一个问题点（30张左右）。

记录的时候注意，要具体指出"哪个部分的设计有问题"，不要笼统地说"设计有问题"。

这样找缺点的过程大约要1小时。然后将根据一定的课题，在大纸上（如A1大小）整理这些提出问题的卡片，根据问题的内容、流向因果关系等因素有机地进行认识与把握。

在这个过程中，将自己感受到的、思考到的东西用生动的语言记上小标题。作为设计师，有可能从分析的过程中找到下一阶段的重要关键词。

KJ法称为解决问题型的发想创造法，在设计界被称作"Re－design（再设计）"，对既有物加以改良的设计方法"。

市场上已经出现的产品，可能存在很多问题，作为专家，对这些问题要先进一步掌握，然后为新产品的开发作参考，因此这方法可说是基于一个很重要的设计开发视点。经常以新的发想、着眼点去开发新产品对企业来说是非常重要的。

1. 提出问题的要点

（1）对产品的不满——谁都能做，这是一般消费者的不满。

（2）用批判的眼光去观察——针对某一个产品来进行，当然可以看其好的地方，但主要是要发现它有问题的地方，如产品的注塑工艺、设计上的问题等。这些方面就需要专家来看，一般的用户可能不了解。由设计师来做的话必须要"批判地肯定"。

（3）了解问题的起源——注意问题产生的背景和问题产生的原因，是人为产生的，还是不可抗力产生的，是组合方面、构造方面产生的，还是加工工艺产生等等。这些问题用KJ法来做就特别有效，可以分得很细。

（4）批评要达到一定的高度——不是随便的批评，要从一定高度一针见血的指出问题。批评必须要有一定的客观性，具有说服力，具有一种学术上的"批判精神"。

（5）问题提出的过程已经帮助设计者提出了一些好的想法和自己的解决方法，具体的点子就会自然而然地出来了。设计师在分析时，养成"把问题看作自己的问题"的习惯是必要的。这对成为一个设计批评家绝对必要。而设计批评对于设计师来说十分重要，只有做到眼高，才能带来手高。

2. 课题

（1）KJ法表的完成（用不同的线标识各问题点的联系，用不同颜色的线也可）。

（2）做完表之后，将所获得的感想记录下来（用A4的纸即可）。

具体的产品分析：抽出问题点，达成对构成要素有机的、构造的把握，这种解决问题的发想法叫做KJ法（以其发明人Kawakita Jiro 首字命名）。

提出问题：现有市场上各种各样的产品，有着各种各样的问题，从用户的角度将其彻底抽出来加以分析。

方法：每一张卡片上写上一个问题点，要尽量写的比较具体，把自己感受到的东西直接写出来。一般准备30张小卡片纸（多者不限），然后进行分类整理。

注意：大纸上的最上面要留5厘米左右，写上总体的名称。

分类整理：

（1）问题按照组分类。

注意：这个组是按照问题的独立性来分组。有时即使只有一张纸也可以成为一个组。

① 相同或类似的问题点尽量放在一起，变成一个小组；

② 相关联的小组放在一起，成为一个中组；

③ 相关联的中组放在一起，成为一个大组。

全体最后进行分类整理好了之后，便可把它固定下来。

（2）画线

① 小组用线画上；

② 中组用线画上；

③ 大组用线画上。

（3）在每一组上标上小标题

① 小组有小标题；

② 中组有小标题；

③ 大组有小标题。

全体的总称放在图上边的空白处（最好用作业后最有感想的一句话来概括），也可加上副标题。

（4）各组之间的关系用如下记号表示

① 大关系 ——————
② 因果关系 ————▶
③ 相互关系 ◀————▶
④ 相反关系 ———▶◀———
⑤ 一般关系 - - - - - - - - - - - -

参考问题点：生产加工技术、尺寸精度、组装紧密性、缝隙、成型时产生的边缘毛刺、材料、色彩的不均匀、安全性、操作性、操作顺序、重量、形态、大小、色彩、携带性、人体工学、音质、音量、印刷文字、系统、对环境的考虑、再利用、保证、售后服务、说明书，等等。

[案例一] KJ法分析坐便器 （朱杰、金懿、沈文超、高悦、游子威）

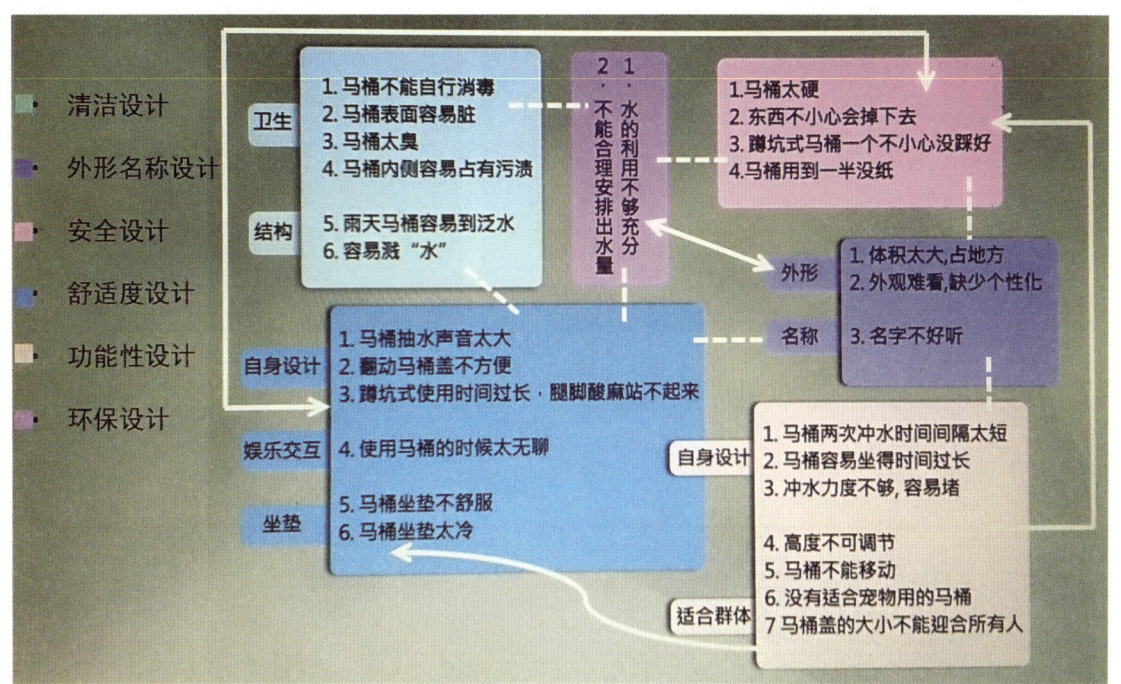

清洁设计

缺点：	改进：
·不能自行消毒	·马桶内侧增加滴管式消毒液
·马桶的表面容易脏	·马桶盖下侧安置小刷子，每次盖下时自动清洁
·马桶太臭	·盖子盖下时水箱两侧自动散发清香
·有人上好厕所不抽	·增设红外线探测，探测到人站起来时自动冲水
·雨天马桶容易倒泛水	·改变管子形状，结构改良
·容易溅"水"	·马桶内的水表面上增加一层具有附着性的液体
·马桶内壁容易沾有"污渍"	·调节不同位置的出水量，不易脏的地方出水量少，易脏的地方出水量多

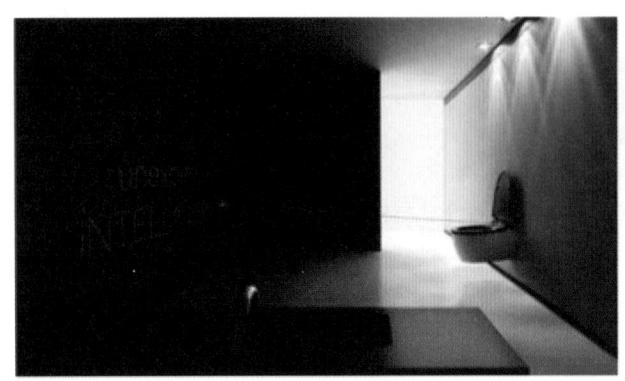

安全设计

缺点：	改进：
·马桶太硬	·采用复合材料，马桶最外层使用压力反弹式的材质
·东西不小心会掉下去（噗通……）	·马桶水箱左侧设有可拉伸式置物架，用于防止随身物品
·马桶用到一半，发现没纸！	·马桶水箱右侧设有放置卷筒纸的凹槽和杆子，上方设有提示灯
·蹲坑式的马桶一个没踩好	·马桶边界贴上荧光带，在黑暗中也能找到边缘

外形名称设计

缺点：	改进：
·太占地方	·外形改良 Ⅰ 水箱和洗手池结合，同时还起到循环利用水 Ⅱ 水箱和柜子结合，隐形马桶
·外观缺乏个性化	·外观改良 Ⅰ 做成卡通人物的形象 Ⅱ 更具流线型，现代化 Ⅲ 具有换色功能
·名字太难听	·"马桶"一词还有历史来源改进的话，你来取个好名字吧！

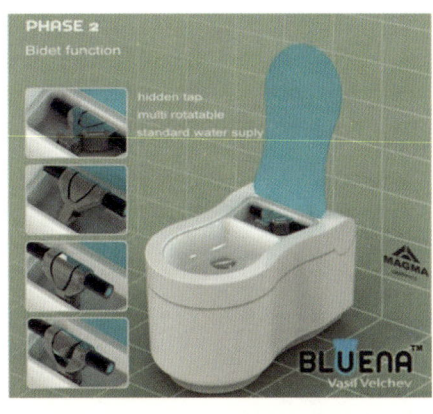

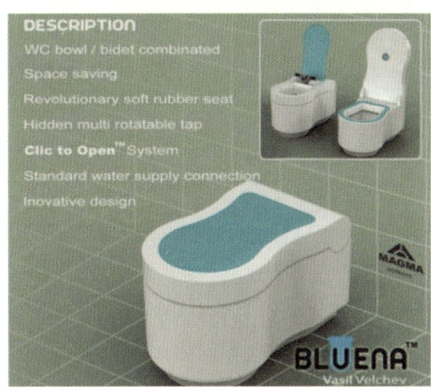

舒适度设计

缺点:	改进:
·马桶抽水声太大	·马桶材质或内壁做静音设置,冲水时自动翻下盖子
·马桶坐着不太舒服	·改变马桶盖的形状,适合各种尺寸
·坐垫太冷	·I 坐垫有自动加热功能 II 马桶外侧下方有向上吹的暖气
·蹲坑式长时间会脚酸腿麻站不起来	·I 门及墙壁处增设把手,缓解使用者压力 II 坐式马桶两侧增加扶手,帮助残疾人士
·盖子翻起来不方便	·设置按钮,机械控制马桶翻盖
·使用马桶的时候太无聊	·感受交互式马桶 I 水箱底部增设播放器,使用马桶便享受音乐(偶尔也能防止 MP3 掉进……) II 挂壁式马桶上方放有屏幕,使用者可以和其进行交互

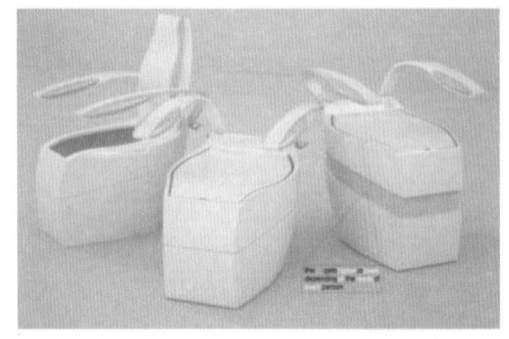
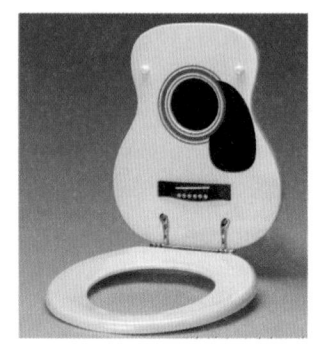
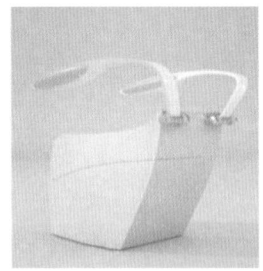

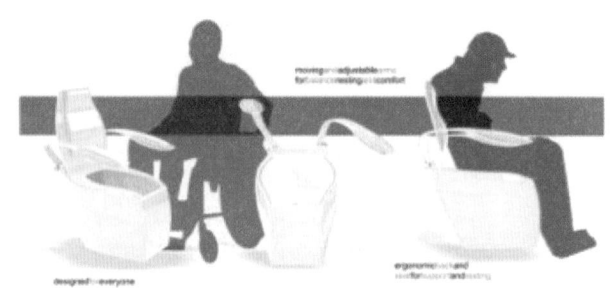

功能性设计

缺点：	改进：
·马桶两次冲水间隔太长	·马桶水箱一分为二，每次冲水时用一半水箱的水
·高度不可调节	·I 挂壁式马桶可设有垂直方向移动工具和固定工具 II 其余式样可设有按钮，按按钮，即有"上上下下的享受"
·没有适合宠物用的马桶	·设计宠物专用小马桶，自动冲水免清理
·马桶容易坐得时间太长	·马桶具有计时功能，当超过一定时间，即发出警报，以免有些废寝忘食之人坐上面看书时间过长而得"痔疮"
·冲水力度不够	·增加抽水动力，下方多一个吸力装置什么的
·马桶盖的大小不能满足各类人群的需求	·适应老年人的马桶 I 马桶和管道分离，可以变成痰盂。 II 具有遥控功能，方便晚上行动不便者

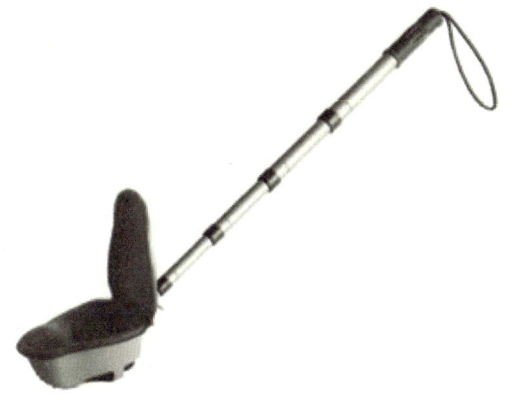
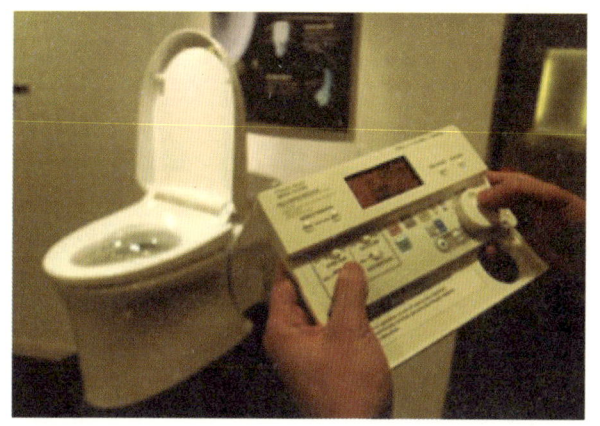

环保设计

缺点：	改进：
•不节水，水箱中的水没得到充分利用	•管道改良，回收利用洗衣机和洗衣池等废水
•放水量不能控制	•设有不同等级的抽水按钮或时可以根据角度或力度调整水量的扳手

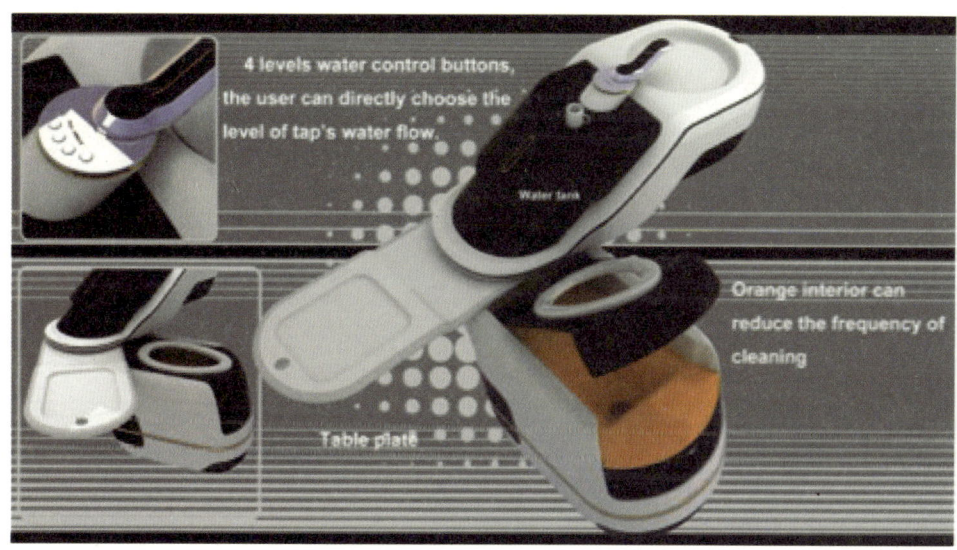

[案例二] 我的鞋子——KJ法分析（李洁）

经过KJ法的分析法，从功能、形态、选材、环保及商家策划等方面分析归纳出以下的结果，同时根据分析的结果，对原来的鞋子进行重新的改良设计，突出原来的优良的地方，改善不足的地方。

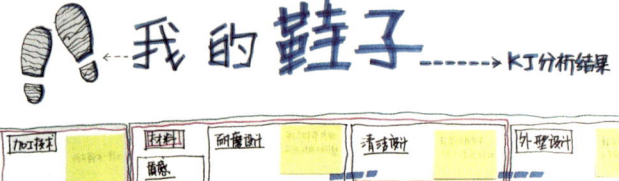

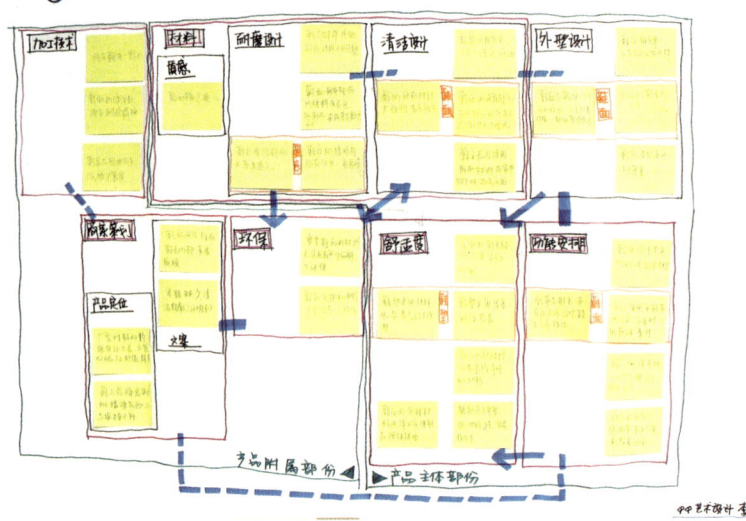

鞋的KJ分析

1. 功能分析
1) 优势　（在改良设计中对于这一点更强调）
　　对于消费者来说，这双鞋最大的优势在于鞋跟的高度（在鞋跟前半部的斜面设计优于同类型的厚底鞋，更符合人体工程学）。
2) 缺陷　（在改良设计中对这些问题进行一定程度的解决）
　　(1) 使用时程序比较复杂（系鞋带）
　　(2) 忽略了部分细节的处理（鞋舌及鞋口处）
　　(3) 缺乏创新设计
　　(4) 抗老化和清洁（表面和内部）
　　(5) 对舒适度的考虑还欠缺

2. 形态分析
1) 优势　（在改良设计中对于这一点更强调）
　　运动鞋的休闲式样
2) 缺陷　（在改良设计中对这些问题进行一定程度的解决）
　　(1) 颜色的单一性
　　(2) 总体造型显得笨重
　　(3) 表面的选材搭配不当（包括绿色环保问题）
　　(4) 缺乏创新设计

3. 厂商策划及定位分析

1）优势　准确抓住当时的流行趋势，有着较好地卖点

2）缺陷

（1）商标、标注过于简化

（2）缺少清洁指南及售后服务指南

（3）正品定位时期过短

（4）加工方面有待改善

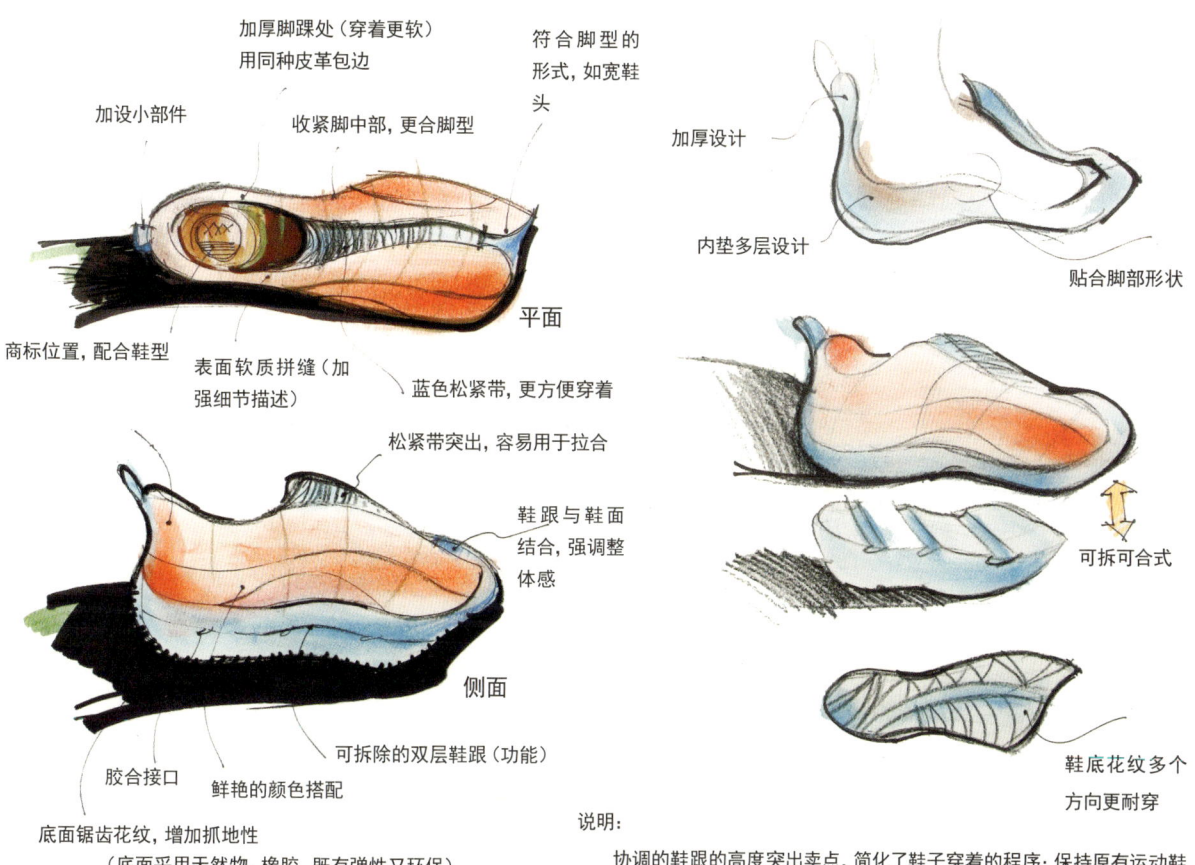

说明：

协调的鞋跟的高度突出卖点，简化了鞋子穿着的程序；保持原有运动鞋的风格，选用鲜艳皮革的整体设计；双层鞋跟设计可在任何场地穿着，而且方便清洁；贴合脚形的设计，更符合人体工程学

"KJ法"是一种设计之前列举现有产品缺点的方法，这种方法能帮助设计者更好地为所设计的产品进行定位。"我的鞋子"较好地分析了鞋子的功能、造型等因素，使之设计出来的产品可以更好地适应市场的需求。

[案例三] 洗衣机的KJ法分析（韩露）

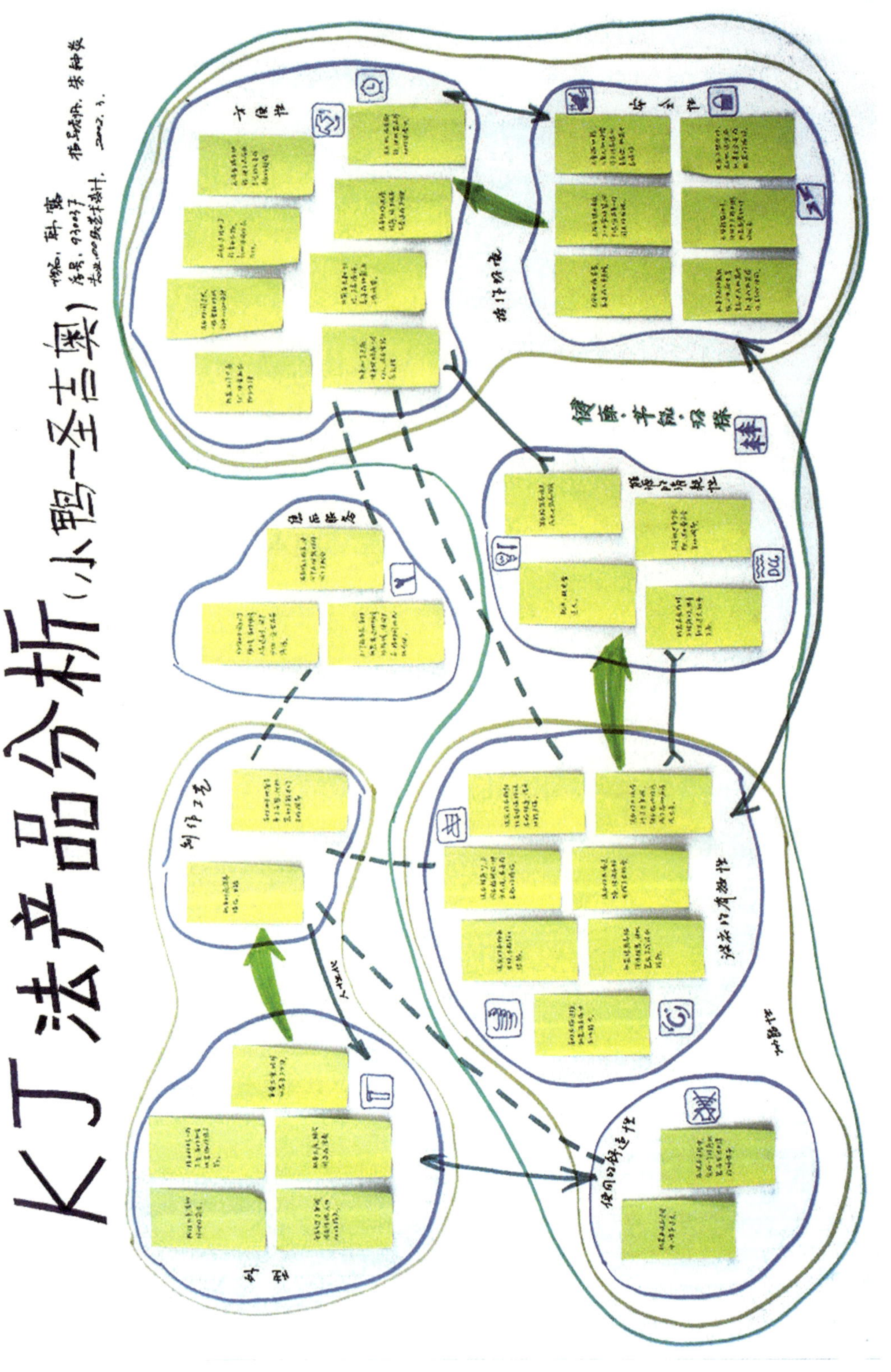

改进策略		
造型	按钮隐藏 外观简洁 180°开门 大景观视窗 可随心换彩外壳 可移动的四个调节脚 40厘米	·机身超薄,而洗衣机容量丝毫不减,为您提供更宽松的生活空间 ·外形可有多种风格,典雅的欧洲风格 ·外观色彩可有许多种,可根据心情、室内风格随时换 ·重量可减轻至50公斤以下 ·大景观的透明视窗将洗衣的过程展示给用户 ·由于洗衣机功能日益增加,使机身上的按钮越来越多,现在把这些按钮隐藏起来,使外形更简洁,更时尚
使用的舒适性	静音悬吊 减震吊杆	·在洗衣过程中以优美的音乐代替单调刺耳的噪鸣声,使洗衣成为一种享受,使生活更富情趣 ·采用2～6级变频电机运用于洗衣机,实现无齿轮、低噪声洗涤方式,另外可采用创新的静音悬吊减震吊杆,吊杆采用可变阻尼设计,洗衣桶脱水高速旋转时充分显示减震效果
制作工艺	调节脚 可作上下左右调节图上	·箱体外壳经过磷化、电泳、喷漆三层处理,一次成形,无焊点对接可使用20年以上不生锈、不变形 ·设有调节脚,按地面的实际情况,保持机器水平位置
使用的安全性	自动断电 250V 150V	·重锁功能,防止洗涤时的误操作 ·安全供水系统,万一水管破裂,机器会自动切断供水 ·安全电源装置 ·宽电压设计,当电压在100~250V推动时也能良好地运转 ·防鼠底板有效保护洗衣机的内部线路 ·机器智能检测,养护维修省心省事
使用的方便性	无孔内桶 衣料不会受损 采用抗菌材料	·在洗衣过程中,可随时拿取衣物 ·快速洗衣可在15分钟内完成 ·无孔内桶,防止二次污染 ·开门装置符合人体工程学

	180°自动按钮开门	·有洗涤预约程序, 提高效率 ·洗衣机设有脚轮, 方便移动 ·开门180°, 使拿取衣物更自由方便, 电子按钮自动开门 ·语音提示功能, 适合各类人群
节能性	节能球阀	·设有"衣量自检"功能, 放有多少衣物, 机器能自动感知, 由此决定相应的进水量, 可大约节省30%的水 ·设有"节能球阀", 防止洗衣粉流失, 污水回流 ·节能烘道设计, 恰当烘干温度, 热量散失更少, 又节省电能
洗衣的有效性	熔化流 翻转流 喷射流 松解流 按压流 揉搓流 循环流 滤净流 漩涡流 安心流	·内储15分钟洗涤程序随衣运转, 将水温、时间、转速三者进行最佳组合, 创造出最为适合的洗涤方式 ·具有"泡沫自检"功能, 会自动判断是否增加一次漂洗, 使衣物彻底清爽, 不留洗衣服味道 ·具有"客观漂洗"功能 ·具有"强力去污"功能, 机器会自动增加搓揉时间和强度 ·具有"防皱免熨"功能, 机器在把衣物甩干后, 会自动抖散均匀, 减少皱痕, 节省熨烫时间 ·设有超级立体喷射水流, 对衣服上的污垢进行分解、扫尘、冲击与剥离, 从而达到彻底洗净衣物 ·机器主要部件采用"纳米"技术, 对真菌的灭菌率为100% ·热水洗衣, 洗涤剂溶解更为充分, 活性更强, 彻底杀灭细菌和微生物
售后服务		·提供24小时上门服务 ·当机器需运回维修站时, 免费提供备用机 ·与客户约定准时上门服务

[案例四] NOKIA8210 改进方案（计凌）

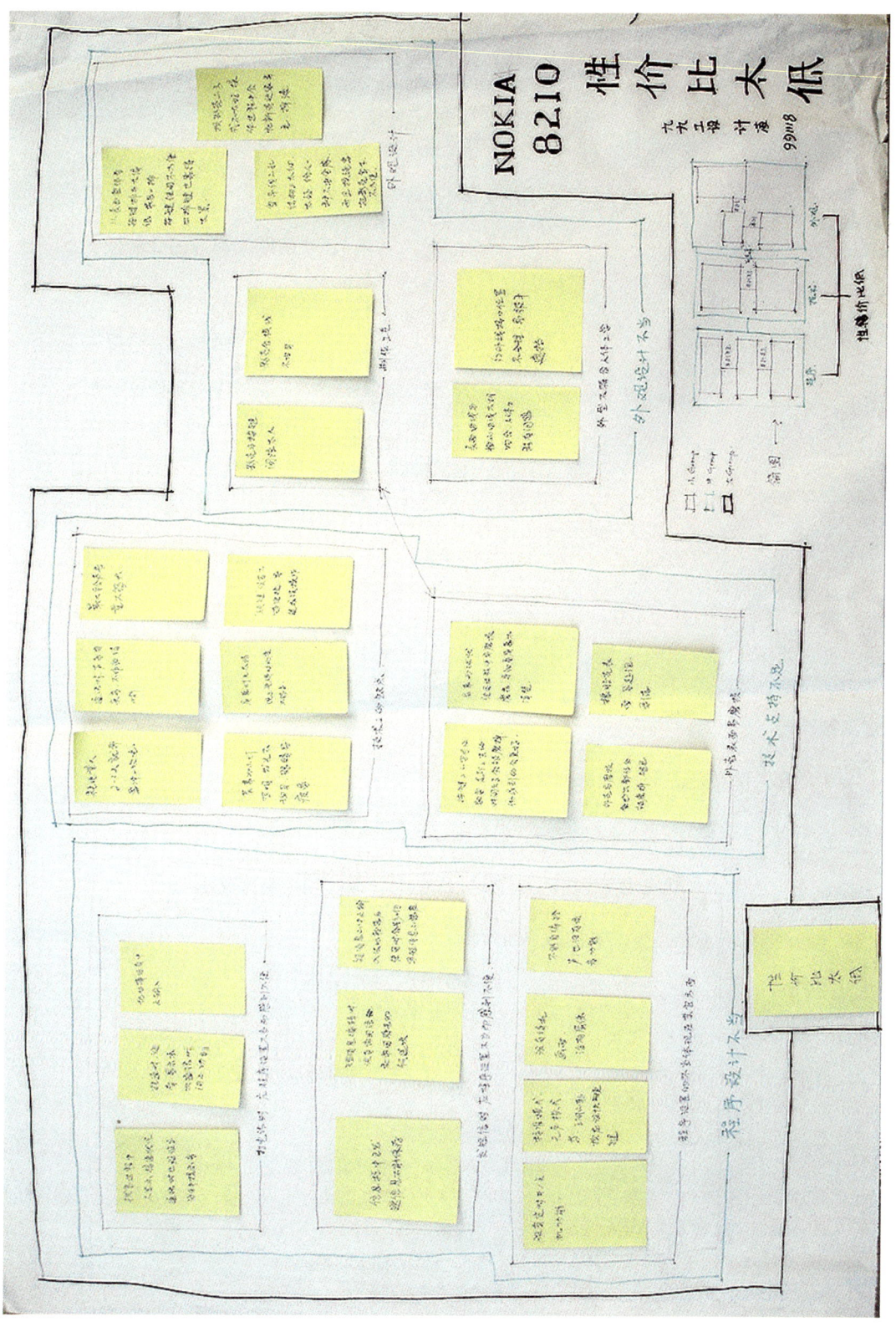

1. 外观设计改进

(1) 原先按钮排布太密,按键都太小
——改进方案,略作放大。

(2) 原先屏幕为球状凸起,极易磨损
——改进方案,表面作成略带下凹式。

(3) 原先穿吊线的孔结构上很弱,在一表面上,且穿带要取下彩壳,极不方便
——改进后,在两个面之间打孔,既牢固又方便。

(4) 红外线接口原先位置易被手遮住
——改进方案,移动前端,这样互传信息比较方便。

(5) 关机键原先设计得太小
——改进方案,有凹陷,这样便会减少误操作的可能,但面积略作放大。

2. 技术支持改进

(1) 屏幕应改用液晶屏显示,这样的照明方式,光线比较均匀、柔和。

(2) 在外壳制造工艺上应加以改进,原先磨砂的橡胶壳表面很漂亮,但易起泡,剥落后逊色很多,所以在这个环节上的制作工艺要加强改良。

(3) 按键上的字母和数字现在是印上去的,易被磨掉,做成刻的,会比较好。

(4) 电板的容量可以加大,这样可以延长待机时间。

3. 程序设计上的改进

(1) 拨号过程中,画面一直显示 正拨号 ,建议在电话接通后,能改变一下显示如 正连接 。

(2) 应增加显示通话时间的功能。

(3) 在通话过程中,应在 55″、1′55″ 等时间加上提示音。

(4) 短消息编辑时,应提供一定数量的常用语选项,如"信息已收到、现在忙,稍候给您电话"等。

(5) 标准模式、无声模式等模式间的转换,不应进入一层层子菜单才可以转换,可以在机身上设置移动式按钮或键盘上设置快捷方式。

[案例五] 数码相机 KJ 法案例（何蕾）

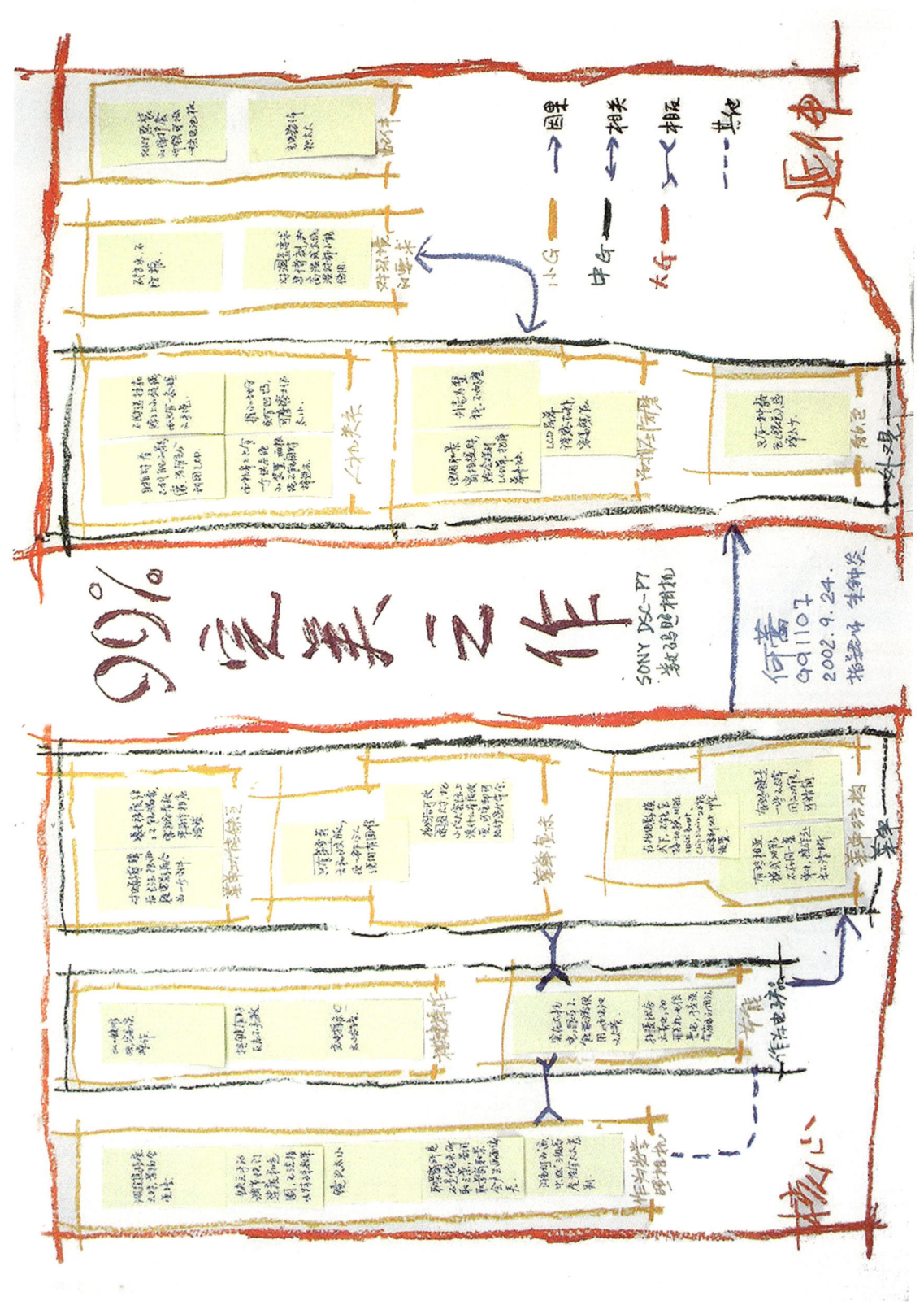

DSC-P7 改良设计报告书

A 按键

方向键和 OK 键位于中央稍稍突出，便于操作，这样就不会在想按 OK 键时，却按了方向键。

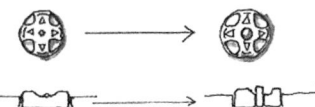

B LCD 液晶屏

液晶屏可 360°旋转，各方向拍摄时拍照人都可以看到屏幕；这样屏幕也就可收起，避免磨花；用取景窗时脸不会蹭到屏幕了

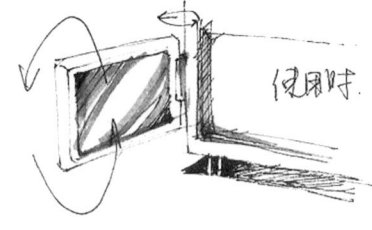

C 机身外壳

①颜色：除了银白色外，可增加金色、银蓝
②材料：外壳选用钛合金材料，手握的地方用软性材料，增加手感
③挂钩：挂钩洞加大，使可容纳两根绳：腕带和颈带

D 光圈

另增自控光圈模式，为使用者提供多一点机动性，推出特殊效果

E 镜头

①镜头大一点，成像质量将更好
②4 倍光学变焦，扩大取景范围

F 取景窗

取景窗通过镜头取景，真正做到"所拍即所见"

G 功能

①增加一个节能状态——不处于拍摄状态但也不关机，最大限度地省电
②可同时给光正常曝光 ±1 级 3 种程度，取最合适保留
③DV 剪辑成几段后有"合而为一"命令，新 DV 不仅连贯，而且还是一个文件

H 菜单

①不能执行命令显示为灰色，让使用者一目了然
②另增中文、德文、法文版菜单语言
③当处于电影拍摄状态下，能直接切换 MPEG、Multil Bunt、Clip Motion3 种模式，这样更符合使用者的心理习惯
④"宏"（✿）不常用，且属于特殊景物拍摄的范畴，可把它与"夜景"、"大风景"归于一类

[案例六] 充电气的亲和力（张晔）

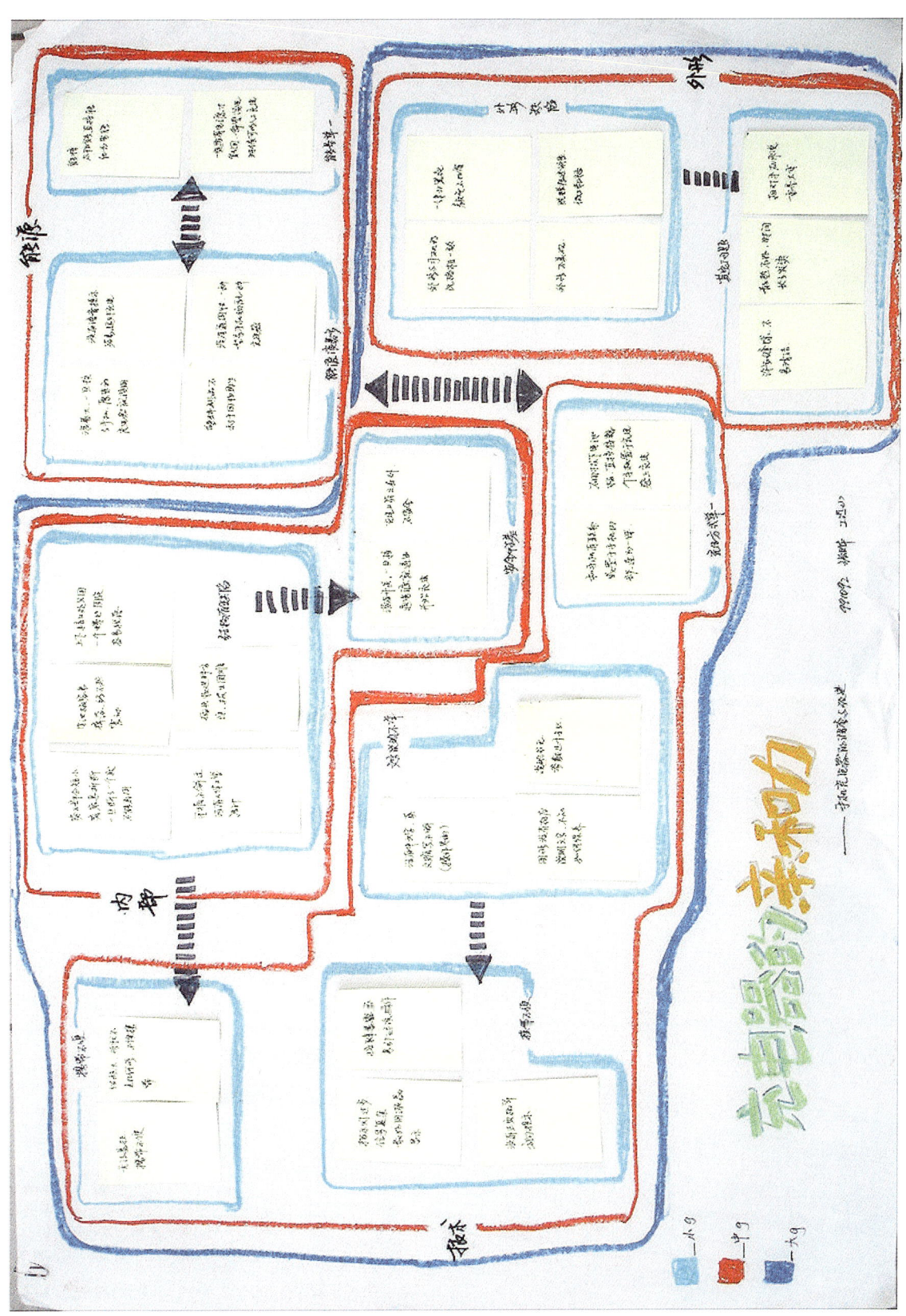

第五章 信息组合法

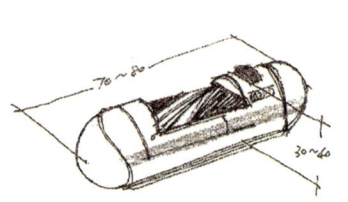

↟ 体积小,可以随身携带

增加收音机功能
耳机插口

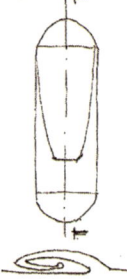

↟ 背面及剖面
像笔一样别在上衣口袋内,夹子与机身相连,不易掉落

↟ 充电接口可以从充电器中拔出,电线影藏于机身内

1

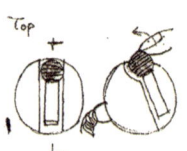
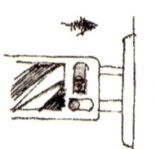
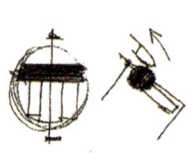

↟ 充电接口,平时埋入圆球,充电时用手拔出,半球露在外,方便施力,同时能保护接口免受损伤

↟ 充电时能看到液晶屏

↟ 插头也能埋入机体内,防滑条增加摩擦力

↟ 手动电能手柄,在没有电源时临时充电,手柄可伸缩为中空

顶视

2

通电 充电开始 充电完成 使用收音机功能

左:充电量百分比
右:日期,时间
指示图标

↟ 小图标示意图
从图标判断状态,下附文字
·充电完成时,有音乐或声音提示

电源开关
加防滑条

↟ 位置
开关只将防滑条露在外,避免误操作

作为收音机时,显示频率

3

↟ 基本布局

耳机接口

收音机开关

太阳能电池板

商标

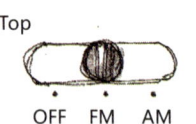

Top
OFF FM AM

↟ 总结
指导思想:把充电器变为可随身携带的有独立功能的用具,外形有亲和力,指示系统及开关各部分让人乐于操作

使用有乐趣,而非仅为充电本身,时间仓促,尚不完善

[案例七] 手机（吴昱）

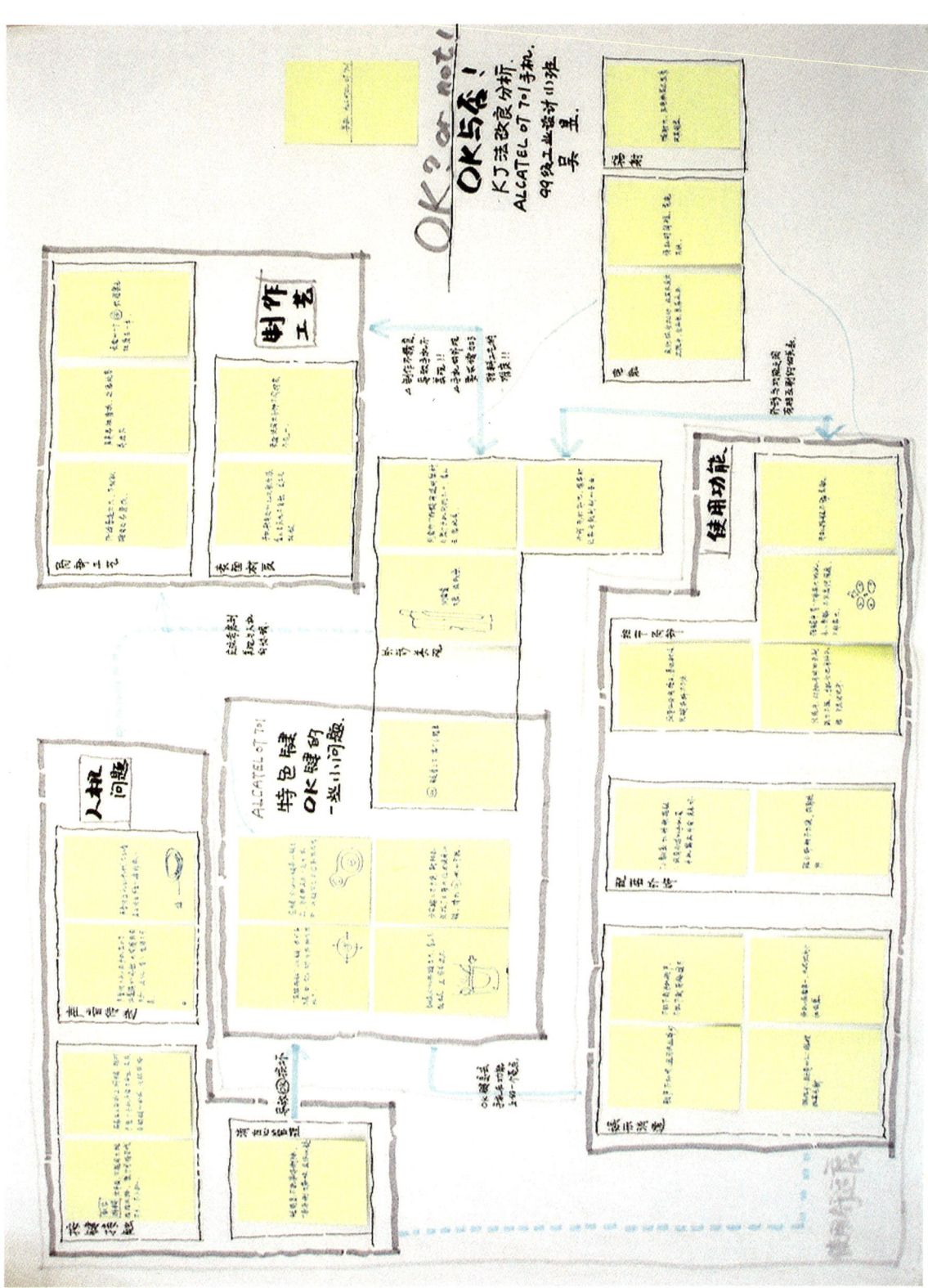

133

1. 关于 OK 键

ALCATEL OT 701
所谓"OT"即 one touch 的意思，用一个按键。估计其灵感来自游戏手柄，可以上、下、左、右四个方向控制，还可以按下确定，是一个"五维"键 one touch 的这个"OK"键可是说是 OT 系列的一个亮点

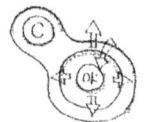

```
                                外形
                                 ├── ③在视觉效果要求下，功能使用与美观有矛盾
    外形突兀                     
      ⑦                          与周边按键的关系
                                 ├── ④误操作及内部损坏后，键与键之间功能混淆
  人机     ⑤
  手感 ──── (OK)键 ──── 制作工艺
                                 ├── ②因为制作及使用材料不良造成损坏
     ⑥
  不当的功能，                    菜单功能
  使 OK 键处的                    ├── ①功能过于集中，按键使用寿命会缩短
  使用过分重复
```

改良设计：

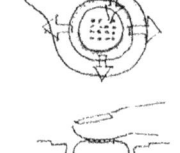

①增加一些快捷命令，如选定某项后，按拒接键直接删除
⑥增加短信息群组删除
②选用寿命长的材料，尤其是按键底部的接触物要质量高
④键与键之间在内部适当隔开
⑤ OK 键面积扩大，在顶面做突起的小点，增加摩擦，确定已按
③表面不要写 OK 字样

2. 其他功能

①手机各个细部位置

②菜单内功能增加
　△信息组群编辑
　△待机画面铃声下载
　△娱乐游戏
　△铃声多选择

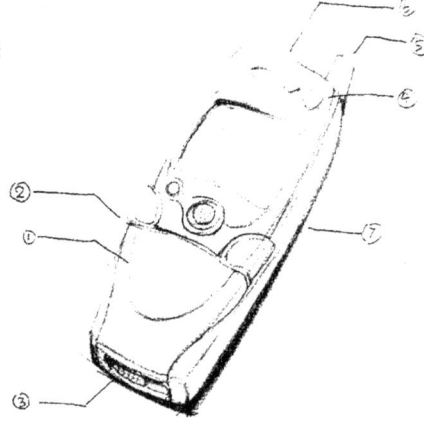

①各不同面之间拼缝应当做精致
②翻盖处的合缝改小
③底部充电口做得含蓄一点
④右上角的快捷按钮沉入一点，现在太突出
⑤天线短一点
⑥顶部增加挂坠饰的孔
⑦电池板与机身咬紧，不要松动
⑧翻盖打开等侧面按钮做成金属质感，目前是半透明塑料，太显虚假

四、形态分析法

形态分析(Morphological Analysis)是美国加利福尼亚理工大学宇宙学教授弗里茨·齐基博士(Dr. Fritz Zwicky)创造的分析方法。该方法要探求一切的可能性,并将它们组合起来,以图解来表示。这些独立构成要素可称为独立变项,是形态图表的轴心,有多少个独立变项,就可以构成多少维的图表,通过以各个轴心作为变项而构成矩阵,从不同角度对这一组合进行综合运用,来探讨一切可能性。

形态分析法的程序是:

(1)以通俗易懂的形式正确记述需要解决的设计问题。

(2)筛选有助解决问题的独立构成要素(独立变项),并下定义。

(3)绘制形态图,形成包含解决给定问题的多维矩阵。

(4)紧扣设计目标,分析形态箱中可解决问题的各种决策。

(5)选择解决问题的最佳决策。

例如对儿童玩具设计的分析,首先必须考虑设计的玩具应有利于儿童智力的培养、有助身体机能的发育和适应儿童的年龄这三个要素。此外还应考虑该玩具是供儿童个人玩耍,还是供儿童集体娱乐,是在家庭、还是在公园的公共场所玩耍等。因此,就产生了年龄、个人的、集体的、公共的以及季节等设计要素。除此之外还应考虑与年龄相符的动态与静态的玩耍方式及室内与室外等要素。首先排出这些要素,然后绘制形态图,再认真考虑以上各组要素的组合,由此可产生好的设计构想。

不管是在雕刻的殿堂还是在设计的世界,都是一样的。米开朗基罗曾用耳朵倾听大理石的呼声;现代设计师是在用皮肤去感触每一块材料的特性,再赋予它们一个个相吻合的内容,使之成为一张桌子或是一把椅子。人类历史上制作的椅子其形态每一个都是不同的。将木头、金属或塑料的造型可能性加以展开制作的椅子,是利用材料的有限特性来构成形态。哈利·贝尔托亚(Harry Bertoia)的铁筋椅,充分体现了金属所具有的特色和美感,并将其亲切地融合到世界中。

发现材料潜在的造型可能性,将其特点扩展,从而创造出极具个性特色的产品形态(图5-3)。将眼前"熟悉"的材料赋予新的解释,就可以产生造型世界的新作品。根据某时代的功能,加以造型化,也就是说对材料的造型可能性的认识是发现材料新的功能的产物。材料与功能相互作用相互融合,产生新的造型,通过程式化固定下来并加以发展,从而进一步丰富了造型世界的内容。日常的造型之可能性,在我们的日常生活中,有很多例子都是基于对材料认识研究所发现的新功能,创造出新的造型形态。

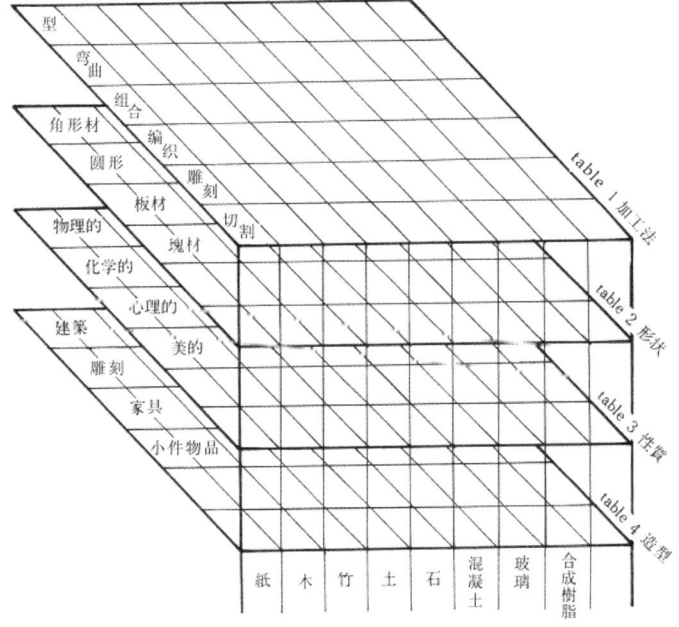

图 5-3　材料比较特性图

注:层面、项目、材料、网络根据需要进行增加。

网格根据每个层面来选,竖的方向进行组合是具体的物体造型,两个以上重叠的组合,就可扩大造型的手段。

第六章 类比适合镶嵌法

- 仿生学法
- NM 法
- 构造法

一、仿生学法

仿生学法（Bionics）是从生物学（Biology）派生出的一门新学科，是美国空军宇航局少校 J.E. 斯蒂尔发明的"从生物界的原理和系统中捕捉发明灵感"的类比构想法。其研究的出发点侧重于对生物系统的自由模拟。特点是：以生物系统为基础，具有其特点，与其相似，以此来进行设计构想。方法如下：

（1）对生物系统进行研究。如类似的造型、色彩、图案、动作、能量、速度、感觉等，研究过程如图6-1所示。

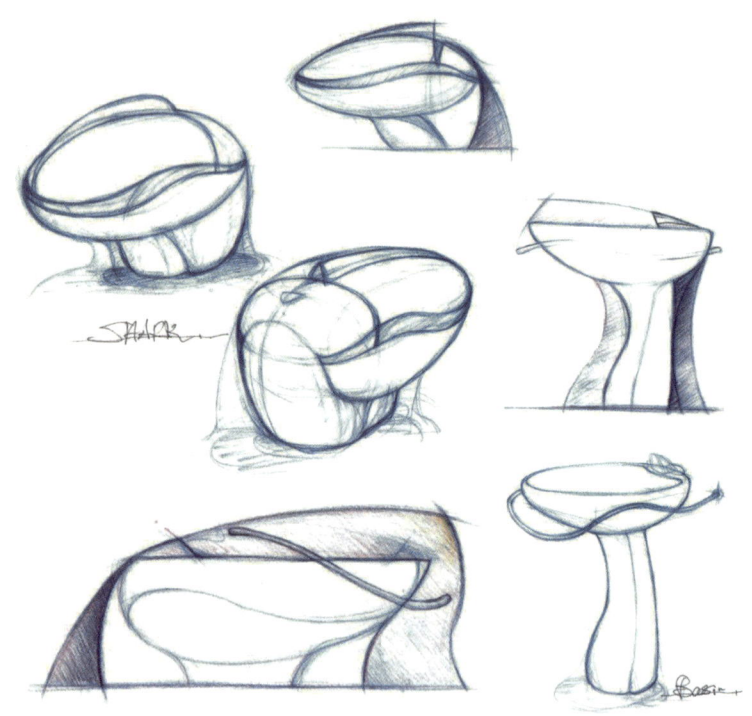

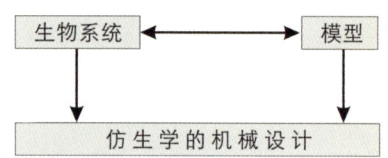

图 6-1 生物系统研究过程

（2）模仿模型。这里所指的模型不仅是物理模型，包括所有可以使用的模型。近来还有应用计算机或数学模型来进行模仿，由这些模型带来启示而产生新的方案的。

图 6-2 非常生动地把鹈鹕和鲨鱼的形态运用到了简洁的卫浴设计当中，流线型的造型非常有亲和力，也许这就是大自然的魅力吧。设计者也在无穷地探索仿生学的奥秘，人与自然的亲近和谐。

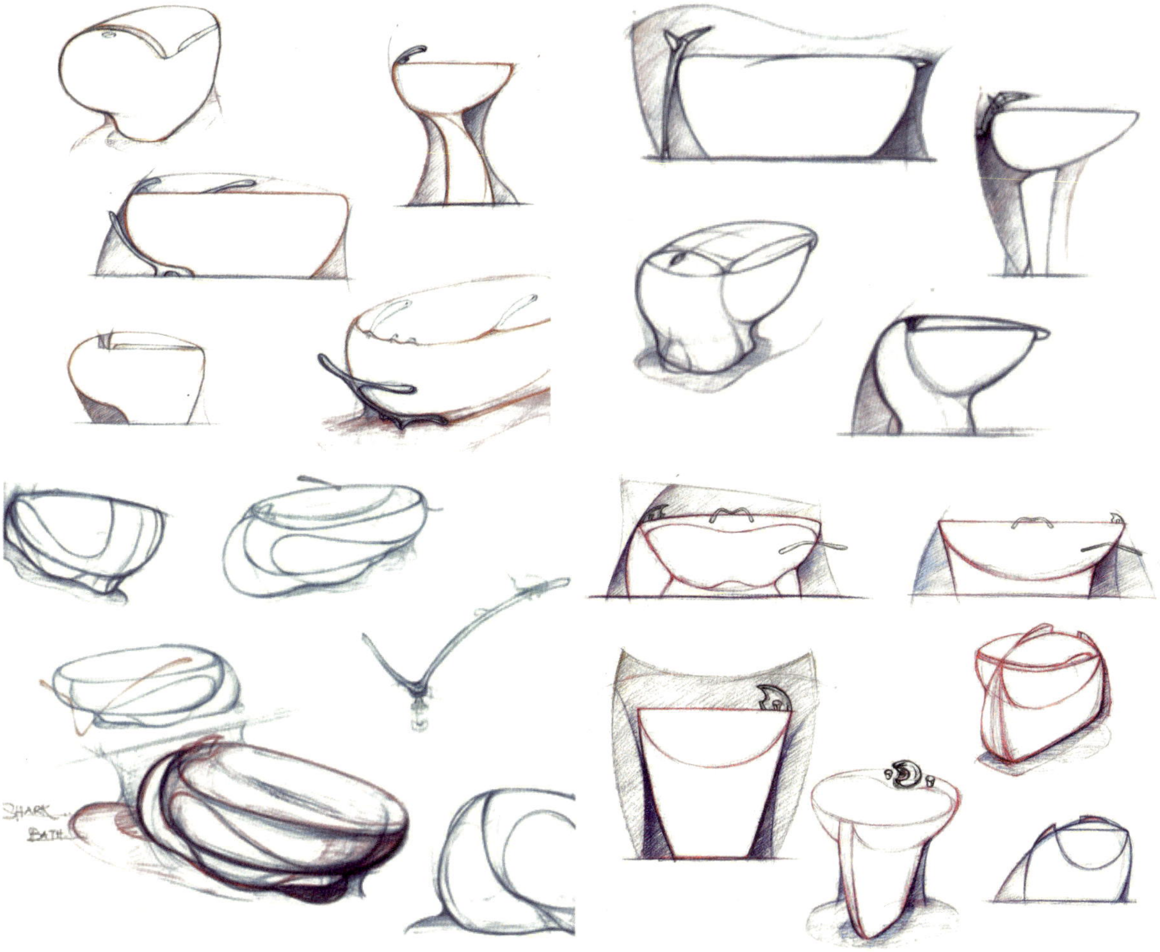

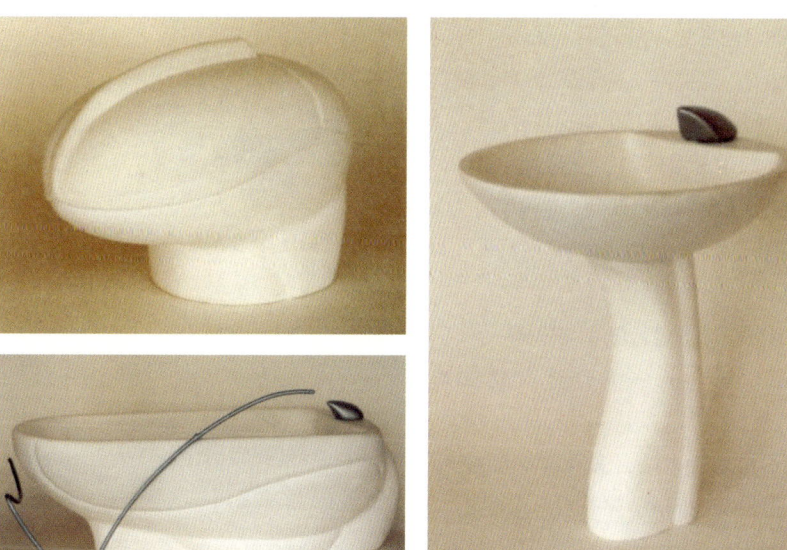

图 6-2 从鹈鹕、鲨鱼的形态得到启发进行的卫浴产品设计（陶涛）

二、NM法

"从其他物件中得到启发"并进行逻辑推理的发想法,是20世纪60年代中山正和氏的发明公司所使用的方法,并以中山正和氏的姓名罗马字首NM来命名。

发明家在面对难题进行苦思冥想的时候,忽然从偶然出现在眼前的东西或梦中出现的梦境获得灵感,成为解决问题的线索,这种的传闻很多。

开始时,看上去没有什么关系的事物和现象"直观"的地与课题联系,于是就浮现出了意想不到的发想。"NM"法将这种现象称之为"异质结合"。

NM法,对任何人来说都是一种很容易掌握的阶段化的创造性开发技法。其目标是提高人的直观力。

任何困难的课题,大多数情况下,在自然界中都存在着解决的方法。问题是,如何直观地发现与课题没直接关联的但可以加以联系起来的解决方法。

异质结合的障碍是自己已经形成的概念、常识与逻辑。即使是想自由地进行发想,却往往仍然停留在自己的常识范围内,这样是决不会产生有独创的想法创意的。

NM法,将要解决的课题加以单纯化,明确化之后,再把创意想法阶段性的从课题中分离开。让发想有意图地从常识中跳出来当飞跃到一定程度时,再回到课题。

(1) 准备阶段

首先按常理进行思考,在一些人一起进行讨论(discussion)时,花些时间,按常理思考解决问题的方法。按常理思考解决方法出来了,那么就按此使用去解决问题。如果按常理思考想不出好办法的话,就转去运用NM法。

(2) 具体课题的定位

在按常理思考过程时,将问题进行分解、整理,自己设定要解决的本质问题。例如,能知道气压热水瓶中水量的装置,这时,如果课题设定为"制作能卖的热水瓶",则不妥当。

(3) 提出关键词(KW, Key Word)

将课题抽象化,提出一些单纯的关键词,写出表示课题本质的"动词""形容词"或者"名词"。例如,气压热水瓶中的"测量"、"可见"、"告知"等(表6-1)。

(4) 从关键词到问题类推(QA, Question Analogy)

这一步就进入正式的发想阶段了。针对各关键词,思考有没有类似的东西、有没有相关联的事物,大量提出相类似的事物。NM法将此称为问题类推。在提出QA时,不要拘泥于课题,这是关键。如"可见—烟雾"、"告知—电话"等。由此浮现出来的事物,要大量的写出来。如果不限时间的话,最低不少于500个QA是最理想的。

(5) 思考QA是"如何起因的(QB, Question Background)"

QA思考是如何起因的?是什么东西?是如何形成的?这称为问题背景(QB)。

例如:QA为"烟雾",QB则为"火灾"、"黑的"、"上升气流"等。如此大量地写出来。在这里,直观很重要,不要使用专业术语,如果无法用语言表示,就用草图来表示。

(6) 问题构想(QC, Question Conception)

使用"问题背景"以取得解决课题的启示,问题背景对于解决课题能起什么作用?能给我们什么暗示?

使用QB解决课题来思考方案,称之为"问题构想"。

QC思考时避免这个"不能使用",那个"无价值"的思考方法。不管可行不可行,所有的QB都必须进行,如此尽可能多地提出方案来。如果无法用文字表示就用草图、示意图来表达。

(7) 从QC中寻找金点子(闪光的构想),加以整理、分析、讨论

将问题构想中涌现的方案,排列在桌上或贴在墙上,然后组织设计小组全员一起讨论,寻找金点子。如果找到了,以此为出发点,收集补充的构想以及能一起使用的构想,并整理发想的过程。如果用KJ法来整理、讨论QC,效果将更好。

(8) 最后的设想方案确定后,就加以实践与检证

绝对不要害怕失败。如果害怕失败的话,那么尝试新的设想(New idea)就毫无意义了,永远不会有成功。万一失败的话,应分析为什么失败,分析结果作为下次新的设想的参考。

如以下案例,MN法研究课题"轨道交通公共座椅,如何提醒到站"。从四个概念提出问题到提出设计构想,最后用"KJ法"再定义。

参考

测量	烟雾
帮助	鸣叫声
○可见	电话
鸣笛	光
明了	文字
○告知	胃痛
感觉到	热
	咳嗽
	小孩
	汽笛音
	电笛(警笛)
	风琴(八音盒)
	传言板
	语言
	风鸟钟
	BB机
	目

表6-1 参考关键词

[案例] 轨道交通公共座椅设计（杨一峰、刘震元、唐砚勋、李元凯、孙文砾）

课题：轨道交通公共座椅　　　　　组员：杨一峰　刘震元　唐砚勋　李元凯　孙文砾

KW Keyword	QA QuestionAnalogy	QB QuestionBackground	QC QuestionConception
听	语音 / 音乐	事先录音，即使播放	座椅面顶端两侧装置扬声设备，当插卡后，计算机系统便控制在到站时启动声音，当拔卡后停止声响
	话音 / 铃声	录音机或震铃器	靠背顶端单侧连接扬声装置，当插卡后，计算机系统便控制在到站时启动马达，当拔卡后停止声响
	闹铃 / 响声	弹簧及时间控制卡口	上车后将卡插入扶手，计算机系统便开始计时，当到站时，扶手上的扬声设备发出铃声，提醒到站
	警铃 / 噪音	扬声器或录音机	插卡后，卡自动嵌入插口，当到站时，计算机系统便使座位靠枕两侧的发声器发声，提醒到站
	鼓声 / 轻唤	音效处理	插卡后，卡自动嵌入插口，当到站时，原本嵌在座位顶端两侧的扬声器将自动转出，并发出提示音，提醒到站
	重音 / 节奏	规则或不规则的周期变声	插卡后，卡自动嵌入插口，当到站时，计算机系统便会控制特定的单个扬声设备发声，提醒到站

课题：轨道交通公共座椅　　　　　组员：杨一峰　刘震元　唐砚勋　李元凯　孙文砾

KW Keyword	QA QuestionAnalogy	QB QuestionBackground	QC QuestionConception
闻	刺鼻 / 香味	特殊气体	座椅靠头两侧有气孔，当插卡后，计算机系统便控制在到站时散发出让人醒来的气味
	气味 / 烟味	模拟烟熏的气味	靠垫周围设有气孔，当插卡后，计算机系统便控制在到站时让气孔散发气味，催人醒来
	臭味 / 气熏	氨气等难闻气体	插卡后，卡自动嵌入插口，计算机系统开始计时，当到站时，座椅两侧的气孔发出气味，提醒到站
	熏香 / 蒸汽	加热使液体蒸发	插卡后，卡自动嵌入插口，当到站时，计算机系统便控制扶手上的气孔发出气味，提醒到站
	清香 / 浓香	香源散发香气	插卡后，卡自动嵌入插口，当到站时，计算机系统使座面上的气孔散出气体，提醒到站
	暗香 / 淡香	鼓风设备和香源共同工作	插卡后，卡自动嵌入插口，当到站时，计算机系统使鼓风机吹出香源的气味，提醒到站

KW Keyword	QA QuestionAnalogy	QB QuestionBackground	QC QuestionConception	
视	色彩	温度控制色彩	用温控器来控制某一区域的色彩，随着路程的变长时间也变长，温度逐渐升高导致颜色变化	
	变色			
	灯光	发光二极管	乘客事先输入要下的站，到站前计算机会控制发光二极管发光使得椅子整体变亮提醒乘客	
	LED			
	发亮	灯光和发光二极管	插卡后，卡自动嵌入插口，计算机系统开始计时，当到站时，整个椅子背后的显色板会在灯光照射下发出极亮光线提醒	
	闪光			
	液晶	屏幕显示	每张椅子都配有液晶屏可显示地图等导航系统，也有娱乐频道。到站时屏幕会显示到站提示信息	
	彩屏			
	图像	数码模拟器可以模拟人的面部表情或者显示图像也可用液晶屏来完成	插卡后，卡自动嵌入插口，当到站时，计算机系统使扶手上的金属片自动弹起，上面的图像会显示提醒到站的信息	
	表情			
	数字	液晶屏显示	插卡后，卡自动嵌入插口，座位旁的导航系统开始计时并显示站名路程等，到站时站名会闪动提醒	
	文字			

课题：轨道交通公共座椅　　组员：杨一峰 刘震元 唐砚勋 李元凯 孙文砾

KW Keyword	QA QuestionAnalogy	QB QuestionBackground	QC QuestionConception	
动	移动	旋转式电动马达	座椅面下方装电动马达，计算机系统便控制在到站时启动马达，马达转动，使靠背移动或晃动	
	晃动			
	震动	马达及共振器	靠垫与共振马达连接，计算机系统便控制在到站时启动马达开始震动或转动，乘客离开座位就停止	
	转动			
	前倾	特制弹簧	按键后，当到站时，计算机系统开始计时，当到站时，后面的弹簧顶住靠背向前移或向前倾产生压力，提醒到站	
	前推			
	下移	运动槽下降和上抬装置	按键后，放心休息当到站时，计算机系统使乘客头上的软状装置下降或安全装置上抬，提醒到站	
	运动			
	枕头	电子震动装置和特制枕头	按键后，戴上脉搏片或垫上枕头，当到站时，计算机系统使装置震动来提醒乘客	
	脉搏			
	扶手	电子弹簧	按键后可安心休息，当到站时，计算机系统使扶手或座位面下移一段距离，提醒到站	
	底部			

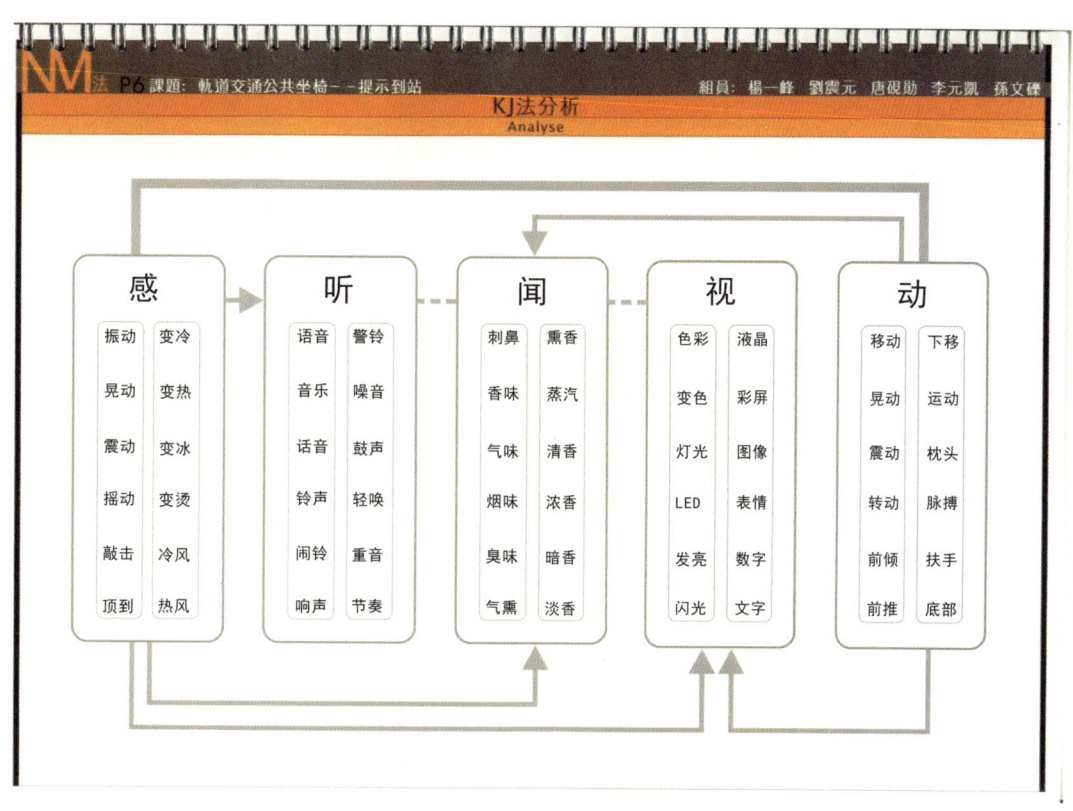

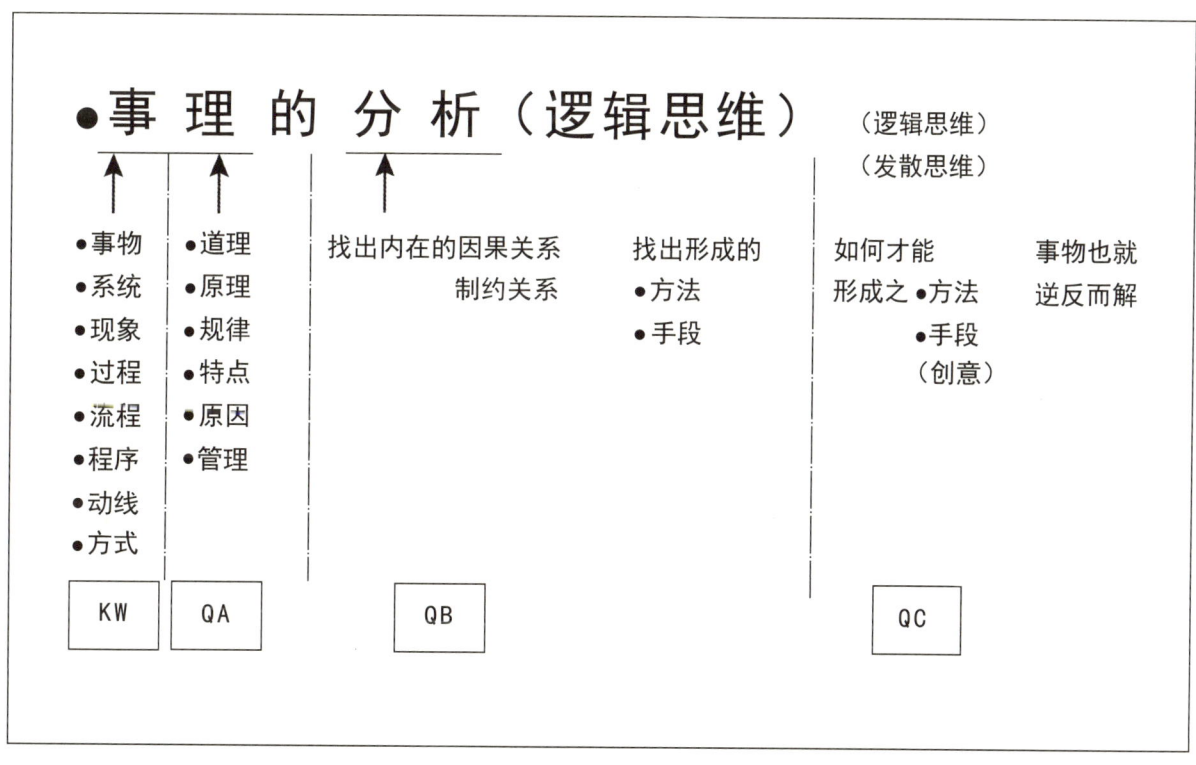

图 6-3 事理的分析(逻辑思维)

三、构造法

| 构造： • 组合不同
 • 功能需求
 • 不同材料 / 不同构造 / 不同结构，不同材料。 功能 | • 根据功能，改变构造
• 根据功能、用途形态，改变构造
• 改变构造产生新形态 |

一件产品的构造是指由各个组件所构成的整体形状。

工程设计人员通常负责产品的功能和性能的表现，而工业设计师专注于产品的操作模式和外形。所以决定一件产品的构造是两者的共同责任，需要互相配合和协调。

产品构造需要寻找工程上的手法和使用者需求之间的和谐性，包括考虑该产品所有的元素及功能如何取得各方面的平衡，之后再找出一个适当的产品外形匹配。

在短线的产品发展计划中，对现有产品的外形进行修改或取代是可行的，但是，在长线及开发新产品时，则需要将产品构造从头部署。

尤其在电子产品的领域中，科技的发展已不断地降低机械的限制（例如产品微型化）及提高产品结构的宽容度。机械结构的变化空间更大，容许更多的设计选择。所以，设计师有更大的职责去赋予产品外形更多意义及用途。

构造法的主要目的是找出一个理性的、可执行的设计方案，以产品计划概念为基础来解决机械组件或单元的功能问题。

在这过程中，多个可行的构造、组合和分拆都会被考虑。这类的研究是可以通过图像或电脑辅助科技，甚至简单的模型来进行的。

这个程序是也可以利用"集体献策"的方法，其目的是为了获得更多的构造概念，暂且不要仔细检查或轻易进行否决。集体讨论的结果往往会出现全新的概念。

如以下案例：以构造法研究咖啡机设计。

以咖啡机为例，以结构分析的方式来考虑该如何设计，可以从每一个咖啡机的示意图看出每个零件的位置放置不同，设计出的形态就迥然不同，构造法是一种由内而外的设计方法。

[案例一] 构造法研究咖啡机设计（缪科蕾）

咖啡机零件

1. 电机
2. 水壶
3. 磨豆用具及空间
4. 装咖啡粉内胆
5. 电源开关
6. 咖啡控制开关
7. 底座（兼加热区域）
8. 咖啡壶
9. 手摇柄
10. 遥控面板（公用咖啡机）
11. 顶盖
12. 漏斗
13. 指示灯

咖啡机设计

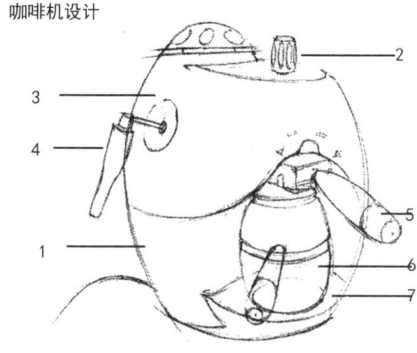

半自动豪华型咖啡机
所用构件：
1. 电机
2. 水壶开关（电源）
3. 磨咖啡粉空间
4. 手摇柄
5. 咖啡控制开关
6. 咖啡壶
7. 底座

正视
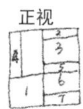

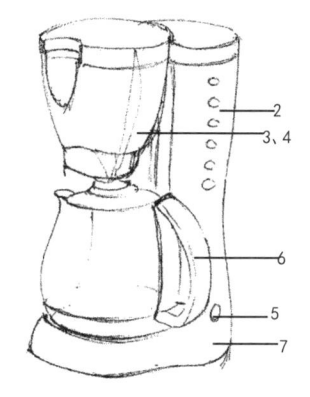

自动咖啡机
所用构件：
1. 电机
2. 水壶
3. 磨咖啡粉空间
4. 装咖啡粉内胆
5. 电源开关
6. 咖啡壶
7. 底座

侧视
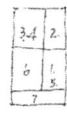

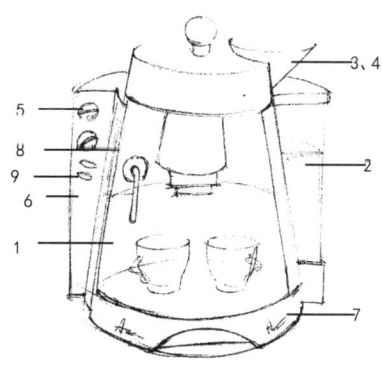

自动咖啡机
所用构件：
1. 电机
2. 水壶
3. 磨咖啡粉空间
4. 装咖啡粉内胆
5. 电源开关
6. 咖啡开关
7. 底座
8. 咖啡储蓄空间
9. 咖啡机嘴

正视

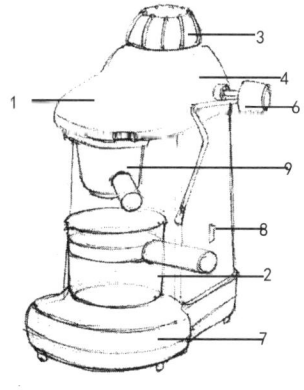

半自动咖啡机
所用构件：
1. 电机
2. 咖啡壶
3. 水壶
4. 磨咖啡粉空间
5. 装咖啡粉内胆
6. 手摇磨豆杆
7. 底座
8. 开关（电源）
9. 咖啡嘴、开关

侧视

[案例二] 构造法练习电话机设计（顾济荣）

底座部分

当使用者拿起话筒时，内部电路断开，按键区域变成亮区

半透明材料

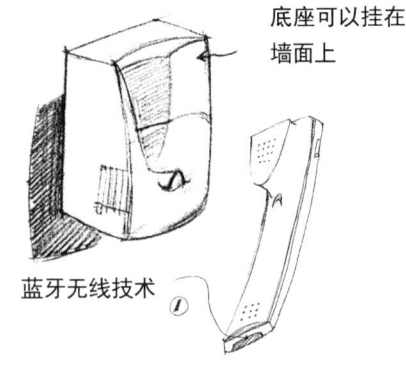

底座可以挂在墙面上

蓝牙无线技术

底座与卡通形象结合，半透明材料

按键部分

按键界面处理成片状

可翻的盖面板可使按键在不用时隐藏

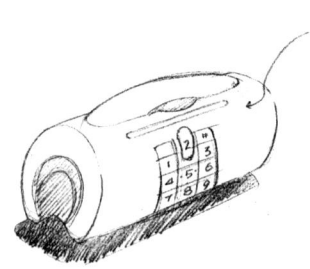

按键面板做成弧面，便于阅读

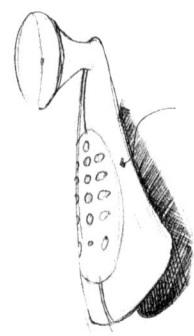

按键面板与底座、听筒结合

第七章 发想转换法——逆设定法

属性列举法可以跟逆设定法联合起来用。属性列举之后,再将其属性反过来设定,即为"逆设定法""反向思维"。

表 7-1 逆设定法样本

	假定	假定之逆向思维	逆向思维的创意
1	街边	不在街边	①地铁交通站台、车站月台上； ②小区里； ③小路上
2	有停车场	无停车场	①步行圈之内； ②有专门的送迎巴士； ③大型卡车改装而成的移动式的
3	写单点菜	非指示点菜	①通过等待室点菜； ②专用手机点菜； ③客户用电话点菜
4	有照片的菜单	无菜单	①定制套餐； ②自助餐； ③一个月的菜单都定好
5	室内很明亮	室内很暗	①放电影； ②宇宙星空天顶； ③定时关灯，烛光照明
6	服务员门口迎接	无人迎接	①进口地方放一个电视屏幕，屏幕内有欢迎； ②进口放"迷宫"类趣味性设施； ③门口放一个专门的机器人打招呼
7	有一个独立的店铺	无独立店铺，作为客房入住	①移动式店铺； ②屋顶花园类的屋外店； ③专门送货上门的连锁店
8	座位舒适	没有座位 座位狭小不适	①站着吃饭的小酒馆； ②日式或韩式的坐在地上的饭馆； ③自由的 party 式的模拟空间
9	用收款机	不用收款机	①食品厂专门提供新产品试吃的店； ②利用电子钱进行支付的店； ③会员制，一年或半年定期结账
10	以家庭为目标客户的	不以家庭为目标客户	①以独身者为中心的； ②以年轻人为中心的； ③以宠物为中心的

属性列举法可以跟逆设定法联合起来用。属性列举之后，再将其属性反过来设定，即为"逆设定法"（图7-1）。

这主要从系统上进行分类，具体分为三步。

(1)对课题进行常识列举、假说。

(2)根据假说进行反转、逆向思维再设定。

(3)根据逆向设定进行自由发想。

下面以"家庭式的小餐馆形态开发"为例来说明。

(1)根据常识，小餐馆一般设立在街道旁、设立在停车场旁、一般在桌旁进行点菜。这与属性列举法很类似。

(2)进行逆向思维，如常识"餐馆一般需要独立店铺"，逆转为"可以在别人的店铺中借地方"、"作为房客租别人房子"、"把餐馆放在屋顶"，这样就产生一种超越传统的想法。

自由发想阶段，对"不需要独立店铺"进行发想，如"移动式店铺"；对"没有收款机"进行发想，如"可以用电子钱"，"厂家提供的免费品尝商品"。

针对某一对象，除去现有的条件，考虑除此以外的各种条件、功能、材料等。

如木椅，考虑除了木质椅以外用其他材料。手机的功能除了通话功能以外增加新的功能，等等。

是否（非）

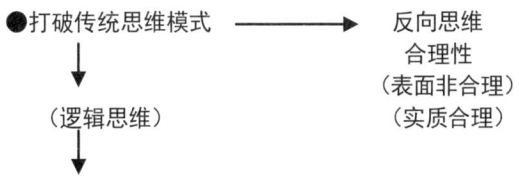

图 7-1　逆设定法

[案例]　关于街道家具逆向设定的新设想（季正嵘）

逆设定法采用了逆向思维的方式，为设计提出了新的空间，一些往往不可思议的想法却又如此的合理。

	假定	假定之逆向思维	逆向思维的创意
1	街道上布置家具	街道上不布置家具	①家具由街道两侧建筑延伸提供； ②家具布置在空中，随手可得； ③没有家具，街道具有发光的特性和可塑性
2	家具是固定的	家具是不固定的	①浮动的家具； ②不移动、变化翻转的家具； ③可拆卸、伸缩的家具
3	街道上的家具是独立地存在	街道上的家具与人结合的方式出现	①街道与家具的有机结合； ②家具与街道其他小品联合布置； ③家具有更多的功能
4	配置垃圾桶	不配置垃圾桶	①自动处理垃圾的街道； ②更大的垃圾箱（筒）； ③改变垃圾处理方式
5	固定的候车亭	变动的候车亭	①移动的候车亭（可收缩至街边）； ②可拼装的候车亭； ③冲气、浮动的候车亭
6	不变化的路灯	变化的路灯	①运动的路灯（在某一范围、空间）； ②可变换照明方向的路灯； ③可升降的路灯
7	街道上有广告牌	街道上没有广告牌	①广告牌在空中； ②广告牌在地上； ③广告牌若隐若现
8	有专人专车清扫街道	无人清扫街道	①无人清扫，自动处理垃圾的道路； ②行人带走垃圾； ③汽车车辆带走垃圾

[案例二] 逆设定法——家庭式餐馆

假定	逆向设定	创意
开在商业繁华地区	开在相对安静的地区	①城郊结合处添加自由反朴的情趣； ②整个餐厅置于水中，如同海洋公园
功能单一仅提供餐饮方面的服务	提供多方面的服务	①增加一个服务性空间科学提供休息聊天的空间； ②流行音乐欣赏，时尚信息获取； ③分DISCO区、视听区、就餐区等不同功能区
以快餐为内容	提供多种类食品	①将营业区划分为若干区域，不同区域提供不同食品； ②可同时选择多种食品
室内色彩亮丽鲜艳装修时尚	色彩淳朴统一装修简洁	①可大量采用开放式空间； ②运用钢结构与玻璃建造餐厅，将外部天然色彩引入室内
24小时开放	分时间段开放	①分时间段为不同类型的消费群开放； ②分时间段提供不同服务； ③每逢周末或节日提供特色服务

假定	逆向设定	创意
采用自助式用餐	服务员提供服务式	①服务员提供菜单； ②采用收银台、领餐台的形式
现金支付	不以现金为唯一支付手段	①推行会员制备，凭会员卡实行优惠； ②发放消费卡，刷卡结账； ③网上预订
服务员采用固定员工	定期领对招聘兼职服务员	①定期招聘兼职人员，定时更换； ②专门为在校大学生提供兼职锻炼勤工俭学的机会
主要的媒体广告为宣传策略	不以媒体广告为主要宣传手段	①多参与公益性活动，树立良好的社会形象； ②准备一些小礼品赠送给顾客； ③建造一些与餐厅品牌一致的具备其他功能的场所，如小型健身娱乐场、时装店、音像店等
发展连锁店，形成形象	不以连锁店为发展途径	①用餐厅的名字与形象开辟其他业务项目； ②逐步形成完善的休闲娱乐业； ③建立自己的网站，获取消费者的反馈意见

[案例三] 逆设定法——黑板（李扬）

	假定	逆向假定	针对逆向假定的创意
1	黑板时黑色的	黑板不是黑色的	①黑板是绿色的，环保色有利于视力； ②可以是白色的，黑色粉笔； ③在幼儿园，为儿童做多色黑板
2	黑板时木质的	黑板不是木质的	①黑板是有机玻璃制成的（已有）； ②黑板是纸制的，可开发一次性黑板； ③黑板可以是双层特殊材料制成，掀起一层，写好的字便消失
3	黑板是放在教室前面的	黑板不放在教室	①黑板可以放在屋顶，用镜子折射到教室的各个角落； ②黑板可以分成小块，每个人面前有一个电脑屏幕，和老师联网，同时可以书写
4	黑板是长方形的	黑板不是长方形的	①黑板可以是立体的，如立方体、球体，这样可以有多个面书写； ②黑板可以制成折叠式，不同课程内容写在不同的板面上
5	黑板是固定的	黑板不是固定的	①黑板下安装轮子，可以移动到需要的地方； ②黑板由多个部分组成，可拼装成一整块，也可拆成小块
6	黑板只能用来书写	黑板不只是书写	①黑板可以成为信息平台，放映幻灯片； ②黑板可与电脑连接，放映动态影像，与因特网相连实现信息交互
7	黑板是独立个体	黑板不是独立个体	①黑板嵌入墙内，成为建筑的一部分； ②黑板置入课桌内，成为桌椅设计的要素

第八章 收集创意发想法

一、7×7 法

7×7 法是美国企业管理顾问卡尔·格雷戈里开发的构想方法。

二、CS 纸片发想法

热销商品连续开发——夏普的商品开发手法。

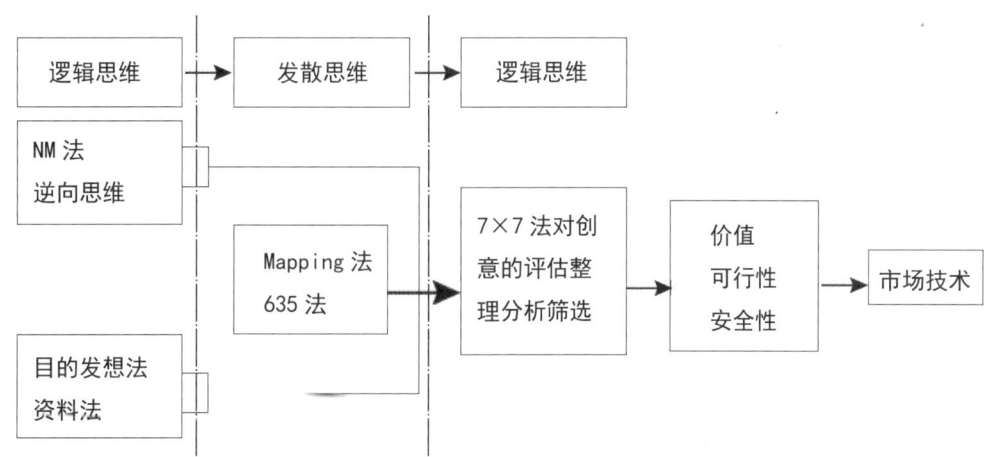

第八章 收集创意发想法

一、7×7法

7×7法是美国企业管理顾问卡尔·格雷戈里开发的构想方法。卡尔·格雷戈里认为，头脑风暴法所开发出来的提案只是初步的、抽象的、缺乏具体性的方案。7×7法则是为消除这些缺点而开发出来的方法。其做法是将头脑风暴法所提出的方案汇总在七项之内，然后通过与会者的批判与研讨，确定重要程度，再按次序制定具体的解决方案。其程序如下：

（1）主持人一名，与会者若干人。

（2）提出设计主题，运用头脑风暴法引发多种方案，并记在卡片上。

（3）将记录有类似的构想方案分为七组。用1、2、3……或A、B、C……标注组名。

（4）确定各组的重要程度，再依次排列起来并选出七张代表性的卡片，若超过七张的卡片则放弃一些，如在六张以下则全部保留。

（5）将选出的七张卡片写上概括性的小标题，称为"名牌"。

（6）针对七个名牌提出具体有效的解决措施。

表8-1是7×7法发明人卡尔·格雷戈里所绘的7×7法图表。表中是最重要的I纵列，II次之，以此类推，最后一列是VII。在移动卡片时不可打乱顺序。

在卡片上写上创意和发想后，如何加以结合整理？可以采用格雷戈里氏的7×7法。并与IB法结合使用。方法很简单，准备一块画有横7×竖7的方格板，然后把些有创意的卡片排列上去。

如何排列可以根据目的随机决定，新产品，新的项目的开发立案，以"分野"、"实现性的优势"、"经济性"等项目加以分类排列；如果是写文章和论文，可以以"起始—承接—转移—结论"、"假设—结论"等的分类顺序排列。

操作顺序，具体的可分以下三步进行（图8-1）：

（1）分成几组分类

（2）决定卡片的顺序

（3）在7×7的格子板上进行排列。

格雷戈里氏的7×7法的入门练习题：

（1）一天中必须要做的工作、生活中的要事、社会的工作全部写在卡片上。

（2）卡片放在桌子上。

（3）能够同时进行的事，合并为一枚卡片（例：一边看电视新闻，一边整理有关票据）。

（4）那天不能做的事加以排除（例：尽管下雨还要小跑运动）。

（5）"不太重要的事""委托别人的事"加以排除，剩下的卡片上写上所用时间。

（6）再一遍审视卡片，能转到第二天的卡片加以排除。

（7）剩下的卡片按7组分类。

（8）按组的优先，重要程度加上顺序号。

（9）一天的计划制定完成。

例："家电产品的革新"

首先，收集家电产品的创意和发想收集写在卡片上，"如灯泡坏了可以自动换灯泡的灯具""能背中搔痒的机械"。

其次是进行创意的分类。以能商品化的目的分类为基准，根据"市场性"为主进行，进一步以"技术""价格""安全性"等比较引人注意的项目加以分类。在分类整理时，排除那些不太现实的想法，相类似的加以合并。

最后是卡片的排列。如果用电脑的表格软件"excel"加以排列也是很方便的。

关于横竖7×7的格子，不一定拘泥于7×7，5行×6列，7行×5列也可以。或者有的一行是7枚卡片，有的一行是5枚卡片也无妨碍。总之，横竖应控制在7以下。格雷戈里氏在他的"头脑开发"中强调"人的头脑只能同时思考不超过7个事物"。或许有人头脑特别好，超过7个以上，但是以魔术般奇妙的数字"7"来制作网格，则是7×7法的基准。

7×7法并不局限于个人使用。参加会议的人可以每人都拿卡片，开会时在卡片上进行记录，然后排列在7×7的网格板上。完成的网格板可挂在办公室墙上，一边审视，还会萌生出新的创意和想法。

表8-1 7×7法图表

I	II	III	IV	V	VI	VII
1	1	1	1	1	1	1
2	2	2	2	2	2	2
3	3	3	3	3	3	3
4	4	4	4	4	4	4
5	5	5	5	5	5	5
6	6	6	6	6	6	6
7	7	7	7	7	7	7

1 分 类 小 组

将卡片分类,内容相似的归类为一组,将各组竖的方向排列,这里每组数量不超过7枚

·删除、结合

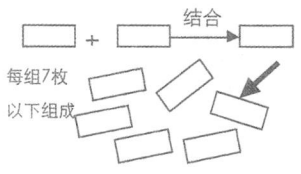

这里每组内卡片数为7枚,超过7枚的按内容的可行性和重要性排列,将顺序号低的删去,内容相类似的合并为1枚

2 按顺序排列,制定标题

标 题

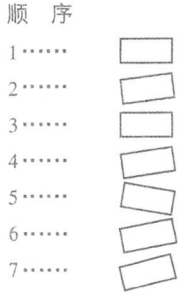

顺 序
1……
2……
3……
4……
5……
6……
7……

每组中按从1—7的顺序排列,顺序数字小的为重要的,按创意的实现性、有效性来决定每组的标题

图 8-1　7×7法操作顺序

3 7×7 网络版　　每组(竖排列一行)的顺序决定后,在 7×7 网络版中进行排列。网络中数字小的为重要内容,如 1-1 是最重要的。

	标题	标题	标题	标题	标题	标题	标题
1	1-1	2-1	3-1	4-1	5-1	6-1	7-1
2	1-2	2-2	3-2	4-2	5-2	6-2	7-2
3	1-3	2-3	3-3	4-3	5-3	6-3	7-3
5	1-4	2-4	3-4	4-4	5-4	6-4	7-4
6	1-5	2-5	3-5	4-5	5-5	6-5	7-5
6	1-6	2-6	3-6	4-6	5-6	6-6	7-6
7	1-7	2-7	3-7	4-7	5-7	6-7	7-7

第八章 收集创意发想法

1 用 7×7 法开发新家电产品的企划

小组化

使用7X7法进行家电的开发企划。首先将创意想法写在卡片上。白色家电（冰箱、电饭煲等）使用白色卡片，黑色家电（电视机、电脑等IT家电）使用黑色或蓝色卡片，其他小型家电是用粉色或粉绿色卡片。将各组竖的方向排列，这里每组数量不超过7枚。

- 一盘磁带可以同时录制多个的频道的录像
- 在平整草地时，能除去杂草的自动草地割草机
- 能见到自己背后姿态和头部侧面的数码三面镜
- 电气的除水滴，没有伞也能在雨雪天行走的器具
- 能记录香味和臭味的记录仪
- 手接触后能记录感觉的装置
- 能记录食物味道的装置
- 能浮在空中的装很多行李也不觉得重的箱包
- 代替自己去公司上班的机器人
- 能根据视变化，近视、远视共同使用的数码眼镜
- 灯泡坏了能自动替换灯泡的室内灯具
- 能记录每天的体重、脂肪率，时间系列的图表表示的体重机

合并： 仔细看一下，"记录香味和臭味的记录仪"和能记录食物味道的装置内容相似，因此2枚卡片加以合并为"能记录食物的味道和香味的装置"

能记录香味和臭味的记录仪 ＋ 能记录食物味道的装置 → 能记录食物的味道香味的装置

删除： 卡片要求在7枚以内，但不太现实的"代替自己去公司上班的机器人"加以删除。这样卡片正好是7枚

代替自己去公司上班的机器人

2

加上顺序

制定标题

7枚卡片加上顺序。每组中按从1到7的顺序排列，顺序数字小的为重要的。按照市场性、技术性强弱的顺序来制订标题，例 ① 有市场性（技术上可能）；② 市场性稍有困难（技术上可能）；③……等等

	标题	有市场性的（但技术上有一定难度的）
1		能浮在空中的、装很多行李也不觉得重的箱包
2		电气的除水滴，没有伞也能在雨雪天行走的器具
3		食品放上后能分析其营养成分，自动计算热量的装置
4		能根据视变化，近视、远视共同使用的数码眼镜
5		在平整草地时，能去杂草的自动草地割草机
6		能记录食物的味道和香味的装置
7		手接触后能记录感觉的装置

3 7×7网格版

全部卡片排列审视，从"市场性"的角度去排列。实际的排列方法有很多的优点。也可以一开始就在7×7网格版排列所有卡片（图8-2）。

操作更实用，有很多的优点。虽然用于排列卡片也能很快地作业，用电脑操作更实用，有很多的优点。

	1.有市场性（技术上可能）	2.市场性稍有困难（技术上可能）	3.有市场性（低价格化作为课题）	4.虽有市场性（技术上还需商讨）	5.虽有市场性（技术上还有困难）	6.虽有市场性（安全上需商讨）	7.市场性有问题
1	灯泡坏了能自动替换灯泡的室内灯具	能洗餐具并能干燥的洗衣机	不用手能刷牙的烟嘴型电动机	只要放入米，就能自动淘米煮饭的电饭煲	能浮在空中的装有多行李也不觉得重的箱包	保持每天相同的发型和长短的家庭用理发装置	自动化装置
2	记录每天的步行数显示屏可表示图表的数码万步计	条形码扫描后放入的食品、饮料可以在显示屏上表示的冰箱	使用气帘，在户外或阳台上制作温室空间的装置	有火焰能做中国菜的电气焦调器	电气的除水滴，下雨天也不觉得雨伞也能在雨雪天行走的器具	电动指甲刀	在夏天能适当成为冷空调的暖炉
3	能记录每天的体重、时间系列的脂肪率、图表表示的体重机	能在天花板上的可躺着看的电视机	根据粪便量冲水量的多少自动调整水量的厕所	能瞬间录音曲子的MD录音机	食物放上后能分析其营养成分，自动计算热量的装置	电气化防止脚气的鞋垫	一边泡澡一边可以使用的笔记本电脑
4	具备太阳电池，不用充电的MD等录放机	能自动擦鞋油的擦鞋机	瞬间干燥便量粪尿的简易厕所	一般磁带可以同时录像无数频道的录像	能根据近视、远视共数的数码眼镜	在行走中也能使用的自动按摩机	可录像机结合为一体的数码望远镜
5	液晶屏的能把报纸版面原样显示的专用数码三面PDA	能见到自己背后姿态和头部侧面的数码面面镜	声控加以开关、变换频道、录音录像再播放的电视机	耳机一体型头戴立体声音响	在平整草地时，能去杂草的自动割草机	雨雪天能自动干燥的鞋	能够放大到电视机画面的天体望远镜
6	能做菜的电饭煲	能自动洗净的榨汁机	能自动调整水量的家庭用水龙头	装在窗口可以吸烟的装置	能记录食物的味道和香味的装置	能自动打领带的机械	声控的、自动弹出纸巾或硬币的钱包
7	自动制面机	能一边洗澡，一边看书报杂志的信息末端	利用逆位相的家庭用防音装置	有一定空间可以吸烟的装置	手接触后能记录感觉的装置		能在后背抓出弹簧的钱包

图8-2 7×7法开发家电产品

[案例一] 新型衣服的 7×7 法创意整理（梁青君、罗浩、李崇敬、张惠敏、季康妮、李力达）

	多用途	美观	养生保健	方便沟通	价格低廉	穿着舒适	易维护
↑靠谱程度	正穿是普通衣服反穿可以当雨衣的服饰	自动进行颜色搭配	衣料内部装有中草药，预防疾病	穿着情侣服的人感受对方在衣上划过触感	用易拉罐裁剪出原创LOGO，黏贴在衣服上	用易拉罐裁剪出原创LOGO，黏贴在衣服上	耐水耐油耐污渍，轻轻一拍即除污渍
	能自动收缩松紧度的皮带	根据穿着的人的身材，自动收缩放松牛仔裤	自动改变分子密集程度，达到冬暖夏凉	内置微型耳机麦克，通过衣服进行通话	提供一个平台让厂家直接将衣服卖给顾客	自由改变衣服的材质，棉、麻，或者是莫代尔	内加芯片，采集衣服数据，通知送修清洗
	系由话筒和变音器的领带	穿起来后就能够吸取多余脂肪，帮助减肥	震动和按摩功能，使人在疲累的时候放松身体	危险环境下变为警报色并向公安报警	软件可以让人站起来就可以隔空试衣，查看效果	建立着装数据库，使每件衣服都是独一无二的	大小可控，不穿时自动缩小便于储藏
	可以吸水吸油吸头屑的蝴蝶结发带	可以任意改变形状的帽子	自动感应穿衣者的温度，提示发烧/感冒	内置微型键盘，可以通过衣服发送短信	将杂志上的款式进行扫描识别，裁剪得到新衣服	让每一处都恰如其分地贴合身体的bra	自动愈合修补衣服磨损裂口处
	可以融入周围环境隐形的服饰	自动清洗或者溶解污渍	可以远程感应任何对身体不利的声音或气味	内置微型广角摄像头，通过衣服进行照相及摄像	将衣服的图片扫描进插件，找到最便宜店家	自动通过太阳能散热吸热	衣服背部实时监测头屑，自动抖落
	鞋底可以自动根据路面环境变化的鞋子	了解最新流行动态，来改变自身形状的衣服	感应前方道路崎岖程度，通过震动来指引方向	通过手机太阳能供给以上内置电子设备的用电	自动改变衣服的大小，适应儿童发育	通过改变每股毛线的粗细，从而改变衣服的厚度	根据用户喜好/环境发射出不同于光线便于美观
	能给后背自动抓痒的衣服	根据周围的环境自动变换出最能凸显自己的衣服	感应身体状况的好坏程度来提醒穿衣者运动/休息	可以传递情绪，如生气则衣服变紧变热	把废物垃圾进行混合，成为一种新型绿色材质	记忆功能，根据个人特质，微调肩宽等	食指在胸前轻轻拉/滑即可穿上/脱下衣服

二、CS 纸片发想法

CS 纸片发想法是热销商品连续开发——夏普的商品开发手法

液晶小型摄像机及携带式信息终端等夏普的热销商品，受益于 CCS 活动。CCS，即 CUSTOMER COMMUNICATION SYSTEM 的略写。简而言之，即，通过调查直接听取消费者使用产品的感想，并将结果进行数量分析，从中找出在这之后应该改善的要点。

问卷调查称之为 CS 纸片。以 CS 纸片的基本概念为基础的"CS 纸片发想法"是个人也能进行的发想法。商品开发、店铺开发、运输、服务行业的项目制作、出版物、电视节目等媒体开发、人事评价等都可以使用这种方法，用途十分广泛。

听取顾客的意见来制作产品是理所当然的。但是，实际上在厂家与顾客之间还夹着商店等销售流通环节，对顾客的原始意见进行收集整理并非那么简单。商店业也好饮食业也好，听取顾客的意见对店铺加以改建的很多，但是统计分析却是很少见的。CS 纸片是从对看起来没有关系的许多问题加以解答开始，导出最重要的改善客体的魔法纸片。

夏普公司，在发出 4 000 张调查表后，回收到 500 张左右（回收率 12.5‰）。这是作为企业可能采取的调查规模。但如果作为个人去调查，调查表的发出数量可以相应减少。如果用因特网的电子邮件进行调查，则花费的费用更少。

调查的具体流程：

（1）听取对产品的各种功能的满足度；

（2）听取综合的满足度；

（3）对各种满足度，分别对综合满足度有怎样程度的影响加以统计、分析。关联的程度作为"期待度"；

（4）各个满足度与期待度的关系用图形（图标）表示；

（5）对期待度高，满足度低的功能加以改善。

用"CS 纸片"对产品进行评价，听取对其有代表性的功能（这里是手动复印功能等）的使用频率的意见。如果新机种有什么新的功能，那么询问对其的意见也是必要的。

1. 关于目的

如果是咖啡店的改装，就设定：

(1)"照明是否明亮？"

(2)"桌子的高度是否合适？"

(3)"入口处进出是否方便？"

2. 关于综合满足度的问答

最后必须听取对于综合满足度的意见，如果没有综合满足度的数值，各种功能的满足度对购买产品有怎样的关联就无法进行判断。

例如：在对某杂志意见的问卷，听取读者对某期的各种特辑的满足度。但是，如果整体不能达到充分满足，那么特辑的满足度对杂志整体也不可能有大的影响。问卷的发送，一般以购买 1 个月后的顾客为对象。因为购买同时无法回答不使用数值分析的话，设立自由答复的功能听取最初的意见也是很重要的。

[案例一] 夏普的无线电话机 CS 法应用——调查用纸（CS 纸片）制成

想了解一下实际使用的感想	按动很方便	普通	按动不方便
问　了解一下作为电脑使用的方便度	1←2←3←4←5←6←7		
	很清晰	普通	看不清
	1←2←3←4←5←6←7		
1. 本体的按键，按动是否方便？	很清晰	普通	看不清
2. 本体的按键表示文字是否清晰？	1←2←3←4←5←6←7		
3. 本体的液晶屏表示文字是否清晰？	手感很舒适	普通	手感不舒适
4. 本体的听筒，手握是否舒适（轻重、形状）？	1←2←3←4←5←6←7		
5. 本体在通话中是否感到有杂音？	1. 完全没有		2. 有时有
6. 无绳子机的听筒，手握是否舒适（轻重、形状）？	3. 频繁出现		4. 经常感觉到
7. 无绳子机在通话中是否感到有杂音？	手感很舒适	普通	手感不舒适
	1←2←3←4←5←6←7		
	1. 完全没有		2. 有时有
	3. 频繁出现		4. 经常感觉到

听取关于这个传真机的综合满足度
问　询问了各种问题，综合地看，这个传真机的综合满意度（是否像预期的那样）

很满足	满足	稍满足	普通	稍不满足	不满	很不满足

问　根据实际使用，是否与买入价格相比，物有所值？

1. 是	2. 无可奉告	3. 不是

问　是否想推荐给熟人？

1. 想推荐	2. 今后想推荐	3. 有机会就推荐
4. 无可奉告	5. 不想推荐	6. 不知道

第八章 收集创意发想法

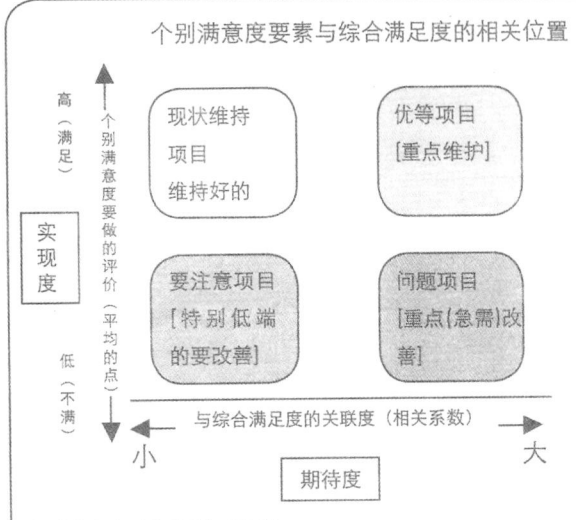
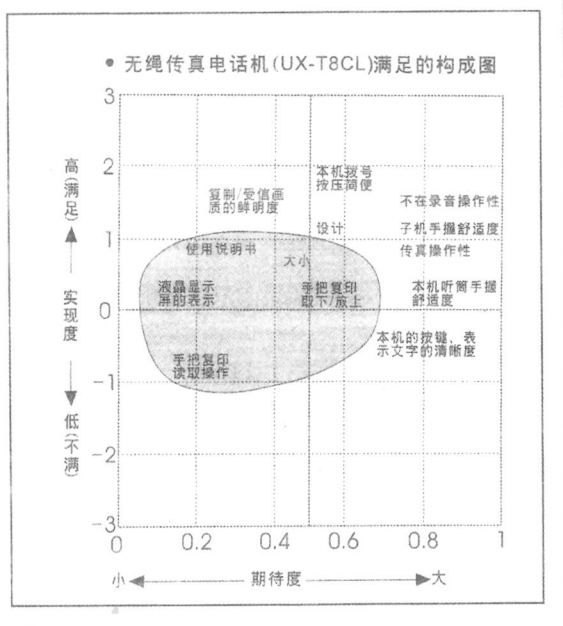

图 8-3　夏普的无绳电话 CS 法应用分析

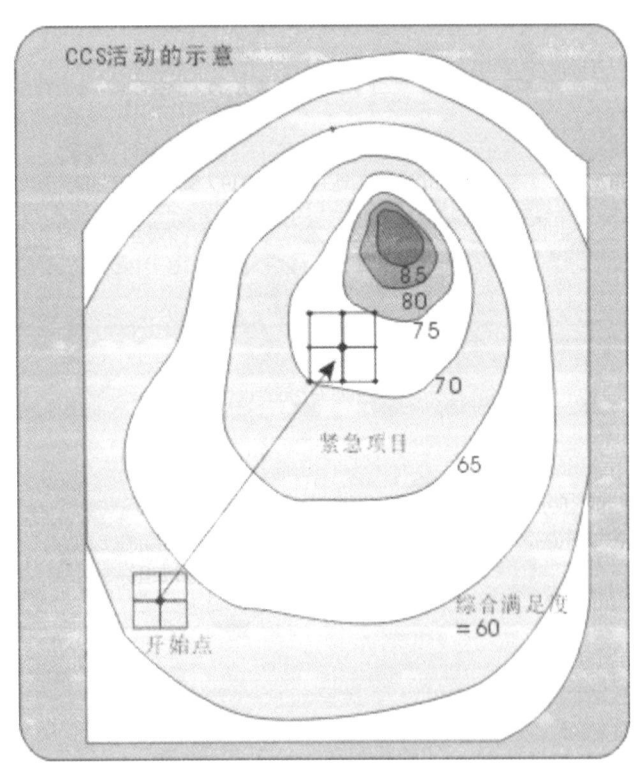

夏普的传真无绳电话机的升级种（UX·T10CL）的开发根据 CS 卡片的调查结果（图 8-3），改善了两个方面。首先，"手把复印的取下、放上"的项目。手把复印机的设计变成手握舒适方便的细长形态，并延长连绳。另一个是"本体的按钮·表示文字清晰可见度"，将液晶画面的面积扩大了 1.5 倍。前一代的机种（UX·T8CL）的调查表明"电脑的所有率远远高于传真机的平均值"，因此附加上电脑联机功能。

此外，CS 卡片发想法在进行人事评价时也可应用。对某公司职工的评价，对其周围人群进行 CS 卡片的问卷调查，周围的人对他的期待与不满马上就可以了解清楚。需尽快改善的问题点，通知本人促其改善，并且上司也可作为参考。CS 卡片发想法的主要关键是如何设定问题项目，想一次就很完整地收集问题项目是不可能的，只有多次反复进行问卷调查才能做到完整。

［案例二］ CS 纸片发想法——CD WALKERMAN D-E888（冯小玲）

对 CD WALKERMAN 进行分析采用"CS 卡片分析法"，这种图表的方式可以一目了然地整理问卷调查，以便清楚地为设计定位做准备。

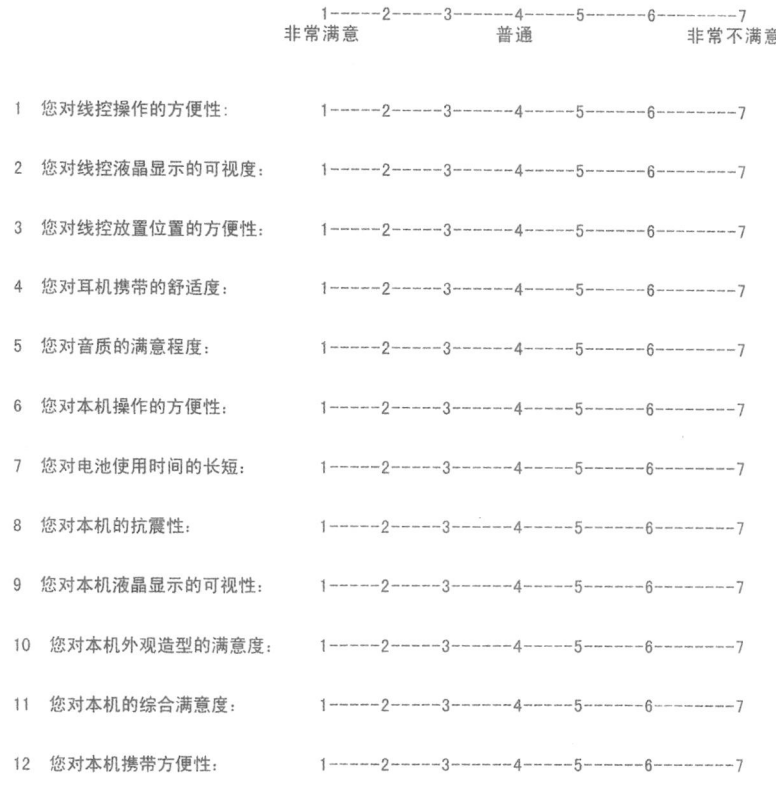

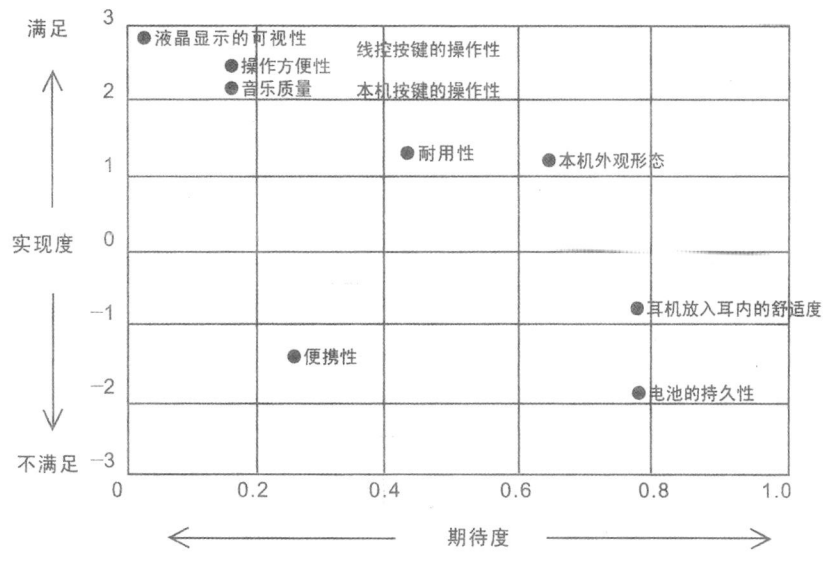

此图说明了本机总体来说是让顾客满意的，只需在耳机的舒适度和电池的持久性上重新设计。

[案例三] CS 纸片发想法——Panasonic SL-CT789 CD PLAYER（李扬）

调查问卷
1. 您对线控操作的方便性：
　　　　　1------2------3------4------5------6---------7
　　　　非常满意　　　　　普通　　　　　非常不满意
2. 您对线控液晶显示的可视度：
　　　　　1------2------3------4------5------6---------7
　　　　非常满意　　　　　普通　　　　　非常不满意
3. 您对线控放置位置的方便性：
　　　　　1------2------3------4------5------6---------7
　　　　非常满意　　　　　普通　　　　　非常不满意
4. 您对耳机携带的舒适度：
　　　　　1------2------3------4------5------6---------7
　　　　非常满意　　　　　普通　　　　　非常不满意
5. 您对音质的满意程度：
　　　　　1------2------3------4------5------6---------7
　　　　非常满意　　　　　普通　　　　　非常不满意
6. 您对机机操作的方便性：
　　　　　1------2------3------4------5------6---------7
　　　　非常满意　　　　　普通　　　　　非常不满意
7. 您对电池使用时间的长短：
　　　　　1------2------3------4------5------6---------7
　　　　非常满意　　　　　普通　　　　　非常不满意
8. 您对本机的抗震性：
　　　　　1------2------3------4------5------6---------7
　　　　非常满意　　　　　普通　　　　　非常不满意
9. 您对本机液晶显示的可视性：
　　　　　1------2------3------4------5------6---------7
　　　　非常满意　　　　　普通　　　　　非常不满意
10. 您对本机外观造型的满意度：
　　　　　1------2------3------4------5------6---------7
　　　　非常满意　　　　　普通　　　　　非常不满意
11. 您对本机的综合满意度：
　　　　　1------2------3------4------5------6---------7
　　　　非常满意　　　　　普通　　　　　非常不满意

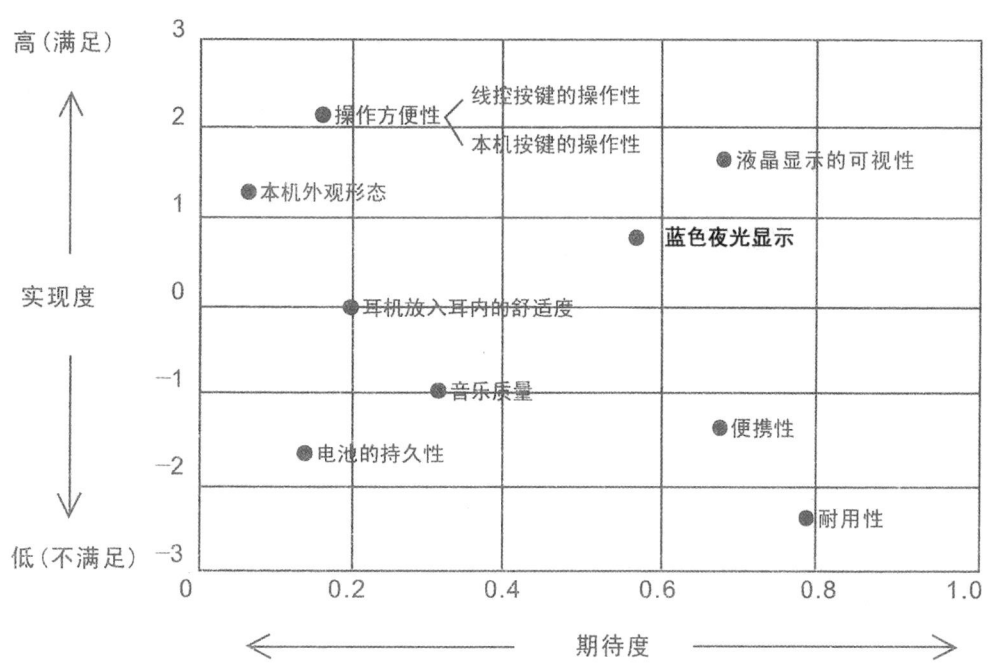

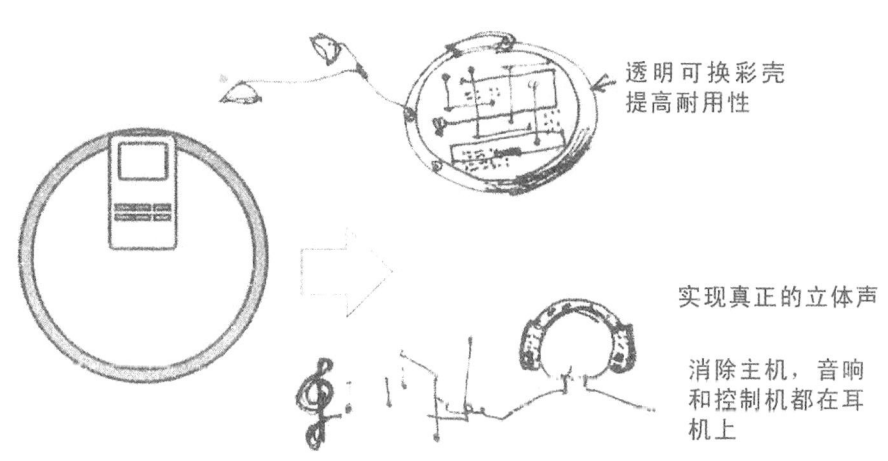

第九章　TRIZ 法

TRIZ 法是俄罗斯的发明理论，是为解决发明时出现的问题而提出的科学体系理论。

·俄语：TRIZ（Теория Решения Изобретательских Задач）

·英语：TIPS（＝ Theory of Inventive Problem Solving）

·俄罗斯人 Genrich Altshuller 对其理论进行体系化。

·根据大量的专利统计分析来解决问题的技法。

第九章 TRIZ 法

TRIZ 法

TRIZ法是俄罗斯发明的理论，是为解决发明时出现的问题而提出的科学体系理论。

(1) 俄语：

TRIZ（ТРИЗ=Теория Решения И···З···7

(2) 英语：

TIPS（Theory of Inventive Problem Solving）

зобретательских3адач)

(3) 由苏联人 Genrich Altshuller 对其理论进行体系化。

(4) 根据大量的专利统计分析，来解决问题的技法。

发明问题解决理论（Theory of Inventive Problem Solving）（TIPS 或 TRIZ）由前苏联的 Genrich Altshuller 于 20 世纪 40 年代末发展提出。Genrich Altshuller 领导的研究机构分析了全世界近 250 万件高水平的发明专利，并在综合了多学科领域的原理和法则后，建立起 TRIZ 理论体系。其目的是研究人类进行发明创造、解决技术难题过程中所遵循的科学原理和法则。任何领域的产品改进、技术变革和创新都和生物系统一样，存在产生、生长、成熟、衰老、灭亡的过程，是有规律可循的。人们如果掌握了这些规律，就能能动地进行产品设计并能预测产品的未来发展趋势。TRIZ 正是这些规律的综合。运用这一理论，可大大加快人们创造发明的进程，而且能得到高质量的创新产品。这个理论基于这样的发现：很多专利有着同样的工作原理。有了这样的发现，Altshuller 联合了学术和工业界的朋友来研究专利和探究这个模式。他们用了很多年，研究了成千上万的专利，发现专利可以分为五类。前两类可以称为"常规设计"，意味它并没有超越现有科技，没有做出重大创新。这两类是"基本参数改进"和"构造的改变和重组"而后三类是有发明性创新的设计，包括"确定冲突并以已知的物理原则解决它们"，"确定新原则"和"确定新的产品功能并以已知或新的原则解决它们"。

基于这样的分类和专利研究，Altshuller 发现了历史上很多发明的趋势，关于产品设计，有一些重要的结论：

(1) 机械系统（产品）的演化基于同样的模式，不受机械原理或产品领域的限制，这些模式可以用作某个产品将来演化的趋势，这可以用来指导新概念的研究。

(2) 冲突是产品发明的关键驱动力，消除冲突的原则在产品领域也是通用的。

(3) 通过系统的应用物理效应可以来辅助发明，因为一个特定的产品团队不一定了解所有物理知识。

这些结论构成了 TIPS 法的架构，它包括许多的组件。在本章中，我们会考察三个主要组件：①机械系统（产品）演化原则；②物理效应；③解决（设计）原则。"机械系统（产品）演化原则"（第九个）显示了产品在时间上的趋势；"物理效应"则从很多不同的领域展示了物理世界的知识；"设计原则"是一些在设计中消除冲突的启发性原则，创造出一些高层次的发明性方案。

运用这三个 TRIZ 部件，可以快速的产生创意。这个过程以一个功能模型开始，在这个功能模型（加上评测、工程特征、产品结构和其他数据）中，在设计任务中发现冲突。这些冲突出现在"归纳参数或工程参数中"，归纳参数是一个或一系列在产品控制物理效应的变量。然后，"设计原则"可以用来启发得出解决矛盾的方法。最终的概念以已知的物理效应和现存解决方法的类比来加以完善，形成一个具体的物体。

表 9-1 总结了 39 种描述产品工作性能度量单位。

表 9-1　39 个描述产品的参数

序号	描述产品特征的参数	序号	描述产品特征的参数
1	运动物体的重量	21	功率
2	静止物体的重量	22	能耗
3	运动物体的长度	23	物耗
4	静止物体的长度	24	信息耗散
5	运动物体的面积	25	时间花费
6	静止物体的面积	26	物质的数量
7	运动物体的体积	27	可靠性
8	静止物体的体积	28	测量精度
9	速度	29	制造精度
10	力	30	影响设计物的有害行为
11	压力	31	设计物产生的有害行为
12	形状	32	制造性
13	物体结构的稳定性	33	用户友好性
14	长度	34	可维修性
15	运动物体行为的稳定性	35	灵活性
16	静止物体行为的稳定性	36	设计物的复杂性
17	温度	37	控制或测量的难度
18	亮度	38	自动化程度
19	运动物体消耗的能量	39	生产率
20	静止物体消耗的能量		

1. 分割原理（图9-1，图9-2）

（1）将物体的各个部分进行分割。

（2）使物体能够比较容易地加以分解。

（3）强化物体的分裂或被分割的程度。

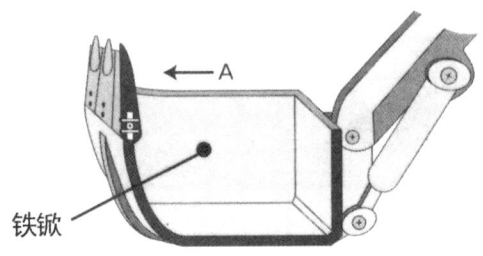

图9-1 分割原理

图9-2 分割原理案例示意

2. 分离原理

分离物体的非必要部分及其特性，或者是选用物体的必要部分及其特性（图9-3，图9-4）。

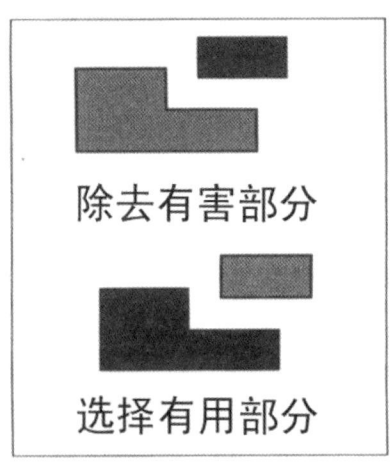

图9-3 分离原理

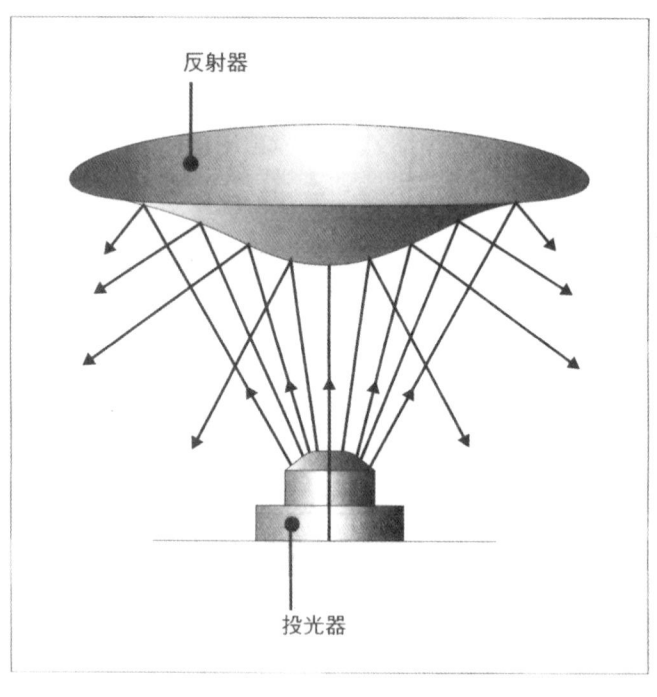

图9-4 分离原理案例示意

3. 局部性质原理

(1) 将物体的均质构成变成不均质的构成;

(2) 使均质物体在外部环境的影响下变成不均质的东西;

(3) 使物体的各部分动作处于最适当的条件下,发挥其功能;

(4) 将物体的各部分分割,并将别的有用的功能加以使用,完成作业（图 9-5,图 9-6）。

图 9-5 局部性质原理

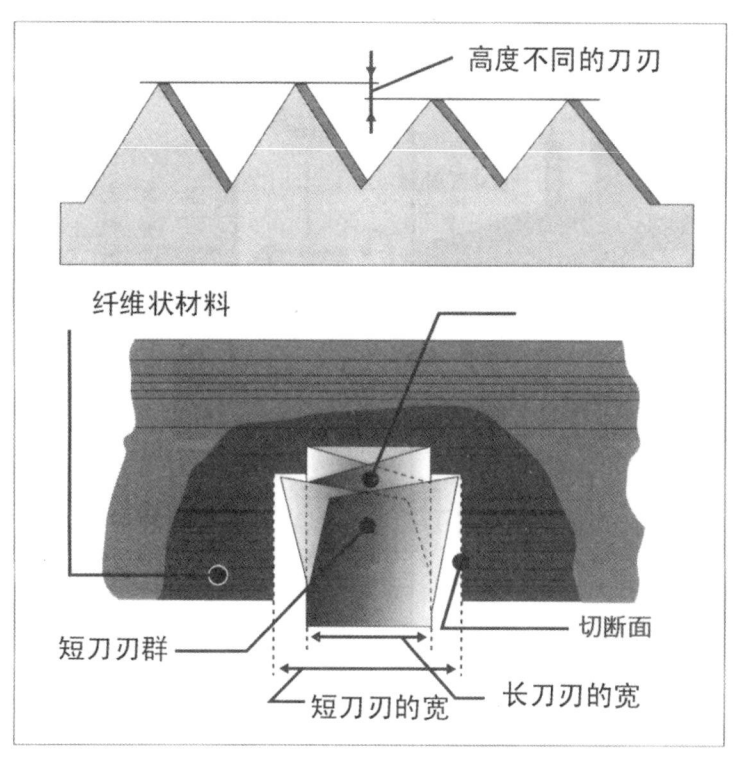

图 9-6 局部性质原理案例示意

4. 非对称原理

(1) 将物体对称的形变成不对称的形。

(2) 物体不对称的情况下,强化不对称的程度（图 9-7,图 9-8）。

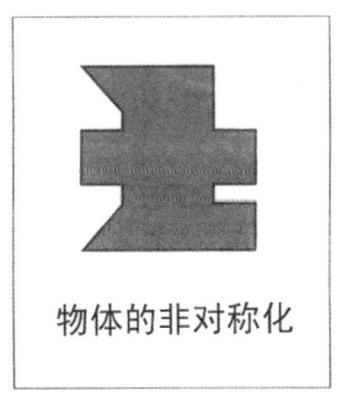

图 9-7 非对称原理

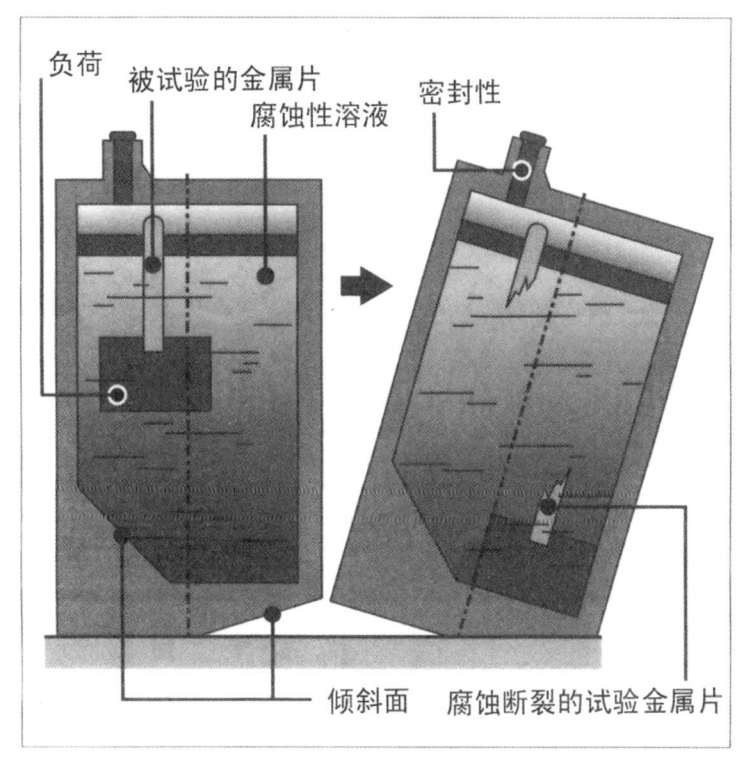

图 9-8 非对称原理案例示意

5. 组合原理

（1）同一的或类似的物体更紧密地统一为一体或组合起来。将同一的或类似的部分组合起来实行并列动作，以完成作业。

（2）在同一时间内将作业动作组合或并行实施，将其统一（图 9-9，图 9-10）。

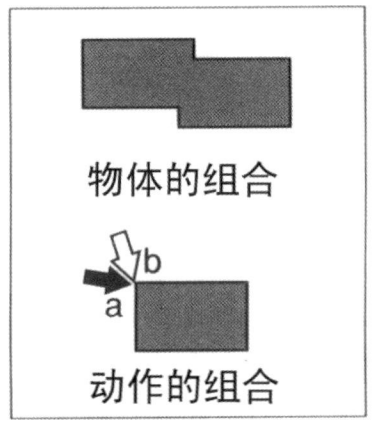

图 9-9　组合原理

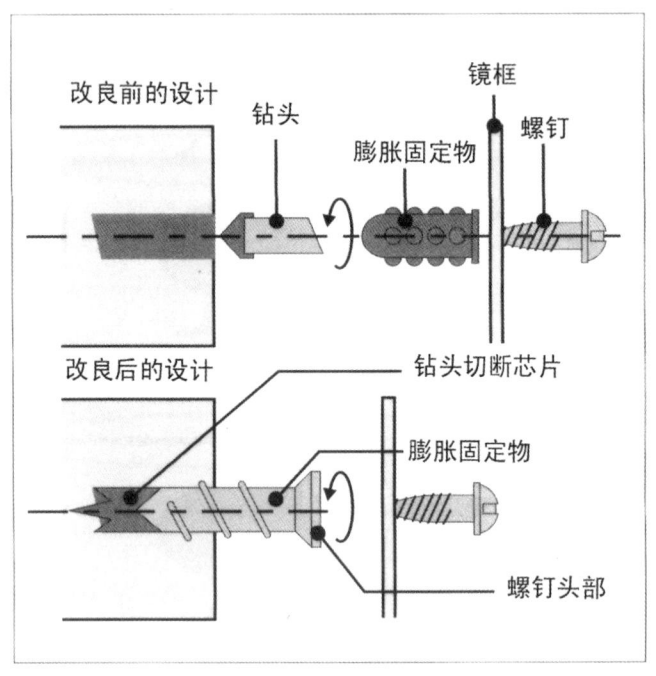

图 9-10　组合原理案例示意

6. 多用途性原理

某一部件或物体具有多种功能的话，其他的部件就不必要（图 9-11，图 9-12）。

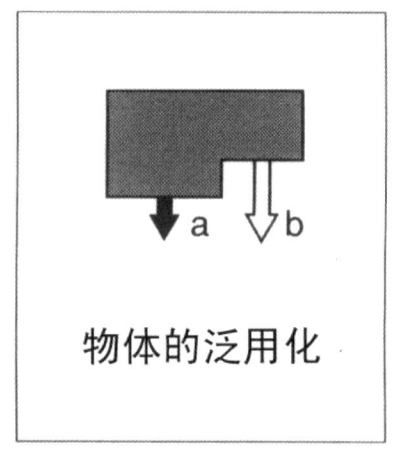

图 9-11　多用途原理

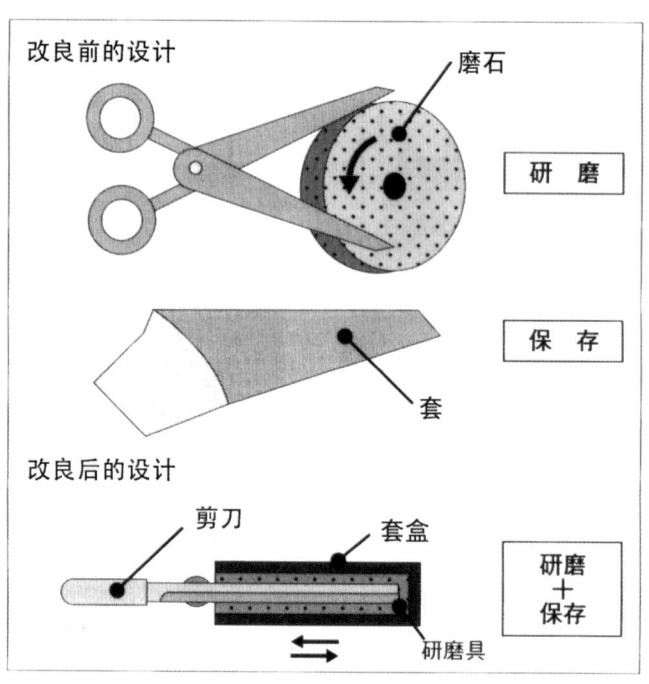

图 9-12　多用途原理案例示意

7. 套匣原理

(1) 一件物体放到另一件物体中,再放入其他物体中。

(2) 使用部件,像通过别的部件的空洞一样(图9-13,图9-14)。

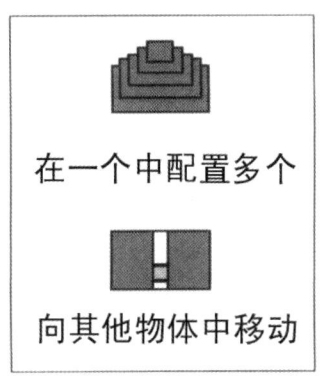

图9-13 套匣原理

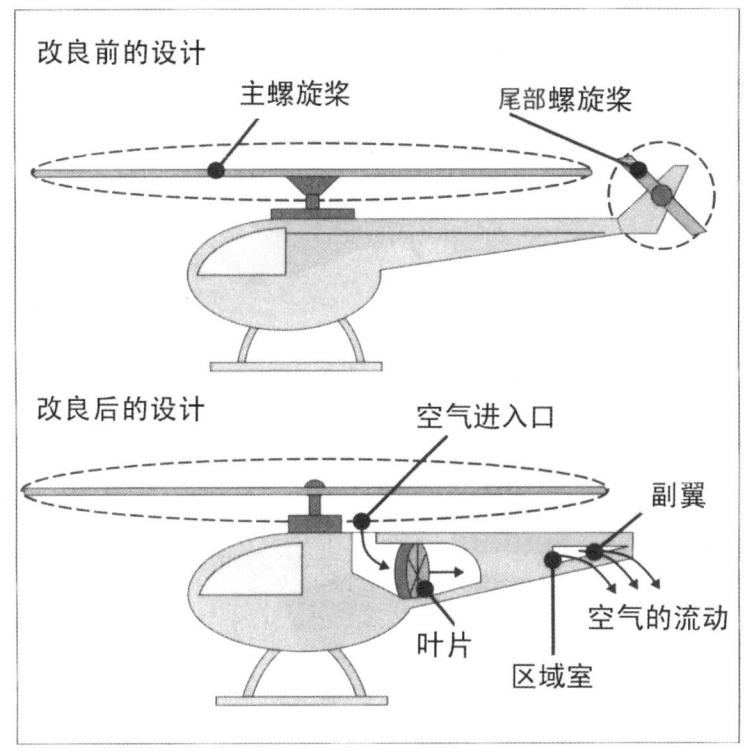

图9-14 套匣途原理案例示意

8. 均衡原理

(1) 与其他的物体组合后,减轻物体的自重。

(2) 利用空气力、流体力、浮力及其他的力,与环境相互作用,减轻物体的自重(图9-15,图9-16)。

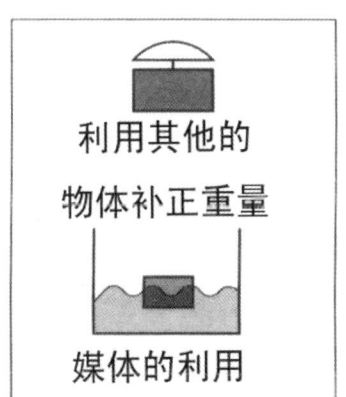

图9-15 均衡原理

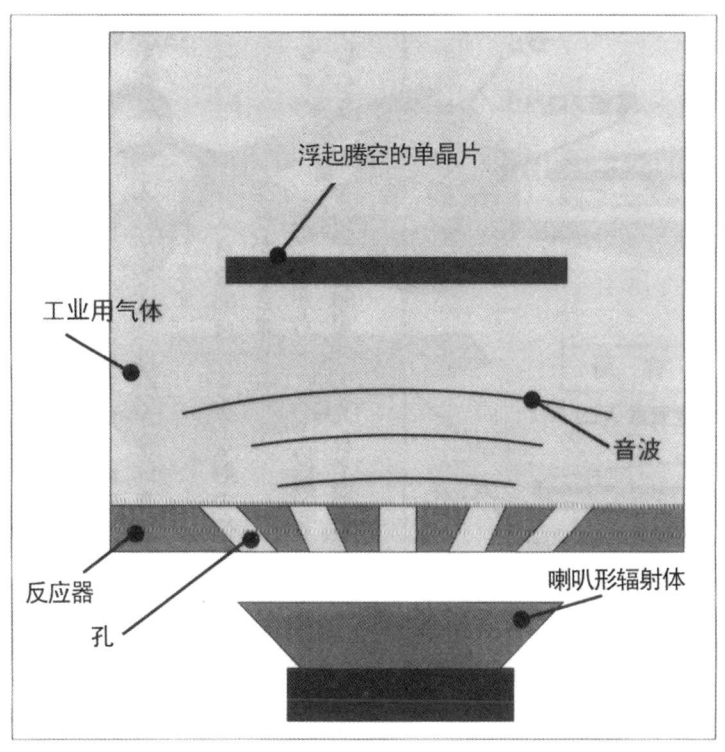

图9-16 均衡原理案例示意

9. 事先反作用原理

（1）在必须进行同时存在着有用与有害的影响的动作时，为了减少有害的影响，事先应用它的反作用力除去该影响。

（2）预先留存应力，然后与以后发生的不需要的动作应力相抵消（图 9-17，图 9-18）。

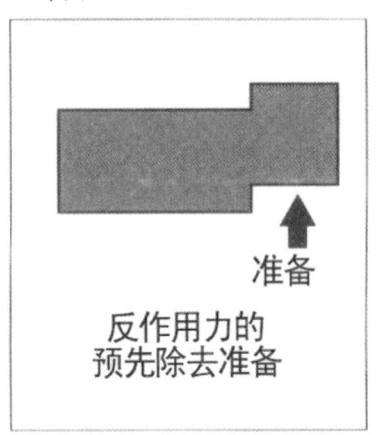

图 9-17　事先反作用原理

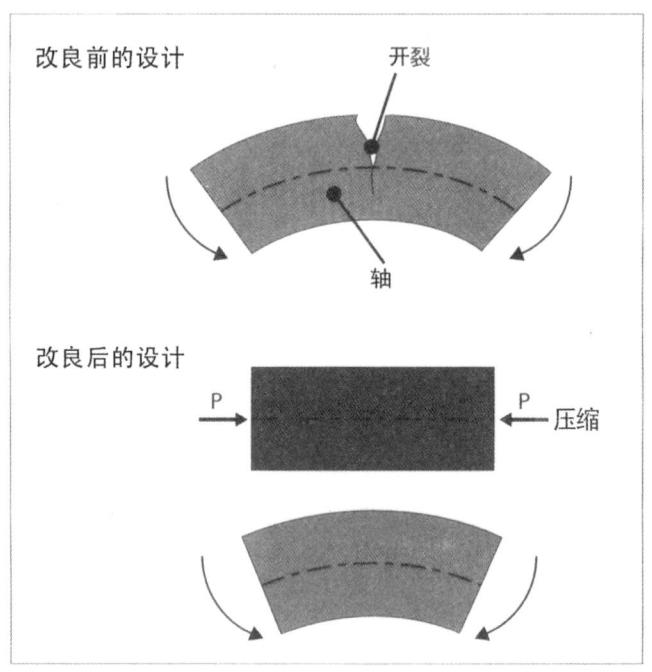

图 9-18　事先反作用原理案例示意

10. 事先作用原理

（1）对于物体，根据需要变更物体的某一部分，或者全部都事先进行调整。

（2）在最适当的时候，预先准备好能够完成动作的物体，以保证完成动作时，避免时间的浪费（图 9-19，图 9-20）。

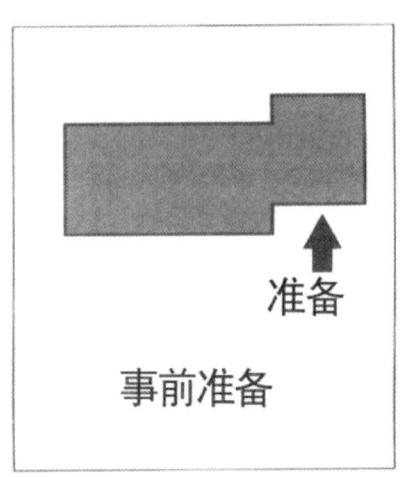

图 9-19　事先作用原理

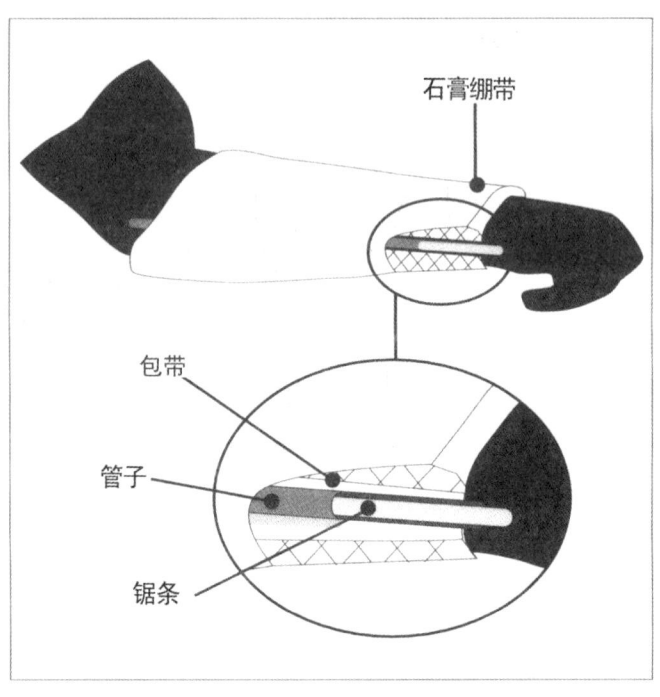

图 9-20　事先作用原理案例示意

11. 事先保护原理

事先准备好保护措施，以弥补对物体的较低的信赖性（图 9-21，图 9-22）。

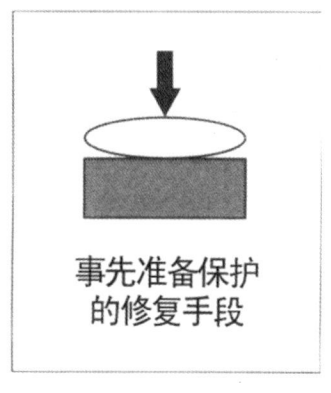

图 9-21　事先保护原理

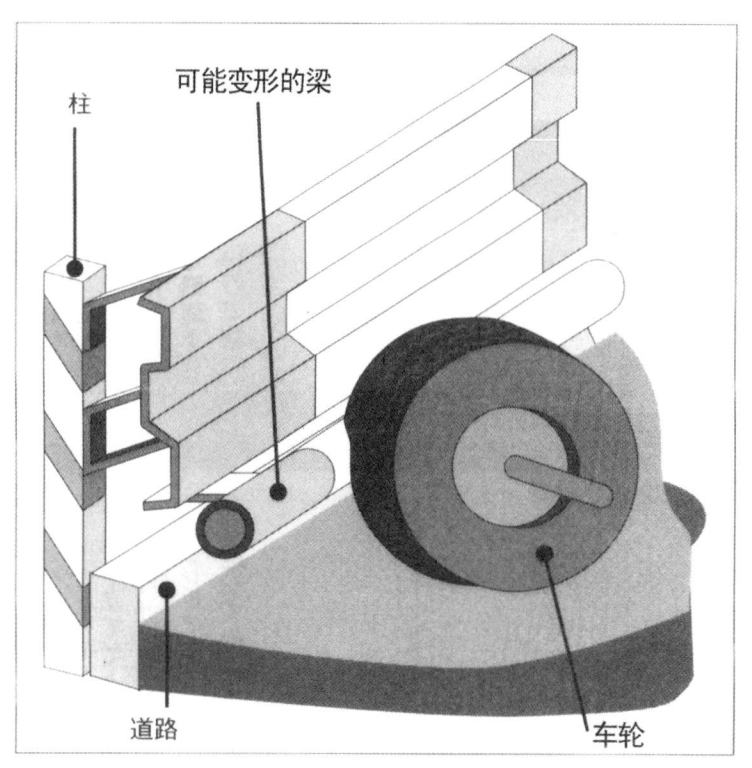

图 9-22　事先保护原理案例示意

12. 等势（能）原理

在重力场中，上下移动会受到限制。例如，作业条件变化后，物体就没必要向上或向下移动了（图 9-23，图 9-24）。

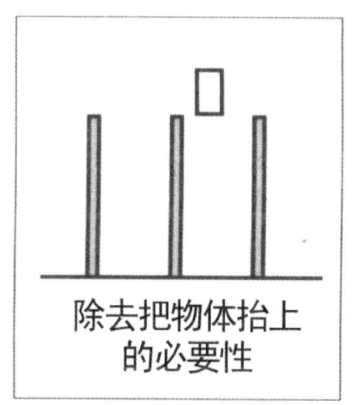

图 9-23　等势原理

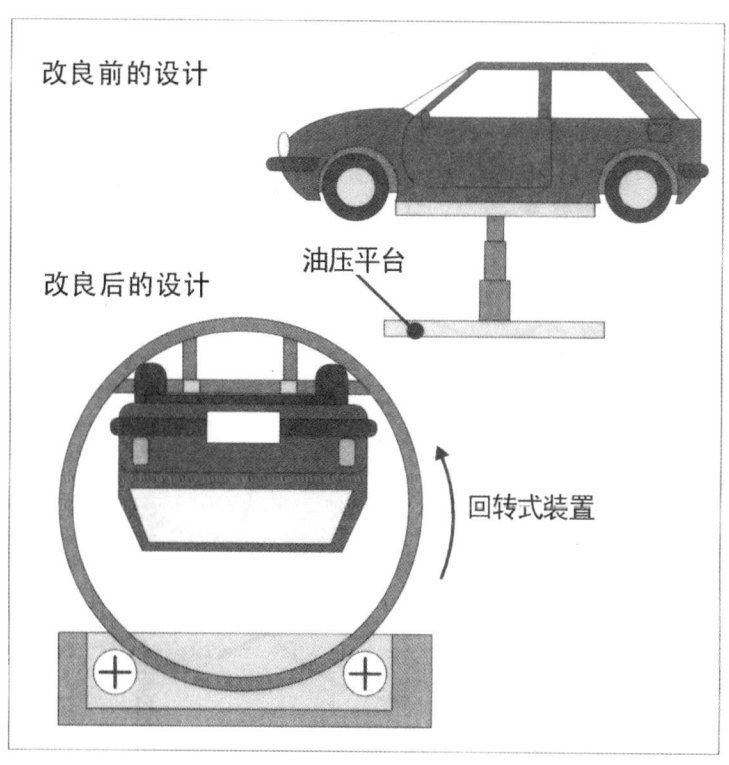

图 9-24　等势（能）原理案例示意

13. 逆发想原理

(1) 为解决问题而利用的原理，例如不使用物体的冷却作用，而是运用加热作用的逆向做法。

(2) 将可动部分与外部环境加以固定，使固定部分成为可动。

(3) 将操作或程序逆向进行（图9-25，图9-26）。

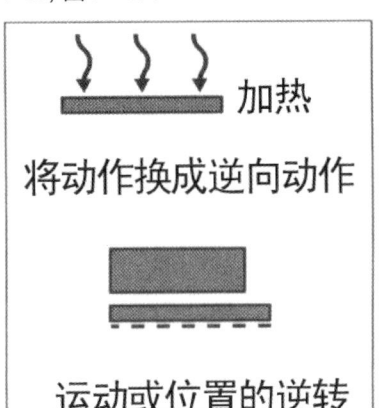

图 9-25　逆发想原理

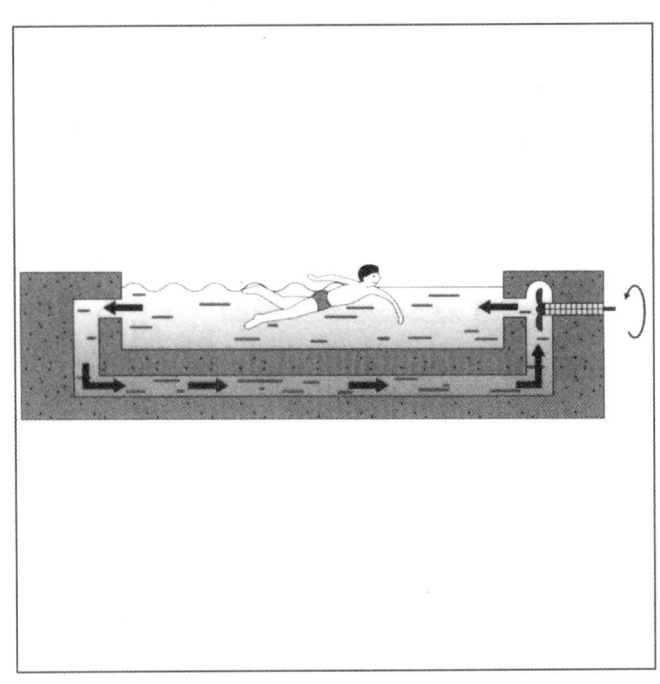

图 9-26　逆发想原理案列示意意

14. 曲面原理

(1) 用曲线状的东西代替直线状的零部件及表面形状。平坦的表面变为球面，立方体形状的部件变为球状的构造。

(2) 使用滚筒、球、螺旋、圆屋顶。

(3) 利用离心力将直线运动变为回转运动（图9-27，图9-28）。

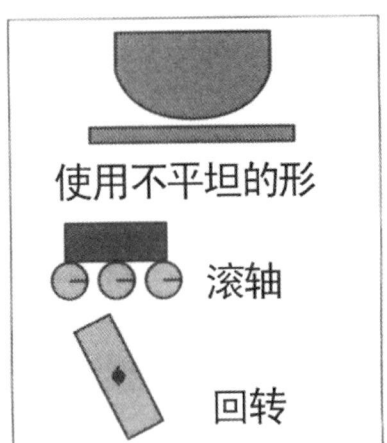

图 9-27　曲面原理

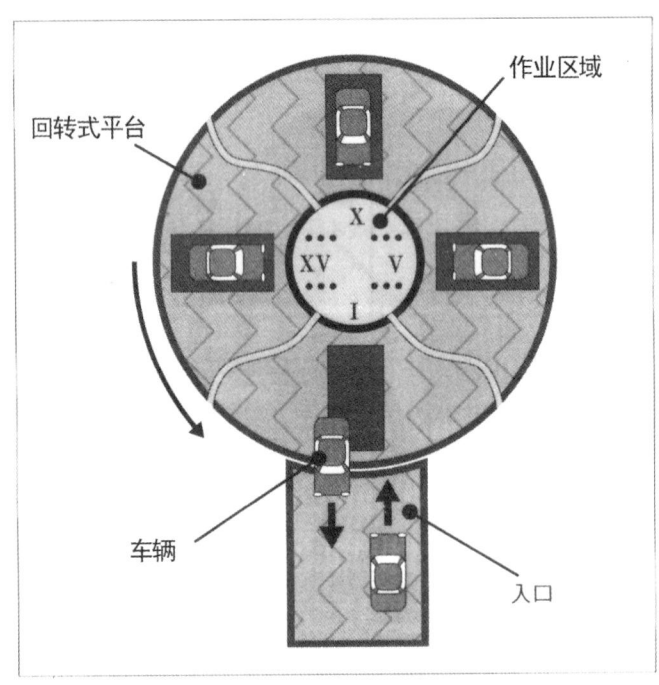

图 9-28　曲面原理案例示意

15. 动力性原理

(1) 变更物体的特性、外部环境、程序,或者进一步设计,找出最适当的操作或最适当的作业条件。

(2) 像相对运动那样,将物体分割成各个部分。

(3) 将不动或不变的物体及程序变为可动或可变的,提高适应性(图9-29,图9-30)。

图 9-29　动力性原理

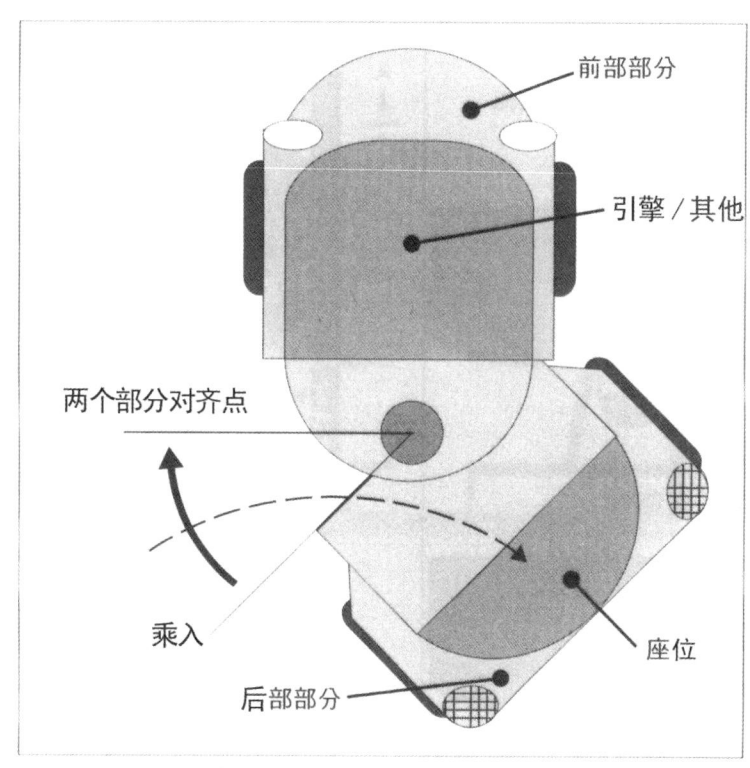

图 9-30　动力性原理案例示意

16. 适当原理

如果指定的解决方法不能获得100% 的效果时,适当调节动作,用同样的方法取得"稍微小一点"或"稍微大一点"程度的效果,就很容易解决问题(图9-31,图9-32)。

图 9-31　适当原理

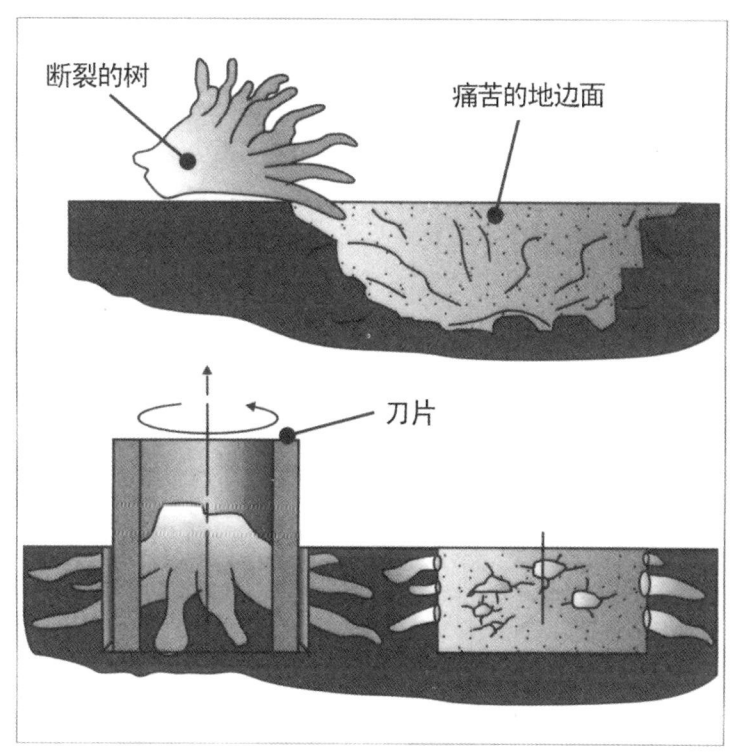

图 9-32　适当原理案例示意

17. 他次元移动原理

(1) 将物体向二次元或三次元空间内移动。

(2) 将物体由单层变为多层配列。

(3) 将物体变为倾斜的,改变其方向,或横向放置。

(4) 利用指定领域的相反一侧(图9-33,图9-34)。

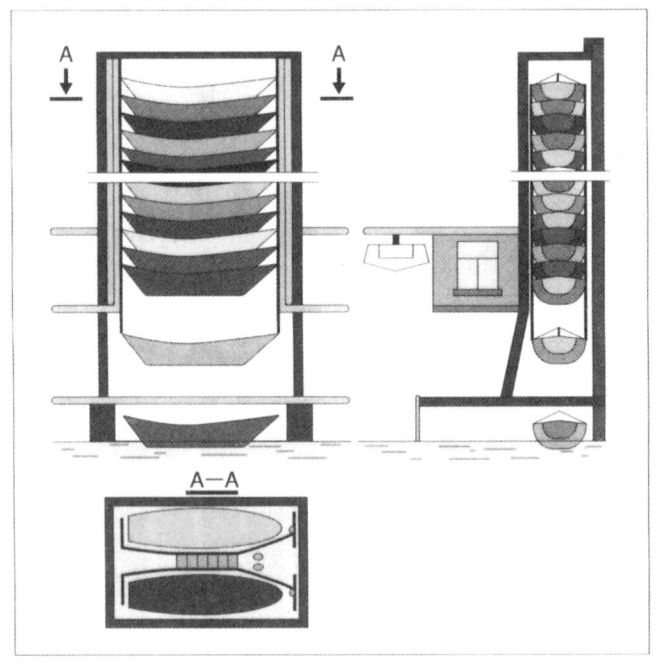

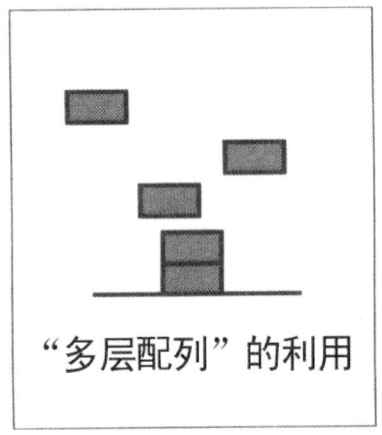

图 9-33 他次元移动原理

图 9-34 他次元原理案例示意图

18. 机械的振动原理

(1) 振动物体。

(2) 将振动数增大到超音波程度。

(3) 利用物体的共振振动。

(4) 使用非机械振动的压电振动。

(5) 超音波振动与电磁振动加以组合使用(图9-35,图9-36)。

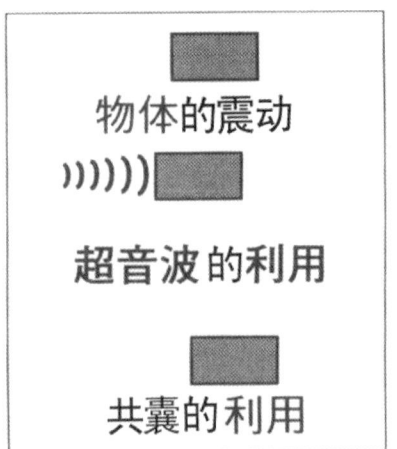

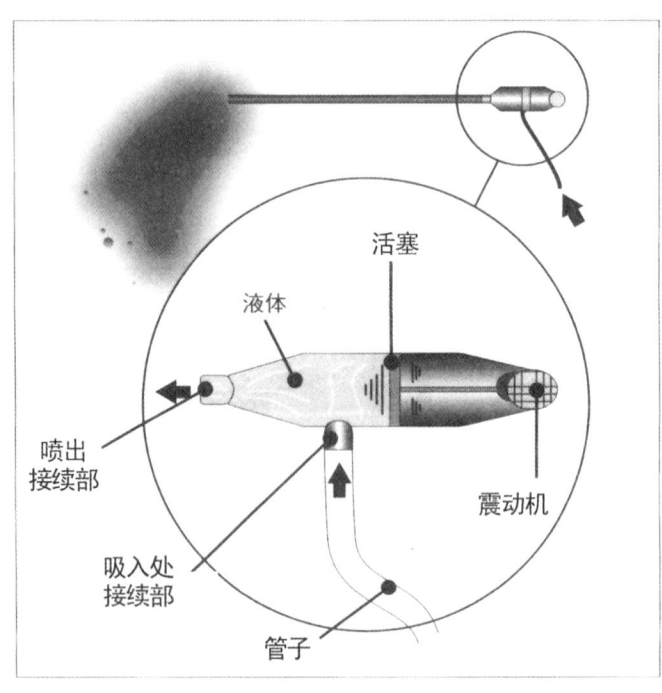

图 9-35 机械的震动原理

图 9-36 机械的震动原理案例示意

19. 周期的作用原理

（1）利用周期的或脉动的动作以代替连续的动作；

（2）既成的周期性动作，变更其周期的程度与频度；

（3）利用连续的动作间的瞬间停顿进行其他动作（图9-37，图9-38）。

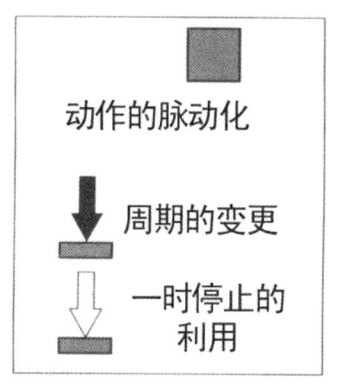

图9-37 周期的作用原理

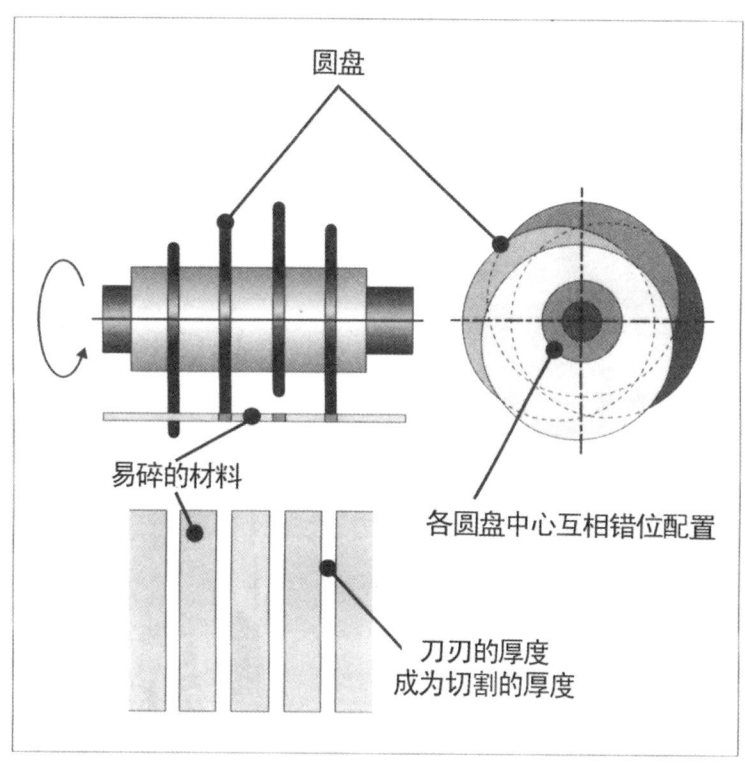

图9-38 周期的作用原理案例示意

20. 连续性原理

（1）连续的作业。使物体所有的部分都能经常以最大的负荷进行动作；

（2）避免闲置状态或以断断续续的动作来作业（图9-39，图9-40）。

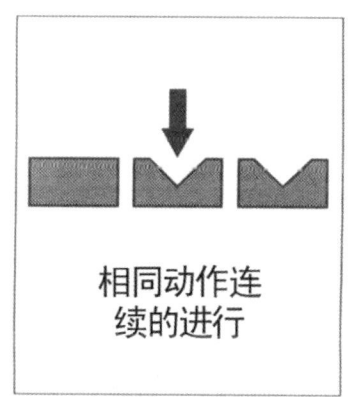

图9-39 连续性原理

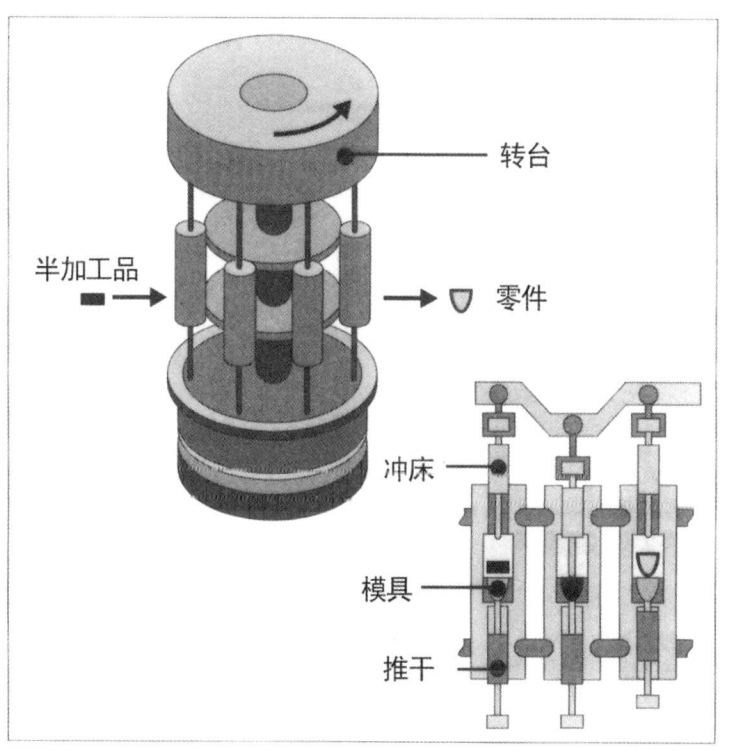

图9-40 连续性原理案例示意

第九章 TRIZ 法

21. 高速实行原理

遇到破坏性的、有害的或危险的操作时等，快速地进行，跳过它（图9-41，图9-42）。

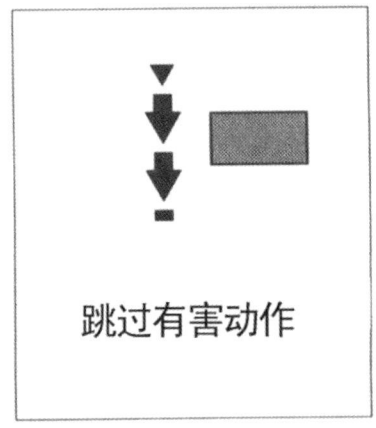

图 9-41　高速实行原理

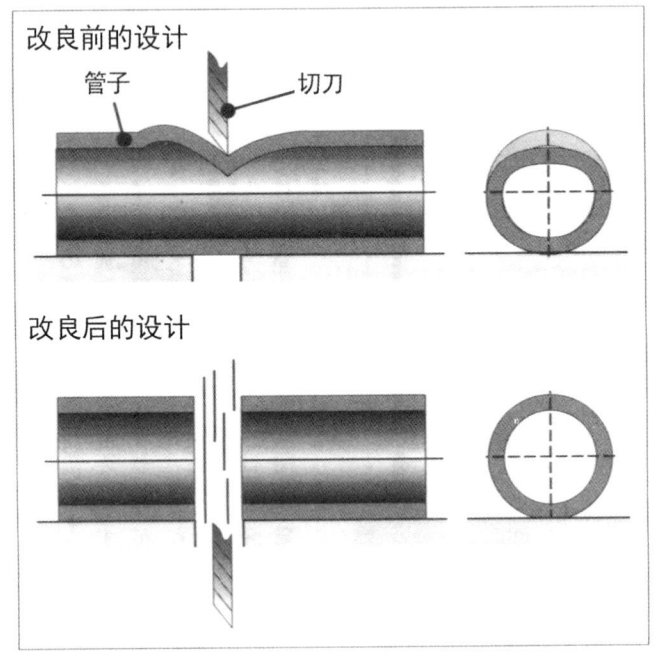

图 9-42　高速实行原理案例示意

22."因祸得福"原理

（1）利用有害的因素，特别是对环境及周围条件有害的因素，取得有益的效果。

（2）主要的有害作用加上别的有害作用，加以抵消、解决问题。

（3）将有害的要素增大到无害为止（图9-43，图9-44）。

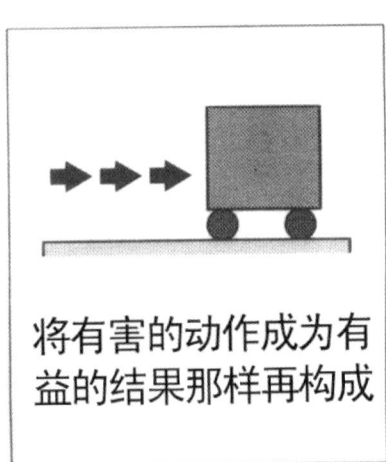

图 9-43　因祸得福原理

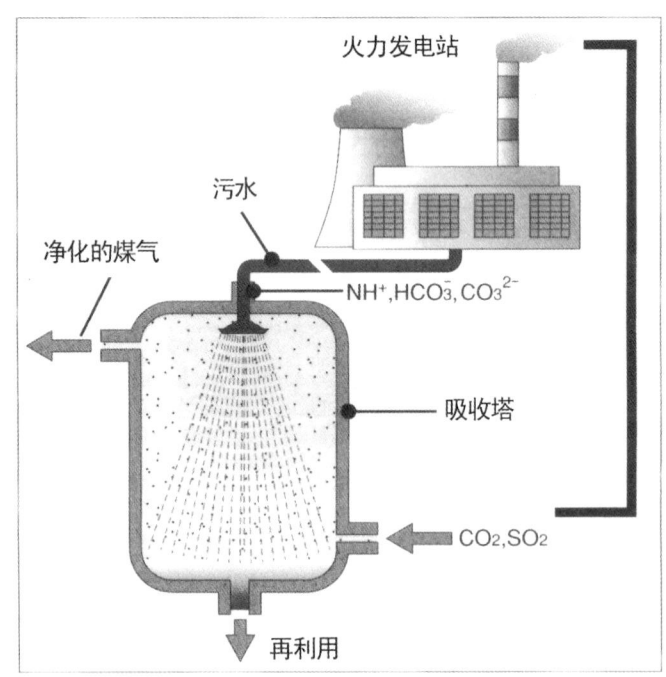

图 9-44　"因祸得福"原理案例示意

23. 反馈原理

（1）参考以前的状态，导入交叉检测点等反馈原理，改善程序及作用。

（2）根据反馈的情况，变更其程度及影响度（图9-45，图9-46）。

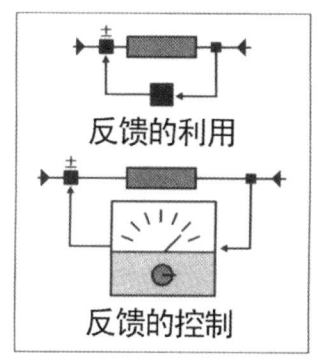

图9-45　反馈原理

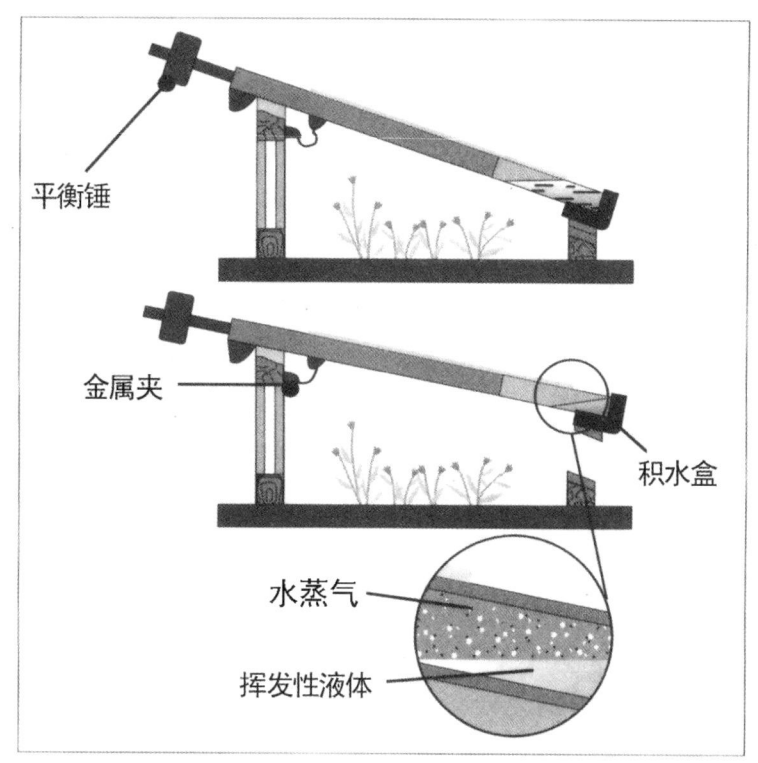

图9-46　反馈原理案例示意

24. 中介原理

（1）利用中间的载体物质或中间程序。

（2）简单的除去一种物体，并与其他的物体暂时组合起来（图9-47，图9-48）。

图9-47　中介原理

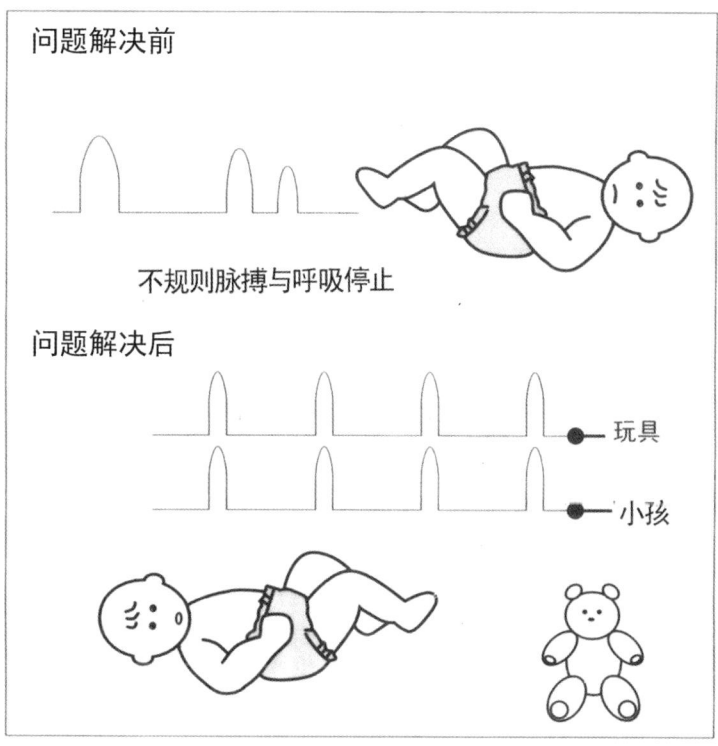

图9-48　中介原理案例示意

25. 自我服务原理

(1) 根据附加的辅助功能,使物体能实行自我服务。

(2) 将废弃资源、废弃能量、废弃物质,加以利用(图9-49,图9-50)。

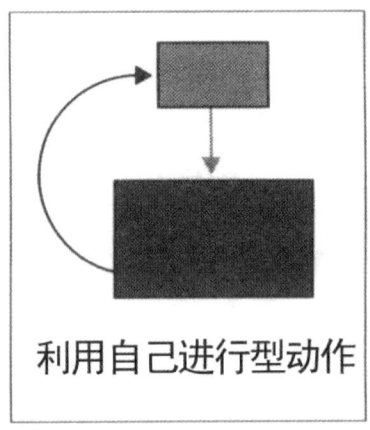

图 9-49　自我服务原理

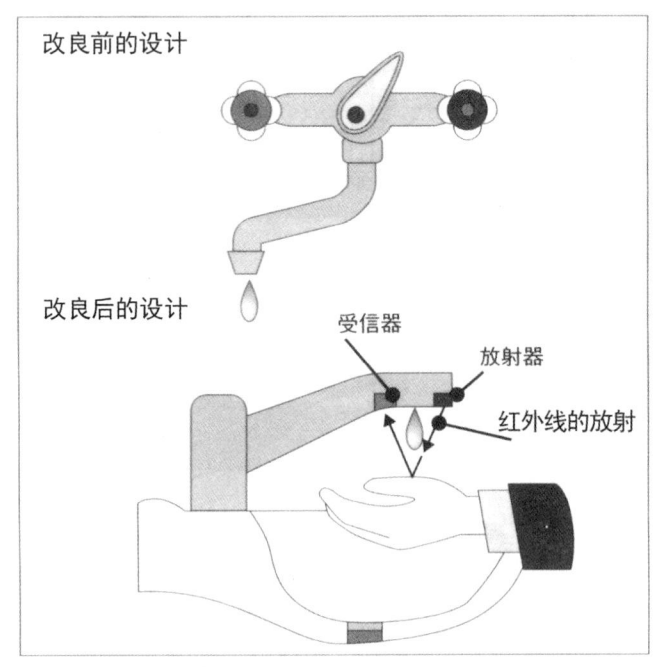

图 9-50　自我服务原理案例示意

26. 代替原理

(1) 放弃不易利用的昂贵的易损坏物体,取而代之使用单纯便宜的复制物体,加以使用。

(2) 用光学的复制物来取代物体及其程序。

(3) 在用可视光学进行复制的情况下,使用红外线或紫外线(图9-51,图9-52)。

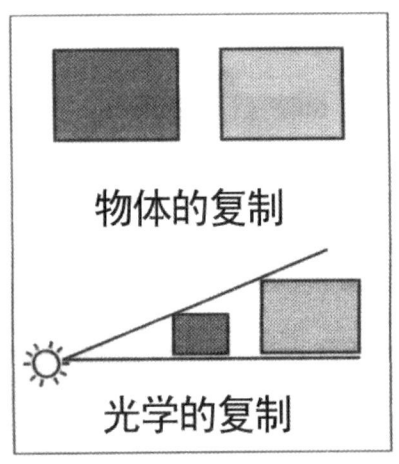

图 9-51　代替原理

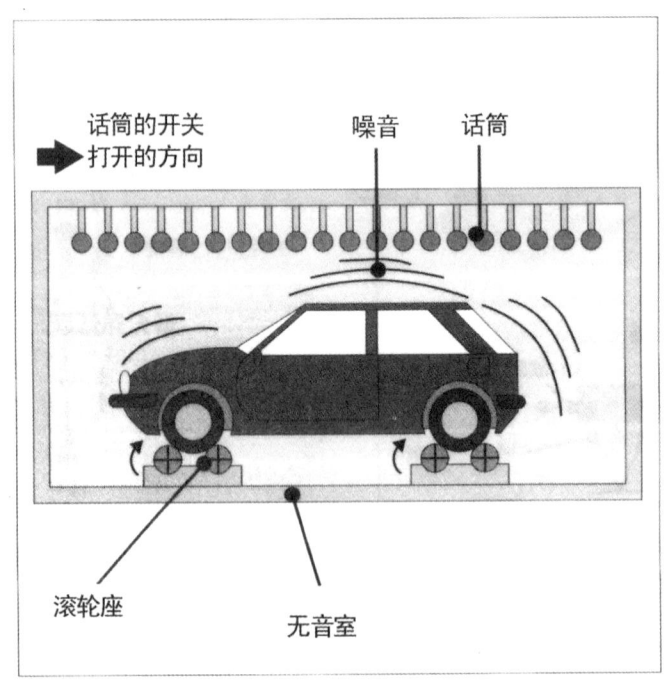

图 9-52　代替原理案例示意

27."从昂贵的长寿命到便宜的短寿命"之原理

根据物性的寿命等属性,将昂贵的物体替换为大量便宜的物体(图9-53,图9-54)。

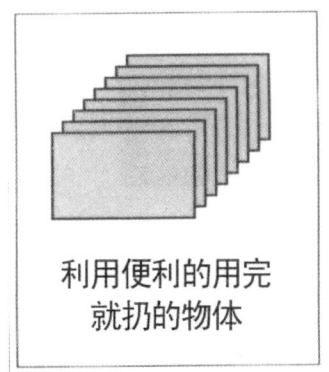

图9-53 "从昂贵的长寿命到便宜的短寿命"原理

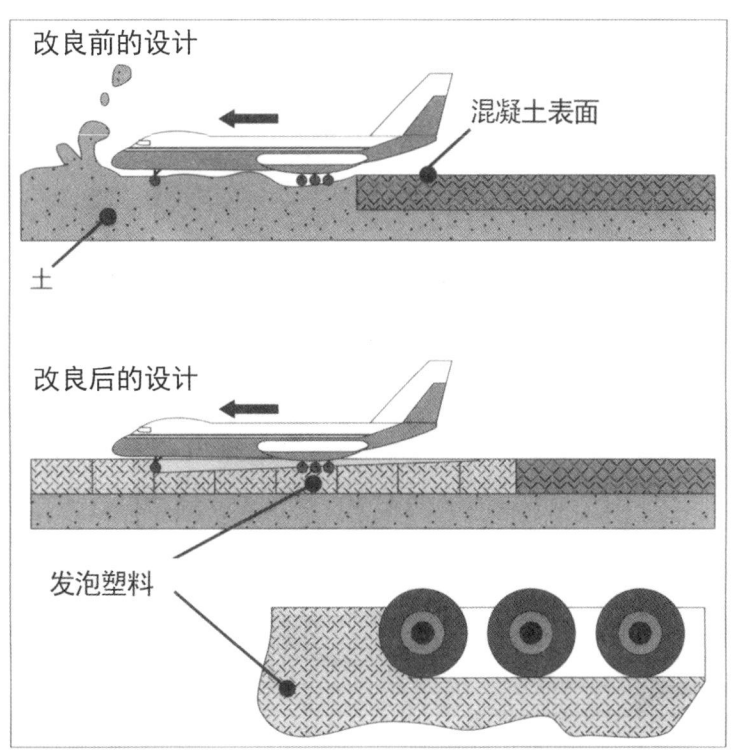

图9-54 "从昂贵的长寿命到便宜的短寿命"原理案例示意

28."机械的系统代替"原理

(1)将机械的手段,用光学、音响、味觉、嗅觉等知觉手段加以替换。

(2)利用电、磁、电磁,使物体相互作用。

(3)固定的场变为可动的场。非构造化的场变为构造化的场。

(4)根据像强磁性体的磁场,使活性化的粒子与磁场组合(图9-55,图9-56)。

图9-55 "机械的系统代替"原理

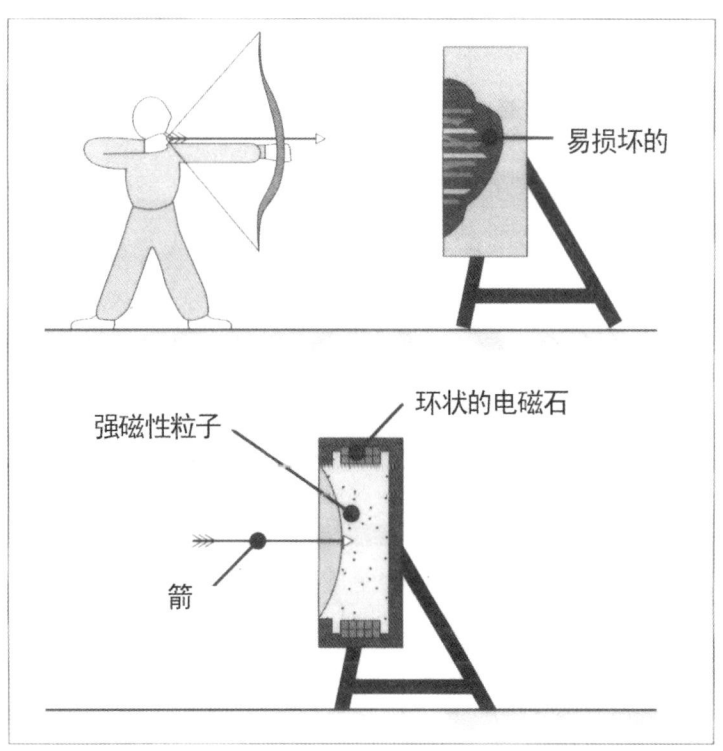

图9-56 "机械的系统代替"原理案例示意

29. 流体利用原理

使用空气垫、静水压、流体反应等，膨胀、充填液体，不使用物体的固体部分，而使用其气体或液体部分（图9-57，图9-58）。

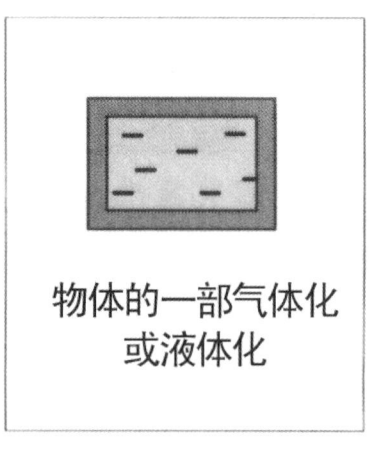

图 9-57　流体利用原理

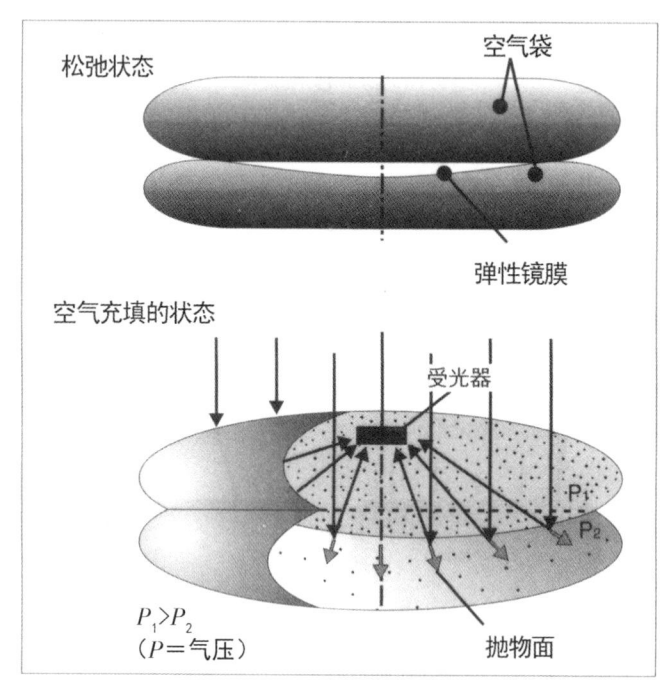

图 9-58　流体利用原理案例示意

30. 薄膜利用原理

（1）使用柔软的薄壳或薄膜，以代替三次构造。

（2）将带有柔软的薄壳或薄膜的物体从其外部环境中分离出来（图9-59，图9-60）。

图 9-59　薄膜利用原理

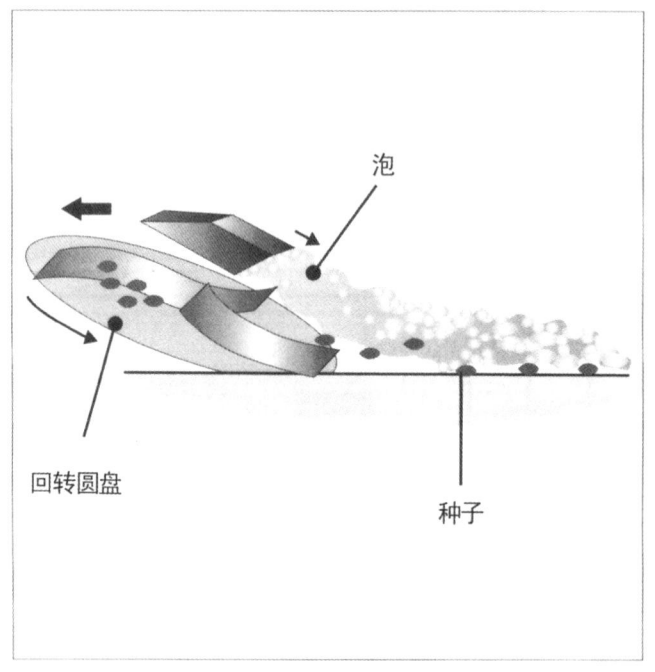

图 9-60　薄膜利用原理案例示意

31. 多孔质利用原理

(1) 将物体多孔质化，或添加多孔质要素。

(2) 物体已是多孔质的情况下，导入使用细孔的物质及功能（图9-61，图9-62）。

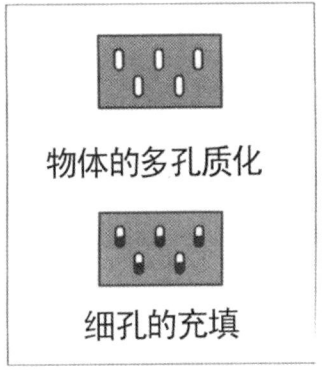

图9-61 多孔质利用原理

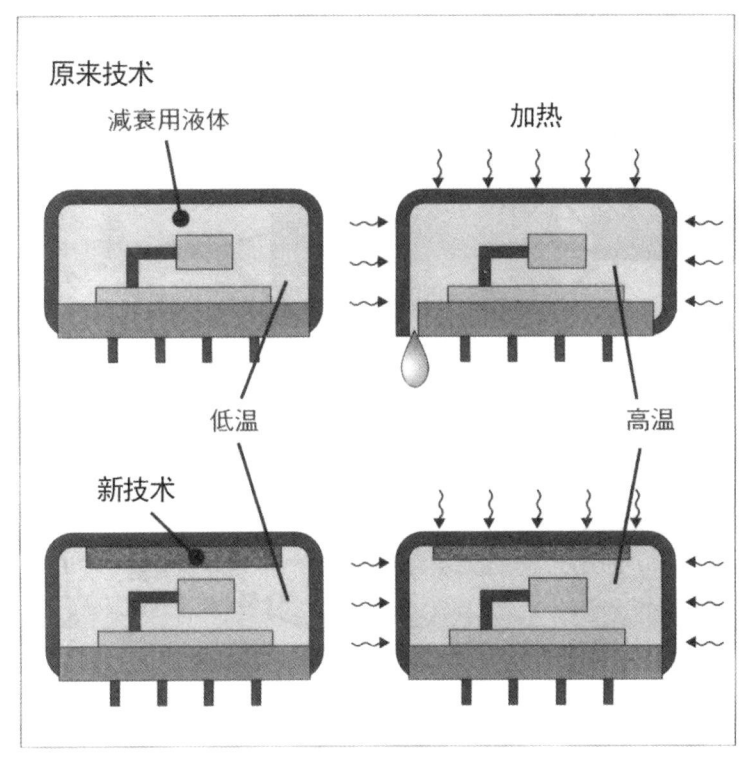

图9-62 多孔质利用原理案例示意

32. 变色利用原理

(1) 变更物体的色彩及外部环境。

(2) 变更物体的透明度及外部环境（图9-63，图9-64）。

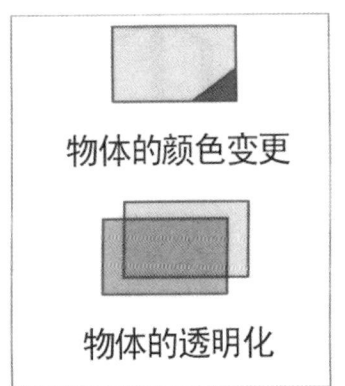

图9-63 变色利用原理

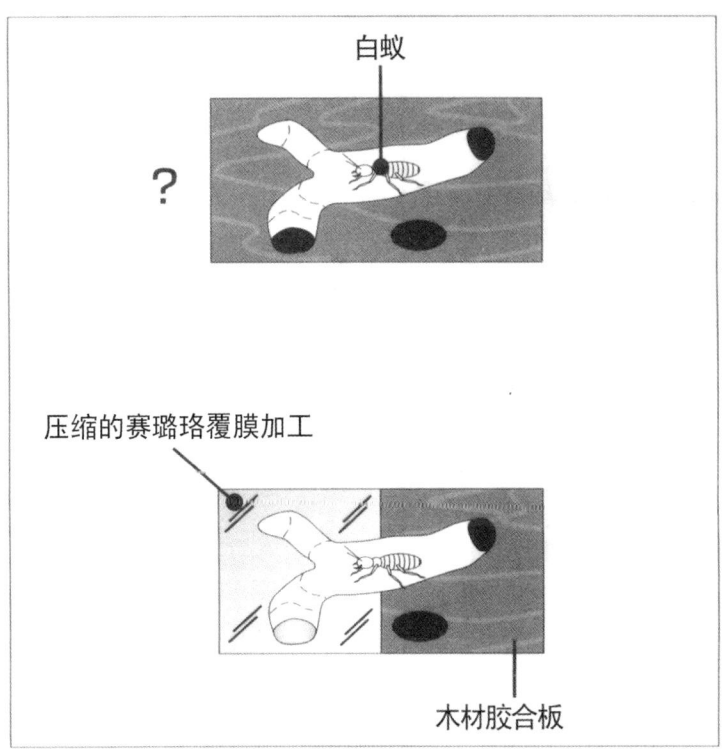

图9-64 变色利用原理案例示意

33. 均质性原理

辅助原理：

让具有同种材料或同一特性材料的物体相互作用（图9-65,图9-66）。

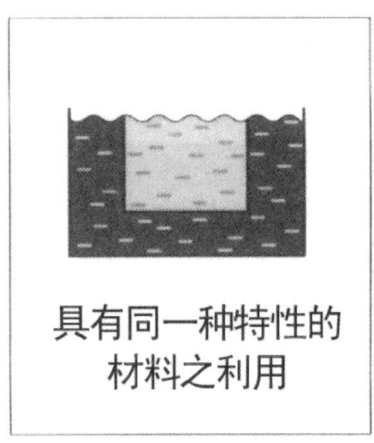

图9-65　均质性原理

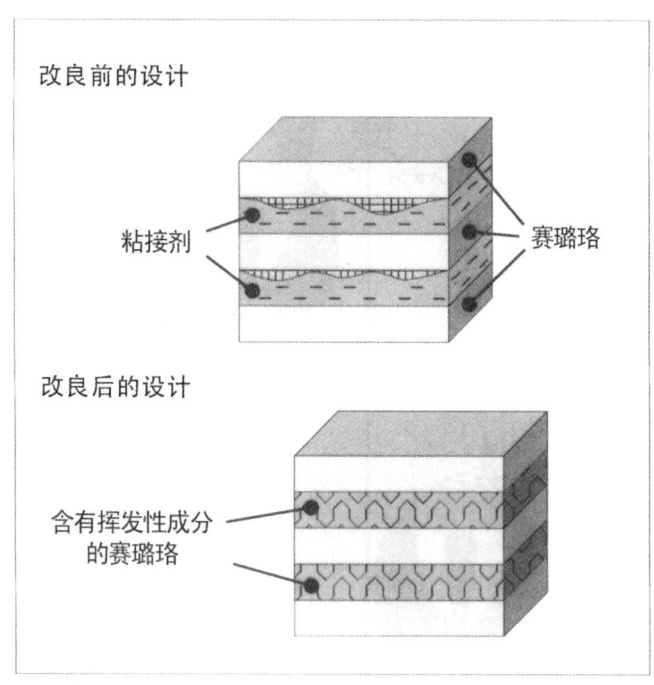

图9-66　均质性原理案例示意

34. 排除／再生原理

(1)将物体中已使用完的部分以熔融、蒸发等手段废弃、排出，或者在动作中将该部分加以修正。

(2)反过来，逆向进行，将动作中物体的消耗部分直接加以回收（图9-67,图9-68）。

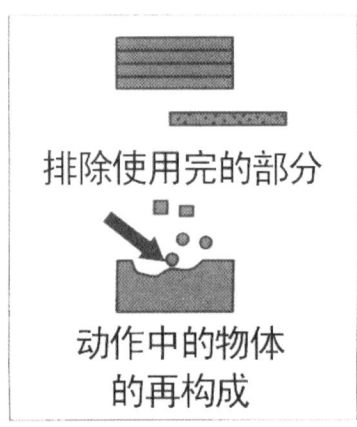

图9-67　排除／再生原理

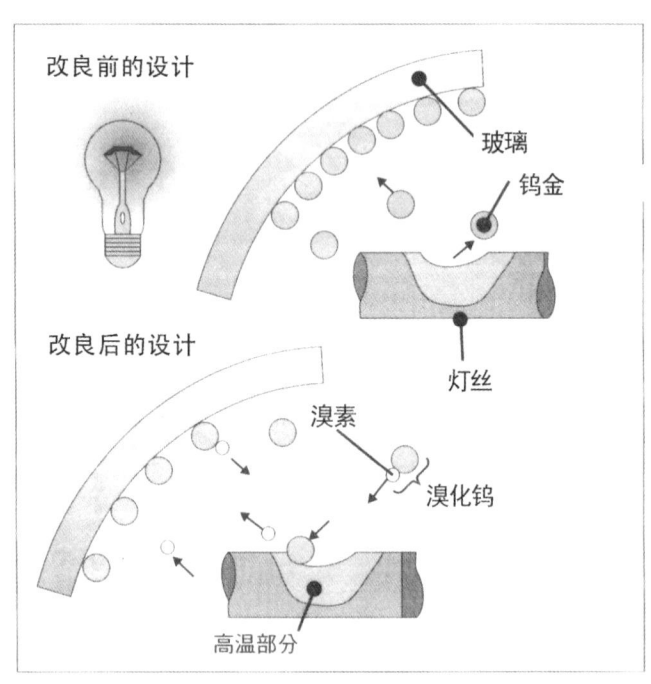

图9-68　排除／再生原理案例示意

35. 辅助变数变更原理

（1）变更气体、液体、固体等物体的物理的状态。
（2）变更浓度，均一性等。
（3）变更柔软性的程度。
（4）变更温度（图9-69，图9-70）。

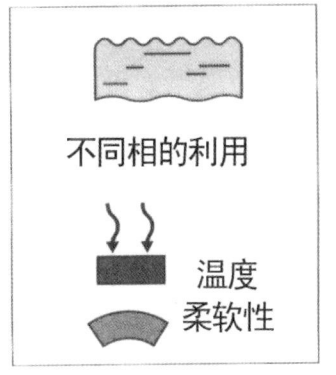

图9-69　辅助变数变更原理

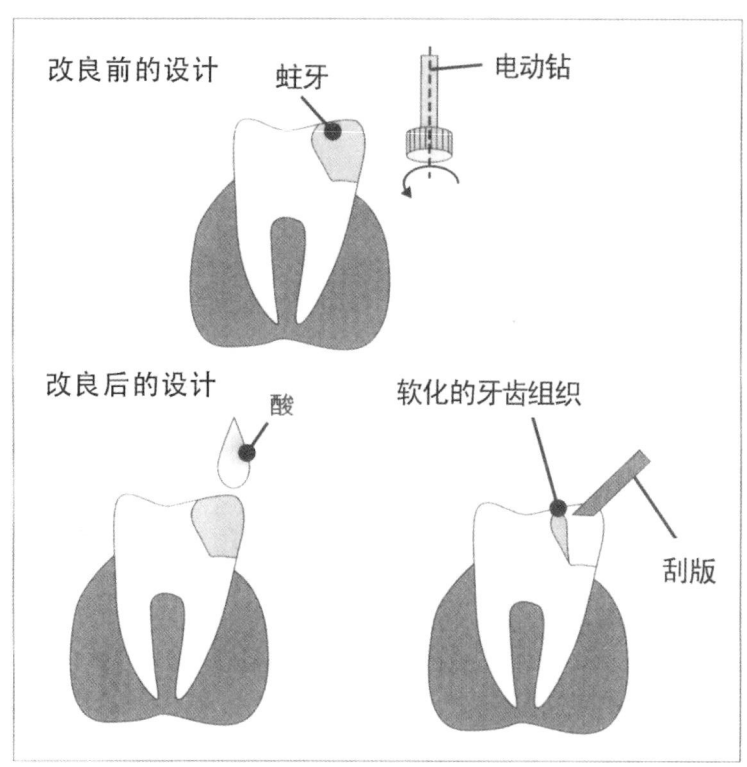

图9-70　辅助变数变更原理案例示意

36. 相变化原理

将物体体积的变化、热的损失或吸收等因素相互转移时所发生的现象加以利用（图9-71，图9-72）。

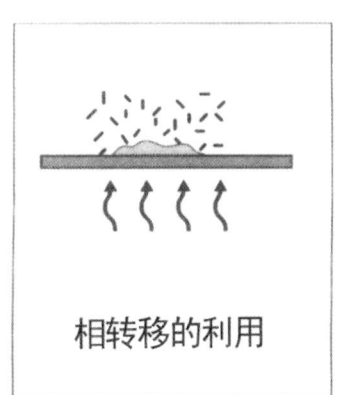

图9-71　相变化原理

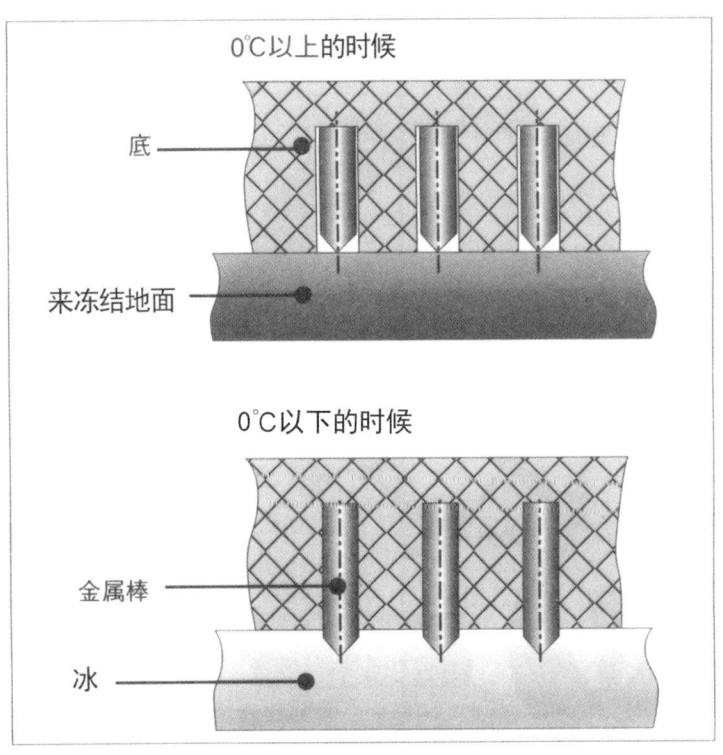

图9-72　相变化原理案例示意

37. 热膨胀原理

（1）利用材料的热膨胀或热收缩。

（2）利用热膨胀的情况下，使用热膨胀系数不一样的多种材料（图9-73，图9-74）。

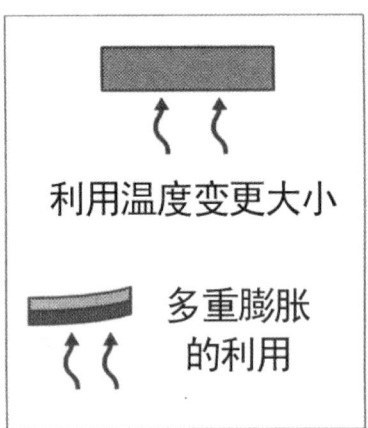

图9-73 热膨胀原理

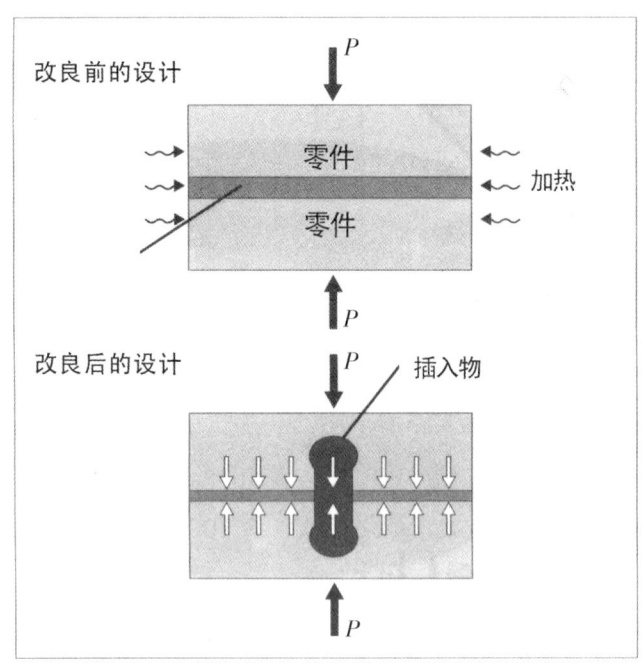

图9-74 热膨胀原理案例示意

38. 利用高浓度氧原理

（1）用含高浓度氧的空气代替通常的空气。

（2）用纯氧代替含有高浓度氧的空气。

（3）用电离放射线对空气或氧进行照射。

（4）利用臭氧化的氧。

（5）用臭氧代替臭氧化或离子化的氧（图9-75，图9-76）。

图9-75 利用高浓度氧原理

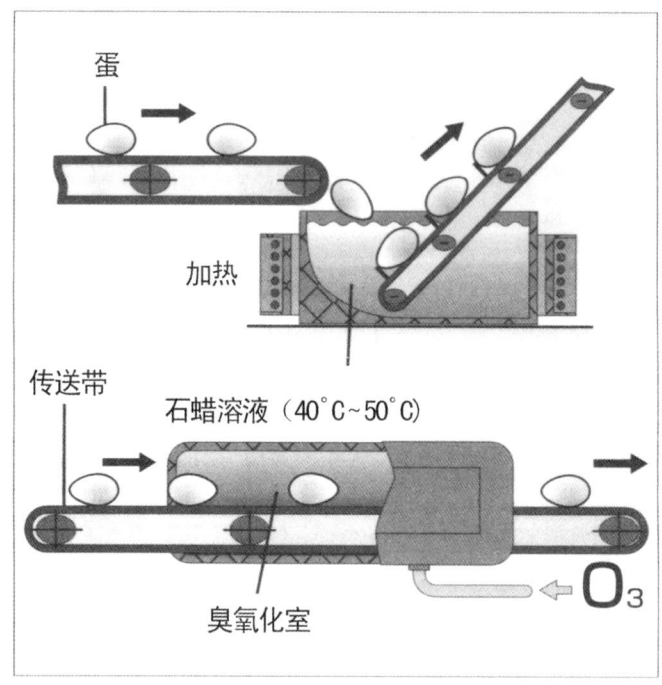

图9-76 利用高浓度氧原理案例示意

39. 不活性雾围气利用原理

(1) 用不活性的环境替代通常的环境。

(2) 在物体中加上中性的零部件或不活性添加剂（图 9-77, 图 9-78）。

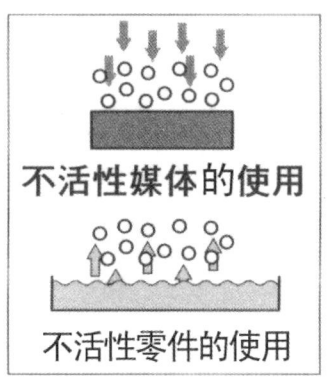

图 9-77　不活性雾围气利用原理

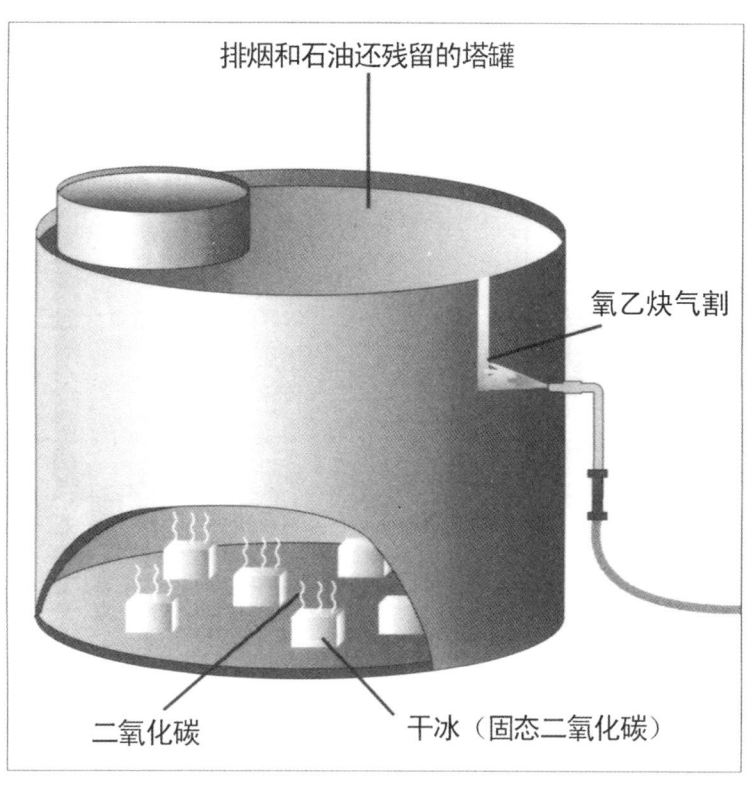

图 9-78　不活性雾围气利用原理案例示意

40. 复合材料原理

将一般的材料变为复合材料（图 9-79, 图 9-80）。

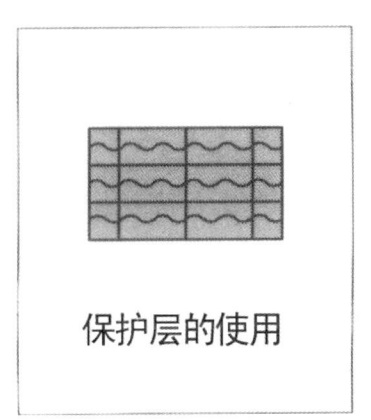

图 9-79　复合材料原理

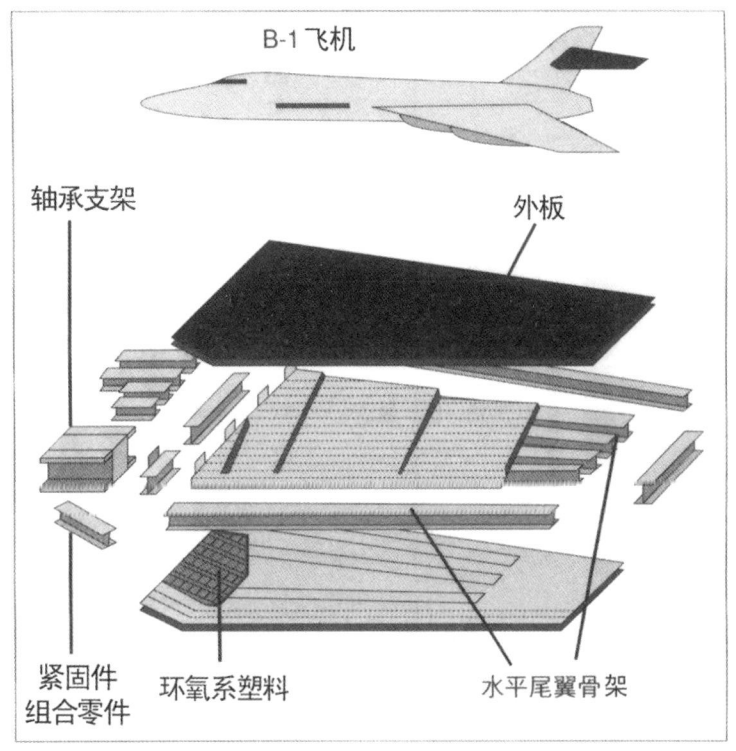

图 9-80　复合材料原理案例示意

参考文献

【1】杨裕富. 创意活力——产品设计方法论 [M]. 吉林: 吉林科学技术出版社, 2004.

【2】钟志华, 周彦伟. 现代设计方法 [M]. 武汉: 武汉理工大学出版社, 2001.

【3】Kevin N Otto, Kristin L, Wood. 产品设计——反求工程和新产品开发技术 [M]. 北京: 清华大学出版社, 2003.

【4】[美] 唐纳德·A·诺曼. 设计心理学 [M]. 北京: 中信出版社, 2003.

【5】Kevin N Otto, Kristin L, Wood. Product Design: Techniques In Reverse Engineering And New Product Development[M].Upper Saddle River NJ:Prentice Hall, 2003.

【6】[美] 卡特·H·布利斯. 超级创造力训练 [M]. 北京: 民主与建设出版社, 2003.

【7】王健. 创新启示录: 超越性思维 [M]. 上海: 复旦大学出版社, 2003.

【8】日経ビジネス.「ヒットを生み出す発想法」スーパーガイド `97「日経ビジネステーマスペシャル」Vol.1.

【9】日経ビジネス.「ヒットを生み出す発想法」スーパーガイド `98「日経ビジネステーマスペシャル」Vol.5.

【10】三菱総合研究所知識創造研究部. 山田郁夫監修.「革新的技術開発の技法——図解 TRIZ」[M]. 日本実業出版社.

【11】汤川秀村. 创造力和直觉: 一个物理学家对东西方的考察 [M]. 周东林, 译. 上海: 复旦大学出版社, 1987.

【12】皮亚杰. 发生认识论原理 [M]. 王宪钿, 译. 北京: 商务印书馆, 1981.

【13】(春秋) 李耳. 老子 [M]. 刘德煊, 译注. 长春: 吉林人民出版社, 1999.

【14】上野一郎. 经营法则百条 [M]. 福州: 福建科学技术出版社, 1985.

【15】朱智贤, 林崇德. 思维发展心理学 [M]. 北京: 北京师范大学出版社, 1986.

【16】陈鼓应. 老子注译及评介 [M]. 北京: 中华书局, 1984.

【17】王书荣. 自然地启示 [M]. 上海: 上海人民出版社, 1974.

【18】罗秉英. 文史拾趣 [M]. 上海: 上海翻译出版公司, 1986.

【19】宋兆麟. 中国原始社会史 [M]. 北京: 文物出版社, 1983.

【20】杜迺松. 中国古代青铜器小辞典 [M]. 北京: 文物出版社, 1980.

【21】杜迺松. 中国古代青铜器简说 [M]. 书目文献出版社, 1984.

【22】金宝升. 论设计思维 [M]. 中央工艺美术学院学术委员会, 科学研究处. 工艺美术文选: 1956-1986. 北京: 北京工艺美术出版社, 1986.

【23】德博诺. 发明的故事 [M]. 蒋太培, 译. 北京: 生活·读书·新知三联书店. 1986.

【24】堺屋太一. 知识价值革命 [M]. 金泰相, 译. 沈阳: 沈阳出版社, 1999.

【25】MBA 必修核心课程编译组. 新产品开发 [M]. 北京: 中国国际广播出版社, 2003.

【26】卡尔西, 恩斯特. 人论 [M]. 甘阳, 译. 上海: 上海译文出版社, 2003.